建设工程消防验收技术指南

沈 伟 主编

U0396346

东南大学出版社
SOUTHEAST UNIVERSITY PRESS

·南京·

内容简介

"图之于未萌,虑之于未有",本书通过实践中的典型案例,从设计、施工、验收等角度,解析了消防审验过程中的常见问题和难点疑点,并给出了解决办法,对建设工程消防验收具有较好的指导性和借鉴性。

本书内容分为三部分,第一部分为一般建筑消防常见问题;第二部分为特殊建筑消防常见问题,包括医院,托儿所,幼儿园和老年人照料设施,大型商业综合体,超高层民用建筑,城市综合管廊,轨道交通,充电场站,汽车库,危化品厂房、仓库等工程;第三部分为消防疑难问题专家释疑。

本书案例真实、内容专业、规范严谨、图文并茂、通俗易懂、实用性强。可供建设工程消防建设、设计、施工、监理、技术服务机构等单位人员和消防审验人员使用,并可作为大专院校选修课教材及消防技术人员培训教材。

图书在版编目(CIP)数据

建设工程消防验收技术指南 / 沈伟主编. —南京:
东南大学出版社,2022.6(2022.8重印)
ISBN 978-7-5766-0140-4

Ⅰ.①建… Ⅱ.①沈… Ⅲ.①建筑工程-消防-工程验收-指南 Ⅳ.①TU892-62

中国版本图书馆 CIP 数据核字(2022)第 097303 号

责任编辑:姜晓乐 责任校对:韩小亮 封面设计:毕 真 责任印制:周荣虎

建设工程消防验收技术指南

主 编:沈 伟
出版发行:东南大学出版社
社 址:南京四牌楼 2 号 邮编:210096 电话:025-83793330
网 址:http://www.seupress.com
经 销:全国各地新华书店
印 刷:江苏扬中印刷有限公司
开 本:787mm×1092mm 1/16
印 张:23.5
字 数:587 千字
版 次:2022 年 6 月第 1 版
印 次:2022 年 8 月第 2 次印刷
书 号:ISBN 978-7-5766-0140-4
定 价:150.00 元

本社图书若有印装质量问题,请直接与营销部联系。电话(传真):025-83791830。

建设工程消防验收技术指南
编委会

主　　编：沈　伟

编　　委：王　军　邹金林　童　越　李　凯　鲍忠诚

　　　　　苏　京　董国强　孔文憭　杜筱娟　董　晓

　　　　　陈　晓　万里远　徐　澄　许伟成　宋　慧

　　　　　潘　健　翟惟隆　薛逸明　宋建刚　邓锦良

　　　　　陈俊桦　邹　维　耿来伟　席天阳　夏　鸣

　　　　　周　霞　张吉呈　梅　荣　潘成华　赵铁松

主编单位：南京市建设工程消防审验服务中心

参编单位：江苏省安装行业协会

　　　　　江苏省安装行业协会智能化与消防工程分会

　　　　　南京长江都市建筑设计股份有限公司

　　　　　江苏南工科技集团有限公司

　　　　　南京消防器材股份有限公司

　　　　　江苏钜联集团有限公司

　　　　　南京市消防工程有限公司

　　　　　友联工程安装集团有限公司

　　　　　江苏网进科技股份有限公司

　　　　　江苏国恒安全评价咨询服务有限公司

　　　　　深圳市高新投三江电子股份有限公司

前　言

习近平总书记指出："人命关天，发展决不能以牺牲人的生命为代价。这必须作为一条不可逾越的红线。"建设工程消防设计审查验收事关建设工程消防安全和人民群众生命财产安全。自2019年职能划转以来，住房和城乡建设主管部门认真贯彻落实习近平总书记的重要指示精神，按照党中央国务院关于深化党和国家机构改革的决策部署，秉持合法、精简、效能的原则，开启了消防审验工作的新一轮变革，拉开了消防审验改革的新续章。南京市作为国家工程建设项目审批制度改革试点城市，第一时间配备了机构人员、完善工作机制，开展了一系列消防审验改革研究，尤其是针对既有建筑消防审验等方面做出了创新举措，成为了全国第一批既有建筑改造利用消防设计审查验收试点城市之一。

为了消除消防安全隐患，指导建设工程规范、高效地开展消防验收工作，在南京市城乡建设委员会的带领下，南京市建设工程消防审验服务中心和江苏省安装行业协会共同组建了建设工程消防验收技术指南课题研究组，并成立了建设工程消防技术系列丛书编写委员会。《建设工程消防验收技术指南》一书是课题的重要成果，也是系列丛书的重要组成部分。

本书内容分为三部分，第一部分为一般建筑消防常见问题；第二部分为特殊建筑消防常见问题，包括医院，托儿所、幼儿园和老年人照料设施，大型商业综合体，超高层民用建筑，城市综合管廊，轨道交通，充电场站、汽车库，危化品厂房、仓库等工程；第三部分为消防疑难问题专家释疑。

本书内容专业、规范严谨、涉及面广、通俗易懂、实用性强，通过实践中的真实案例，以图文并茂的形式解析了消防审验过程中的常见问题和难点疑点，并给出了解决办法，对建设工程消防验收具有较好的指导性和借鉴性。本书可供建设工程消防建设、设计、施工、监理、技术服务机构等单位人员和消防审验人员使用，并可作为大专院校的选修课教材及消防技术人员的培训教材。

感谢在本书编写过程中给予大力支持的郭飞、何杰、毛镜三、顾继明、张奕、郑建春、诸德志、杨志鹏等专家和相关设计单位、检测单位、施工单位、监理单位。

由于编者水平有限，书中难免存在不妥之处，恳请广大读者指正，谢谢！

编　者
2021年12月22日

目 录

第一部分 一般建筑消防常见问题

　　建筑消防设施是依照国家、行业或者地方消防技术标准的要求,在建筑物、构筑物中设置的火灾报警、灭火、人员疏散、防火分隔、灭火救援行动等防范和扑救建筑火灾的设备设施的总称。建筑消防设施是保证建筑物消防安全和人员疏散安全的重要设施,是现代建筑的重要组成部分,对保护公民的生命和国家财产的安全起到了重要的作用。

　　虽然国家工程建设消防技术标准已经明确,但是由于建筑消防涉及专业多,专业性强,在消防设计、审查、施工、验收过程中由于相关人员素质参差不齐,如对规范不熟悉、对规范理解有偏差、缺乏现场施工实践经验等因素,造成建筑消防工程质量通病层出不穷。消防验收作为项目完结中最重要的一环,如在审验过程中未能发现质量问题或发现问题后未及时消除,将给建筑物带来永久的消防安全隐患。因此,每个参建单位和相关的工程人员必须高度重视。

　　"图之于未萌,虑之于未有",本部分通过实践过程中的典型案例,从设计、施工、验收等角度,对一般建筑消防验收中常见的建筑防火、安全疏散、灭火救援、消防灭火设备设施、消防供配电设施、火灾自动报警系统、应急照明及疏散指示系统、通风空调及防排烟系统、建筑装饰装修防火等问题进行了解析,并根据国家消防相关技术标准,提出了切实可行的技术应对措施,以便工程建设、设计、施工、监理等单位相关人员对建设工程中的消防常见问题予以重点关注和防控,从而保证建设工程质量达到国家消防相关技术标准。

第一章 建筑专业

　　建筑专业的消防设计、施工和验收亟须特别关注,建(构)筑物的平面布置、防火分区、防火构造、安全疏散、灭火救援设施等内容设计的规范性和施工质量,直接影响建(构)筑物的防火、灭火和消防救援,如发生质量问题,后期整改难度极大。本《指南》所列的均为日常消防审验中的常见问题,导致这些问题产生的原因,一方面是设计单位未能严格按照相关的消防规范进行设计,如疏散距离和宽度的计算不正确、防火封堵的要求不明确、建筑材料燃烧等级选用错误、建筑平面布局不合理等;另一方面是施工单位未能严格按照审查合格的图纸施工,或现场使用的设备、材料不符合消防技术标准要求等。由于设计和施工方面的疏漏,将导致建设工程出现各类消防质量问题,且会留下消防安全隐患。

　　本章对建筑专业在总平面布局、平面布置、防火分区、防火构造、安全疏散和避难、灭火救援设施等方面的常见消防问题进行解析,并给出规范的正确做法及问题的应对措施。

第一节　总平面布局和平面布置

问题 1：厂房或仓库的火灾危险性分类不符合要求。

1) 问题描述

　　(1) 厂房生产场所存在不同火灾危险性区域时,设计文件未按生产工艺需求明确厂房火灾危险性判定的前提条件和具体要求,造成项目建设过程中危险性较大的生产区域面积超标,导致厂房火灾危险性分类不符合要求;

　　(2) 储存不同火灾危险性物品的仓库,设计文件未按火灾危险性最大的物品确定仓库火灾危险性类别,造成仓库防火等级不符合实际使用要求;

　　(3) 锂离子电池工厂的生产车间采用火灾危险性为甲、乙类的电解液时,其电池注液区面积超过 1 000 m²,或该部位的生产工艺、设备等未设置相关的防火安全技术措施,造成厂房火灾危险性分类不符合要求。

2) 规范要求

　　➤ 《建筑设计防火规范》(GB 50016—2014〈2018 年版〉)有关规定:

3.1.2　同一座厂房或厂房的任一防火分区内有不同火灾危险性生产时,厂房或防火分区内的生产火灾危险性类别应按火灾危险性较大的部分确定;当生产过程中使用或产生易燃、可燃物的量较少,不足以构成爆炸或火灾危险时,可按实际情况确定;当符合下述条件之一时,可按火灾危险性较小的部分确定:

　　1　火灾危险性较大的生产部分占本层或本防火分区建筑面积的比例小于5%或丁、戊类厂房内的油漆工段小于10%,且发生火灾事故时不足以蔓延至其他部位或火灾危险性较大的生产部分采取了有效的防火措施;

　　2　丁、戊类厂房内的油漆工段,当采用封闭喷漆工艺,封闭喷漆空间内保持负压、油漆工段设置可燃气体探测报警系统或自动抑爆系统,且油漆工段占所在防火分区建筑面积的比例不大于20%。

3.1.4　同一座仓库或仓库的任一防火分区内储存不同火灾危险性物品时,仓库或防火分区的火灾危险性应按火灾危险性最大的物品确定。

3.1.5　丁、戊类储存物品仓库的火灾危险性,当可燃包装重量大于物品本身重量1/4或可燃包装体积大于物品本身体积的1/2时,应按丙类确定。

➤ 《锂离子电池工厂设计标准》(GB 51377—2019)规定:

6.2.2　锂离子电池工厂各工作间的火灾危险性分类除应符合现行国家标准《建筑设计防火规范》GB 50016、《电子工业洁净厂房设计规范》GB 50472 的有关规定外,并应符合下列规定:

　　1　电解液储存、配送间及注液区生产的火灾危险性应依据电解液的火灾危险性特征确定;

　　2　当电解液的火灾危险性特征为甲、乙类,但电池注液区面积小于 1 000 m² 、内部生产设备密闭、电解液采用管道输送,且采用了泄漏报警、自动切断、事故排风措施时,火灾危险性可为丙类;

　　3　电池成品包装区的火灾危险性应为丙类。

问题2:厂房内丙类液体中间储罐设置不符合要求。

1) 问题描述

　　因生产工艺需要,将丙类液体中间储罐设置在厂房内部没有安装在独立的房间内,或储罐间的隔墙、楼板、门的耐火等级不满足要求。[见图 1.1.1]

2) 规范要求

➤ 《建筑设计防火规范》(GB 50016—2014〈2018 年版〉)规定:

3.3.7　厂房内的丙类液体中间储罐应设置在单独房间内,其容量不应大于 5 m³。设置中间储罐的房间,应采用耐火极限不低于 3.00 h 的防火隔墙和 1.50 h 的楼板与其他部位分隔,房间门应采用甲级防火门。[见图 1.1.2]

3）图示说明

图 1.1.1　错误做法

图 1.1.2　正确做法

问题 3：厂房、仓库、民用建筑相互之间防火间距不符合要求。

1）问题描述

在工程项目建设过程中,建设单位私自在生产车间外墙部位贴邻增加生产辅助用房,致使相邻建筑之间防火间距不满足规范要求。[见图 1.1.3]

2）规范要求

➤《建筑设计防火规范》(GB 50016—2014〈2018 年版〉)有关规定:

3.4.1 除本规范另有规定外,厂房之间及与乙、丙、丁、戊类仓库、民用建筑等的防火间距不应小于表 3.4.1 的规定,与甲类仓库的防火间距应符合本规范第 3.5.1 条的规定。

表 3.4.1　厂房之间及与乙、丙、丁、戊类仓库、民用建筑等的防火间距(m)

名　　称			甲类厂房	乙类厂房(仓库)		丙、丁、戊类厂房(仓库)				民用建筑				
			单、多层	单、多层	高层	单、多层		高层		裙房、单、多层			高层	
			一、二级	一、二级	三级	一、二级	一、二级	三级	四级	一、二级	一、二级	三级	四级	一类	二类
甲类厂房	单、多层	一、二级	12	12	14	13	12	14	16	13	25			50	
乙类厂房	单、多层	一、二级	12	10	12	13	10	12	14	13					
		三级	14	12	14	15	12	14	16	15					
	高层	一、二级	13	13	15	13	13	15	17	13					
丙类厂房	单、多层	一、二级	12	10	12	13	10	12	14	13	10	12	14	20	15
		三级	14	12	14	15	12	14	16	15	12	14	16	25	20
		四级	16	14	16	17	14	16	18	17	14	16	18		
	高层	一、二级	13	13	15	13	13	15	17	13	13	15	17	20	15
丁、戊类厂房	单、多层	一、二级	12	10	12	13	10	12	14	13	10	12	14	15	13
		三级	14	12	14	15	12	14	16	15	12	14	16	18	15
		四级	16	14	16	17	14	16	18	17	14	16	18		
	高层	一、二级	13	13	15	13	13	15	17	13	13	15	17	15	13
室外变、配电站	变压器总油量(t)	≥5,≤10	25	25	25	25	12	15	20	12	15	20	25	20	
		>10,≤50					15	20	25	15	20	25	30	25	
		>50					20	25	30	20	25	30	35	30	

注：3　两座一、二级耐火等级的厂房,当相邻较低一面外墙为防火墙且较低一座厂房的屋顶无天窗,屋顶的耐火极限不低于 1.00 h,或相邻较高一面外墙的门、窗等开口部位设置甲级防火门、窗或防火分隔水幕或按本规范第 6.5.3 条的规定设置防火卷帘时,甲、乙类厂房之间的防火间距不应小于 6 m;丙、丁、戊类厂房之间的防火间距不应小于 4 m。[见图 1.1.4]

3.5.1 甲类仓库之间及与其他建筑、明火或散发火花地点、铁路、道路等的防火间距不应小于表 3.5.1 的规定。

表 3.5.1 甲类仓库之间及与其他建筑、明火或散发火花地点、铁路、道路等的防火间距(m)

名　称		甲类仓库(储量,t)			
		甲类储存物品第 3、4 项		甲类储存物品第 1、2、5、6 项	
		≤5	>5	≤10	>10
高层民用建筑、重要公共建筑		50			
裙房、其他民用建筑、明火或散发火花地点		30	40	25	30
甲类仓库		20	20	20	20
厂房和乙、丙、丁、戊类仓库	一、二级	15	20	12	15
	三级	20	25	15	20
	四级	25	30	20	25
电力系统电压为 35 kV～500 kV 且每台变压器容量不小于 10 MV·A 的室外变、配电站,工业企业的变压器总油量大于 5 t 的室外降压变电站		30	40	25	30
厂外铁路线中心线		40			
厂内铁路线中心线		30			
厂外道路路边		20			
厂内道路路边	主要	10			
	次要	5			

注:甲类仓库之间的防火间距,当第 3、4 项物品储量不大于 2 t,第 1、2、5、6 项物品储量不大于 5 t 时,不应小于 12 m,甲类仓库与高层仓库的防火间距不应小于 13 m。

3.5.2 除本规范另有规定外,乙、丙、丁、戊类仓库之间及与民用建筑的防火间距,不应小于表 3.5.2 的规定。

表 3.5.2 乙、丙、丁、戊类仓库之间与民用建筑的防火间距(m)

名　称			乙类仓库		丙类仓库			丁、戊类仓库			
			单、多层	高层	单、多层		高层	单、多层		高层
			一、二级	三级	一、二级	一、二级	三级	四级	一、二级	一、二级	三级	四级	一、二级
乙、丙、丁、戊类仓库	单、多层	一、二级	10	12	13	10	12	14	13	10	12	14	13
		三级	12	14	15	12	14	16	15	12	14	16	15
		四级	14	16	17	14	16	18	17	14	16	18	17
	高层	一、二级	13	15	13	13	15	17	13	13	15	17	13
民用建筑	裙房,单、多层	一、二级	25			10	12	14	13	10	12	14	13
		三级				12	14	16	15	12	14	16	15
		四级				14	16	18	17	14	16	18	17
	高层	一类	50			20	25	25	20	15	18	18	15
		二类				15	20	20	15	13	15	15	13

3）图示说明

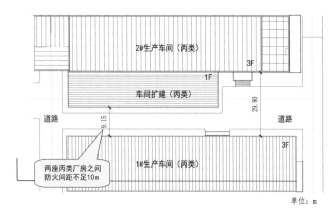

图 1.1.3 错误做法

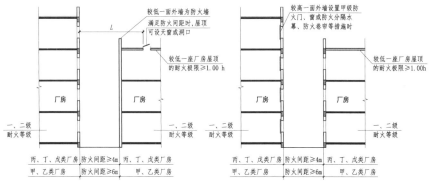

[注释] L为建筑外墙到天窗或洞口的水平距离，具体距离应根据GB 50016-2014(2018版)第3.4.1条有关规定确定。

图 1.1.4 正确做法

问题 4：民用建筑防火间距不符合要求。

1）问题描述

通过连廊、天桥或底部的建筑物等连接的相邻建筑，其防火间距不满足规范要求。

2）规范要求

➤ 《建筑设计防火规范》(GB 50016—2014〈2018 年版〉)有关规定：

5.2.2 民用建筑之间的防火间距不应小于表 5.2.2 的规定，与其他建筑的防火间距，除应符合本节规定外，尚应符合本规范其他章的有关规定。

表 5.2.2 民用建筑之间的防火间距（m）

建筑类别		高层民用建筑	裙房和其他民用建筑		
		一、二级	一、二级	三级	四级
高层民用建筑	一、二级	13	9	11	14
裙房和其他民用建筑	一、二级	9	6	7	9
	三级	11	7	8	10
	四级	14	9	10	12

注：6 相邻建筑通过连廊、天桥或底部的建筑物等连接时，其间距不应小于本表的规定。[见图 1.1.5]

3）图示说明

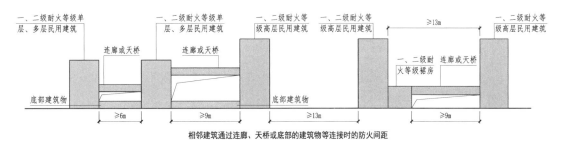

相邻建筑通过连廊、天桥或底部的建筑物等连接时的防火间距

图 1.1.5　正确做法

问题 5：民用建筑内锅炉房、油浸变压器及充油高压电容、开关柜等设置不符合要求。

1）问题描述

（1）燃油或燃气锅炉、油浸变压器、充有可燃油的高压电容器和多油开关等布置在民用建筑内的人员密集场所的上一层、下一层或贴邻；

（2）锅炉房或变压器室的疏散门未直通室外或安全出口；

（3）燃油锅炉房内总储油量超过 1 m³，或未设置独立的储油间存放燃油；

（4）油浸变压器的事故储油设施容量不满足全部油量的储存要求；

（5）放置燃油或燃气锅炉、油浸变压器、充有可燃油的高压电容器和多油开关等的设备间，未设置火灾报警系统；燃气锅炉房、燃油锅炉房的可燃气体探测报警系统设置不符合要求；

（6）燃气锅炉房爆炸泄压设施设置不符合要求；

（7）燃油或燃气锅炉房未设置独立的通风系统，或事故排风系统风口设置位置不符合要求，或可燃气体探测报警系统与事故排风系统未形成连锁控制关系。

2）规范要求

➢ 《建筑设计防火规范》(GB 50016—2014〈2018 年版〉)规定：

5.4.12　燃油或燃气锅炉、油浸变压器、充有可燃油的高压电容器和多油开关等，宜设置在建筑外的专用房间内；确需贴邻民用建筑布置时，应采用防火墙与所贴邻的建筑分隔，且不应贴邻人员密集场所，该专用房间的耐火等级不应低于二级；确需布置在民用建筑内时，不应布置在人员密集场所的上一层、下一层或贴邻［见图 1.1.6(a)］，并应符合下列规定：

1　燃油或燃气锅炉房、变压器室应设置在首层或地下一层的靠外墙部位［见图 1.1.6(b)］，但常(负)压燃油或燃气锅炉可设置在地下二层或屋顶上。设置在屋顶上的常(负)压燃气锅炉，距离通向屋面的安全出口不应小于 6 m。

采用相对密度(与空气密度的比值)不小于 0.75 的可燃气体为燃料的锅炉，不得设置在地下或半地下。

2　锅炉房、变压器室的疏散门均应直通室外或安全出口。［见图 1.1.6(c)］

3　锅炉房、变压器室等与其他部位之间应采用耐火极限不低于 2.00 h 的防火隔墙和 1.50 h 的不燃性楼板分隔。在隔墙和楼板上不应开设洞口，确需在隔墙上设置门、窗时，

应采用甲级防火门、窗。[见图 1.1.6(c)]

4 锅炉房内设置储油间时,其总储存量不应大于 1 m³,且储油间应采用耐火极限不低于 3.00 h 的防火隔墙与锅炉间分隔;确需在防火隔墙上设置门时,应采用甲级防火门。[见图 1.1.6(d)]

5 变压器室之间、变压器室与配电室之间,应设置耐火极限不低于 2.00 h 的防火隔墙。[见图 1.1.6(e)]

6 油浸变压器、多油开关室、高压电容器室,应设置防止油品流散的设施。油浸变压器下面应设置能储存变压器全部油量的事故储油设施。[见图 1.1.6(e)]

10 燃气锅炉房应设置爆炸泄压设施。燃油或燃气锅炉房应设置独立的通风系统,并应符合本规范第 9 章的规定。

➤ 《锅炉房设计标准》(GB 50041—2020)规定:

4.1.3 当锅炉房和其他建筑物相连或设置在其内部时,不应设置在人员密集场所和重要部门的上一层、下一层、贴邻位置以及主要通道、疏散口的两旁,并应设置在首层或地下室一层靠建筑物外墙部位。

3)图示说明

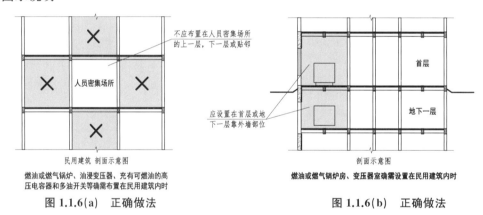

图 1.1.6(a) 正确做法

图 1.1.6(b) 正确做法

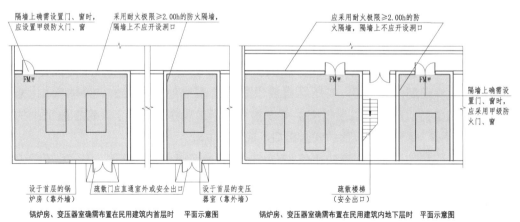

图 1.1.6(c) 正确做法

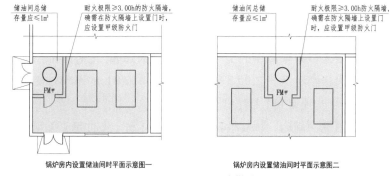

锅炉房内设置储油时平面示意图一　　　锅炉房内设置储油时平面示意图二

图 1.1.6(d)　正确做法

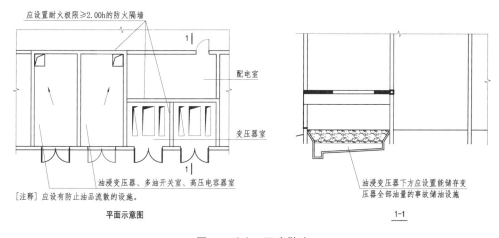

[注释] 应设有防止油品流散的设施。

平面示意图　　　　　　　　　　1-1

图 1.1.6(e)　正确做法

问题 6：民用建筑内柴油发电机房设置不符合要求。

1）问题描述

（1）柴油发电机房布置在民用建筑内人员密集场所的上一层、下一层或贴邻；

（2）柴油发电机房储油间总储油量超过 1 m³，或未设置独立的储油间存放燃油；

（3）柴油发电机房未设置火灾报警系统，或油箱间可燃气体探测报警系统设置不符合要求。

2）规范要求

➢ 《建筑设计防火规范》（GB 50016—2014〈2018 年版〉）规定：

5.4.13　布置在民用建筑内的柴油发

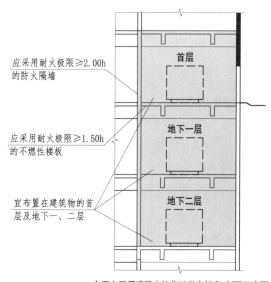

布置在民用建筑内的柴油发电机房　剖面示意图

图 1.1.7(a)　正确做法

9

电机房应符合下列规定：

    1 宜布置在首层或地下一、二层。[见**图** 1.1.7(a)]

    2 不应布置在人员密集场所的上一层、下一层或贴邻。[见**图** 1.1.7(b)]

    3 应采用耐火极限不低于 **2.00 h** 的防火隔墙和 **1.50 h** 的不燃性楼板与其他部位分隔，门应采用甲级防火门。[见**图**1.1.7(a)]

    4 机房内设置储油间时，其总储存量不应大于 **1 m³**，储油间应采用耐火极限不低于 **3.00 h** 的防火隔墙与发电机间分隔；确需在防火隔墙上开门时，应设置甲级防火门。[见**图** 1.1.7(c)]

    5 应设置火灾报警装置。

3）图示说明

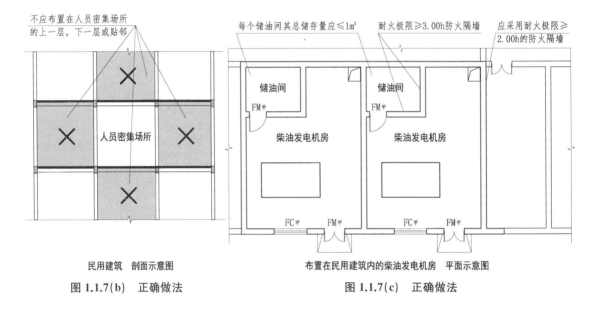

民用建筑　剖面示意图

图 1.1.7(b)　正确做法

布置在民用建筑内的柴油发电机房　平面示意图

图 1.1.7(c)　正确做法

问题 7：民用建筑内锅炉、柴油发电机燃料供给管道设置不符合要求。

1）问题描述

    （1）燃料供给管道切断阀设置不符合要求；

    （2）储油间密闭油箱通气管的管口敷设在室内，或通气管未设置带阻火器的呼吸阀；

    （3）储油箱下部未设置防止油品流散的设施；

    （4）燃气管道穿越变配电室、电缆沟、烟道、进风道和电梯井等火灾危险性较大的部位；

    （5）室内燃气管道与电气设备、相邻管道之间的净距不符合要求。

2）规范要求

  ➤ 《建筑设计防火规范》(GB 50016—2014〈2018 年版〉)规定：

    5.4.15 设置在建筑内的锅炉、柴油发电机，其燃料供给管道应符合下列规定：

    1 在进入建筑物前和设备间内的管道上均应设置自动和手动切断阀；[见**图** 1.1.8

(a)]

　　2　储油间的油箱应密闭且应设置通向室外的通气管,通气管应设置带阻火器的呼吸阀,油箱的下部应设置防止油品流散的设施;[见图 1.1.8(b)]

　　3　燃气供给管道的敷设应符合现行国家标准《城镇燃气设计规范》GB 50028 的规定。

　　➤ 《城镇燃气设计规范》(GB 50028—2006〈2020 修订版〉)有关规定:

　10.2.14　燃气引入管敷设位置应符合下列规定:

　　1　燃气引入管不得敷设在卧室、卫生间、易燃或易爆品的仓库、有腐蚀性介质的房间、发电间、配电间、变电室、不使用燃气的空调机房、通风机房、计算机房、电缆沟、暖气沟、烟道和进风道、垃圾道等地方。

　10.2.24　燃气水平干管和立管不得穿过易燃易爆品仓库、配电间、变电室、电缆沟、烟道、进风道和电梯井等。

　10.2.26　燃气立管不得敷设在卧室或卫生间内。立管穿过通风不良的吊顶时应设在套管内。

　10.2.36　室内燃气管道与电气设备、相邻管道之间的净距不应小于表10.2.36的规定。

表 10.2.36　室内燃气管道与电气设备、相邻管道之间的净距

管道和设备		与燃气管道的净距(cm)	
		平行敷设	交叉敷设
电气设备	明装的绝缘电线或电缆	25	10(注)
	暗装或管内绝缘电线	5(从所做的槽或管子的边缘算起)	1
	电压小于 1 000 V 的裸露电线	100	100
	配电盘或配电箱、电表	30	不允许
	电插座、电源开关	15	不允许
相邻管道		保证燃气管道、相邻管道的安装和维修	2

注：1　当明装电线加绝缘套管且套管的两端各伸出燃气管道 10 cm 时,套管与燃气管道的交叉净距可降至 1 cm。
　　2　当布置确有困难,在采取有效措施后,可适当减小净距。

3）图示说明

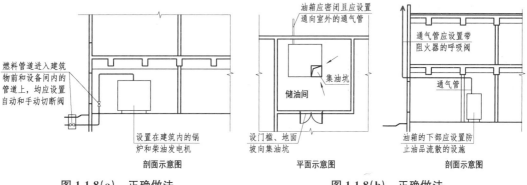

图 1.1.8(a)　正确做法　　　　　图 1.1.8(b)　正确做法

问题 8：消防水泵房、消防控制室设置不符合要求。

1）问题描述

（1）建筑物外单独新建的消防水泵房或消防控制室,采用简易结构搭建或选用箱泵一体化设备,其耐火等级不符合要求;［见图 1.1.9（a）（b）］

（2）设有火灾自动报警和联动控制系统的建筑物,未设置消防控制室;

（3）消防水泵房和消防控制室未采取防水淹的技术措施。［见图 1.1.9（c）］

2）规范要求

➤ 《建筑设计防火规范》（GB 50016—2014〈2018 年版〉）有关规定：

8.1.6　消防水泵房的设置应符合下列规定：

1　单独建造的消防水泵房,其耐火等级不应低于二级;

2　附设在建筑内的消防水泵房,不应设置在地下三层及以下或室内地面与室外出入口地坪高差大于 **10 m** 的地下楼层;

3　疏散门应直通室外或安全出口。

8.1.7　设置火灾自动报警系统和需要联动控制消防设备的建筑（群）应设置消防控制室。消防控制室的设置应符合下列规定：

1　单独建造的消防控制室,其耐火等级不应低于二级;

2　附设在建筑内的消防控制室,宜设置在建筑内首层或地下一层,并宜布置在靠外墙部位;

3　不应设置在电磁场干扰较强及其他可能影响消防控制设备正常工作的房间附近;

4　疏散门应直通室外或安全出口。

8.1.8　消防水泵房和消防控制室应采取防水淹的技术措施。［见图 1.1.10（a）（b）］

3）图示说明

改造项目在室外新建的消防泵房,采用不符合规范要求的彩钢板搭建

图 1.1.9（a）　错误做法

采用箱泵一体化设备,消防泵房维护结构的耐火等级无认证材料

图 1.1.9（b）　错误做法

消防水泵房未采取防水淹技术措施

图 1.1.9（c）　错误做法

图 1.1.10(a) 正确做法

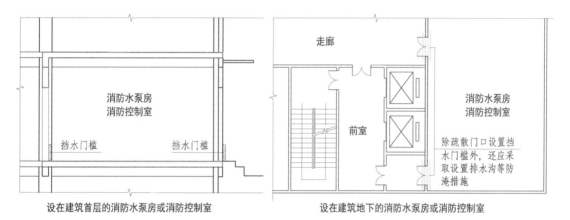

图 1.1.10(b) 正确做法

第二节 防火分区和防火构造

问题 1：建筑物非承重外墙、房间隔墙和屋面板材料防火性能不符合要求。

1）问题描述

（1）一、二级耐火等级建筑的屋面板采用难燃材料，或屋面防水层的防火保护措施不符合要求；

（2）二级耐火等级建筑采用难燃性墙体作为房间隔墙时，其耐火极限不符合要求；

（3）建筑物非承重外墙、房间隔墙或屋面板选用难燃或可燃芯材填充的金属夹芯板材。

2）规范要求

➤《建筑设计防火规范》(GB 50016—2014〈2018 年版〉)有关规定：

5.1.5 一、二级耐火等级建筑的屋面板应采用不燃材料。

13

屋面防水层宜采用不燃、难燃材料,当采用可燃防水材料且铺设在可燃、难燃保温材料上时,防水材料或可燃、难燃保温材料应采用不燃材料作防护层。[见图 1.1.11(a)]

5.1.6　二级耐火等级建筑内采用难燃性墙体的房间隔墙,其耐火极限不应低于 0.75 h;当房间的建筑面积不大于 100 m² 时,房间隔墙可采用耐火极限不低于 0.50 h 的难燃性墙体或耐火极限不低于 0.30 h 的不燃性墙体。[见图 1.1.11(b)]

5.1.7　建筑中的非承重外墙、房间隔墙和屋面板,当确需采用金属夹芯板材时,其芯材应为不燃材料,且耐火极限应符合本规范有关规定。[见图 1.1.11(c)]

3) 图示说明

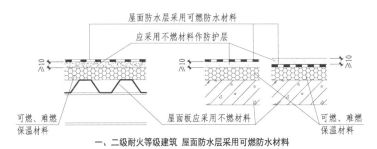

一、二级耐火等级建筑 屋面防水层采用可燃防水材料

[注释]防护层的厚度应符合GB 50016-2014(2018版)第6.7.10条相关规定。

图 1.1.11(a)　正确做法

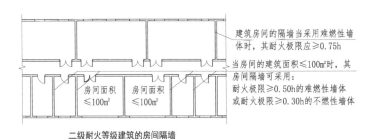

二级耐火等级建筑的房间隔墙

图 1.1.11(b)　正确做法

图 1.1.11(c)　正确做法

问题 2：建筑内中庭与周围连通空间的防火分隔措施不符合要求。

1）问题描述

（1）中庭与周围连通空间采用仅能满足耐火完整性要求的防火玻璃墙分隔，未设置自动喷水灭火系统进行保护；[**见图** 1.1.12（a）]

（2）中庭与周围连通空间采用防火卷帘分隔时，其耐火极限不符合要求；

（3）与中庭相连通的门、窗，防火功能不符合要求；[**见图** 1.1.12（a）（b）]

（4）防火墙部位采用防火卷帘进行防火分隔时，防火卷帘耐火极限不符合要求；

（5）与中庭回廊相连通的儿童活动用房，连通部位采用防火卷帘进行防火分隔。

2）规范要求

➤ 《建筑设计防火规范》（GB 50016—2014〈2018 年版〉）有关规定：

5.3.2 建筑内设置自动扶梯、敞开楼梯等上、下层相连通的开口时，其防火分区的建筑面积应按上、下层相连通的建筑面积叠加计算；当叠加计算后的建筑面积大于本规范第 **5.3.1** 条的规定时，应划分防火分区。

建筑内设置中庭时，其防火分区的建筑面积应按上、下层相连通的建筑面积叠加计算；当叠加计算后的建筑面积大于本规范第 5.3.1 条的规定时，应符合下列规定：

1 与周围连通空间应进行防火分隔：采用防火隔墙时，其耐火极限不应低于 **1.00 h**；采用防火玻璃墙时，其耐火隔热性和耐火完整性不应低于 **1.00 h**，采用耐火完整性不低于 **1.00 h** 的非隔热性防火玻璃墙时，应设置自动喷水灭火系统进行保护；采用防火卷帘时，其耐火极限不应低于 **3.00 h**，并应符合本规范第 6.5.3 条的规定；与中庭相连通的门、窗，应采用火灾时能自行关闭的甲级防火门、窗。[**见图** 1.1.13（a）（b）]

3）图示说明

中庭部位采用非隔热性防火玻璃墙分隔，未设置喷淋防护冷却系统；商铺与中庭连通的门，未采用甲级防火门，且不具备火灾时自动关闭功能

图 1.1.12（a） 错误做法

商铺与中庭连通的玻璃门，存在较大的缝隙，不具备防火功能

图 1.1.12（b） 错误做法

图 1.1.13（a） 正确做法

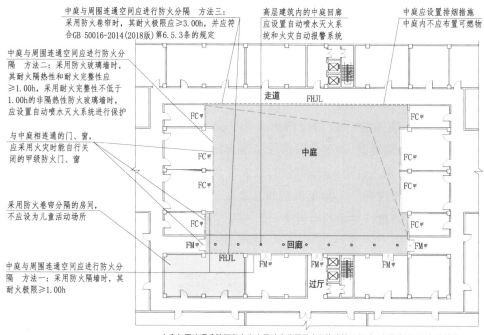

中庭与周围连通空间应进行防火分隔 方法三：采用防火卷帘时，其耐火极限应≥3.00h，并应符合GB 50016-2014(2018版)第6.5.3条的规定

高层建筑内的中庭回廊应设置自动喷水灭火系统和火灾自动报警系统

中庭应设置排烟措施 中庭内不应布置可燃物

中庭与周围连通空间应进行防火分隔 方法二：采用防火玻璃墙时，其耐火隔热性和耐火完整性应≥1.00h，采用耐火完整性不低于1.00h的非隔热性防火玻璃墙时，应设置自动喷水灭火系统进行保护

与中庭相连通的门、窗，应采用火灾时能自行关闭的甲级防火门、窗

采用防火卷帘分隔的房间，不应设为儿童活动场所

中庭与周围连通空间应进行防火分隔 方法一：采用防火隔墙时，其耐火极限≥1.00h

中庭各层连通建筑面积之和大于防火分区最大允许建筑面积时，各层应采用相应的措施

平面示意图

图 1.1.13（b） 正确做法

问题3：防火分区之间未采用防火墙或防火卷帘分隔等。

1）问题描述

部分防火墙为土建施工连接通道，施工人员因疏忽导致封堵遗漏；防火分区之间未采用防火墙或防火卷帘等防火分隔设施分隔[见图 1.1.14]；在改建、改造工程中设计或施工方随意拆改原有防火墙、防火卷帘等防火分隔设施，破坏防火分区的完整性。

2）规范要求

➢ 《建筑设计防火规范》(GB 50016—2014〈2018 年版〉)规定：

5.3.3 防火分区之间应采用防火墙分隔,确有困难时,可采用防火卷帘等防火分隔设施分隔。

3）应对措施

施工完成后对施工连接通道处的防火墙要及时进行封堵,如采用防火卷帘分隔应及时按规范要求进行安装;验收前必须完善防火分区之间的防火分隔设施,确保防火分区的完整性。

4）图示说明

图 1.1.14 错误做法

问题 4：地下大型商业用房防火分隔措施不符合要求。

1）问题描述

总建筑面积大于 20 000 m² 的地下或半地下商业用房,在二次装修改造、业态调整等建设过程中存在以下问题：

(1) 私自占用下沉式广场、防火隔间、避难走道、防烟楼梯间前室;

(2) 私自改变其原有的使用功能;

(3) 私自拆除原有防火墙,或在原有防火墙上增开门、窗、洞口,降低其原有的防火分隔性能;

(4) 在下沉式广场顶部私自增加防风雨篷,开口面积却不满足排烟要求等,对地下大型商业综合体的防火安全造成严重的影响。

2）规范要求

➢ 《建筑设计防火规范》(GB 50016—2014〈2018 年版〉)有关规定：

5.3.5 总建筑面积大于 20 000 m² 的地下或半地下商店,应采用无门、窗、洞口的防火墙、耐火极限不低于 2.00 h 的楼板分隔为多个建筑面积不大于 20 000 m² 的区域[见图

1.1.15(a)]。相邻区域确需局部连通时,应采用下沉式广场等室外开敞空间、防火隔间、避难走道、防烟楼梯间等方式进行连通[见图 1.1.15(b)],并应符合下列规定:

  1 下沉式广场等室外开敞空间应能防止相邻区域的火灾蔓延和便于安全疏散,并应符合本规范第 **6.4.12** 条的规定;[见图 1.1.15(c)]

  2 防火隔间的墙应为耐火极限不低于 **3.00 h** 的防火隔墙,并应符合本规范第 **6.4.13** 条的规定;[见图 1.1.15(d)]

  3 避难走道应符合本规范第 **6.4.14** 条的规定;

  4 防烟楼梯间的门应采用甲级防火门。[见图 1.1.15(d)]

  6.4.12 用于防火分隔的下沉式广场等室外开敞空间,应符合下列规定:[见图 1.1.15(e)(f)]

  1 分隔后的不同区域通向下沉式广场等室外开敞空间的开口最近边缘之间的水平距离不应小于 13 m。室外开敞空间除用于人员疏散外不得用于其他商业或可能导致火灾蔓延的用途,其中用于疏散的净面积不应小于 169 m²。

  2 下沉式广场等室外开敞空间内应设置不少于 1 部直通地面的疏散楼梯。当连接下沉广场的防火分区需利用下沉广场进行疏散时,疏散楼梯的总净宽度不应小于任一防火分区通向室外开敞空间的设计疏散总净宽度。

  3 确需设置防风雨篷时,防风雨篷不应完全封闭,四周开口部位应均匀布置,开口的面积不应小于该空间地面面积的 25%,开口高度不应小于 1.0 m;开口设置百叶时,百叶的有效排烟面积可按百叶通风口面积的 60% 计算。

3) 图示说明

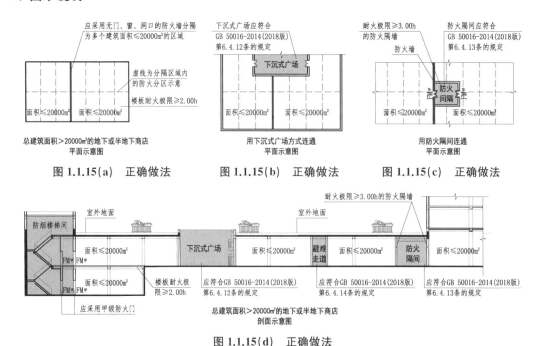

图 1.1.15(a) 正确做法 图 1.1.15(b) 正确做法 图 1.1.15(c) 正确做法

图 1.1.15(d) 正确做法

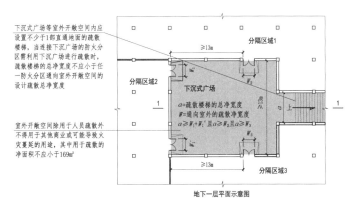

图 1.1.15(e) 正确做法

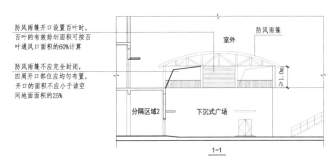

图 1.1.15(f) 正确做法

问题5:利用带顶棚的步行街进行安全疏散的餐饮、商店等商业设施,防火措施不符合要求。

1)问题描述

(1)商业步行街运营后的二次装修改造、业态调整等建设过程中,私自在无顶棚的商业街顶部增加防风雨篷,改变了原有建筑防火的格局,造成防火分隔措施不符合要求;[见图 1.1.16(a)]

(2)商铺在二次装修改造过程中,对原有防火隔墙上的门、窗等进行拆、改、移位等,造成防火分隔措施不符合要求;

(3)商铺采用非隔热性防火玻璃墙(包括门、窗)进行防火分隔时,未设置自动喷水灭火系统保护;

(4)步行街内设置游乐设施、商铺、装饰物等可燃物品;

(5)相邻商铺之间面向步行街一侧未设置宽度不小于 1.0 m、耐火极限不低于 1.00 h 的实体墙;

(6)步行街尽头设置的电动自然排烟口被广告牌遮挡或设置商铺,影响建筑的通风排烟。[见图 1.1.16(b)]

2)规范要求

➤ 《建筑设计防火规范》(GB 50016—2014〈2018 年版〉)规定:

5.3.6 餐饮、商店等商业设施通过有顶棚的步行街连接,且步行街两侧的建筑需利用步行街进行安全疏散时,应符合下列规定:

1 步行街两侧建筑的耐火等级不应低于二级。

2 步行街两侧建筑相对面的最近距离均不应小于本规范对相应高度建筑的防火间距要求且不应小于 9 m。步行街的端部在各层均不宜封闭,确需封闭时,应在外墙上设置可开启的门窗,且可开启门窗的面积不应小于该部位外墙面积的一半。步行街的长度不宜大于 300 m。[见图 1.1.17(a)]

3 步行街两侧建筑的商铺之间应设置耐火极限不低于 2.00 h 的防火隔墙,每间商铺的建筑面积不宜大于 300 m²。[见图 1.1.17(b)(c)]

4 步行街两侧建筑的商铺,其面向步行街一侧的围护构件的耐火极限不应低于 1.00 h,并宜采用实体墙,其门、窗应采用乙级防火门、窗;当采用防火玻璃墙(包括门、窗)时,其耐火隔热性和耐火完整性不应低于 1.00 h;当采用耐火完整性不低于 1.00 h 的非隔热性防火玻璃墙(包括门、窗)时,应设置闭式自动喷水灭火系统进行保护。相邻商铺之间面向步行街一侧应设置宽度不小于 1.0 m,耐火极限不低于 1.00 h 的实体墙。[见图 1.1.17(b)(c)]

5 当步行街两侧的建筑为多个楼层时,每层面向步行街一侧的商铺均应设置防止火灾竖向蔓延的措施,并应符合本规范第 6.2.5 条的规定;设置回廊或挑檐时,其出挑宽度不应小于 1.2 m[见图 1.1.17(d)];步行街两侧的商铺在上部各层需设置回廊和连接天桥时,应保证步行街上部各层楼板的开口面积不应小于步行街地面面积的 37%,且开口宜均匀布置[见图 1.1.17(e)]。

6 步行街的顶棚材料应采用不燃或难燃材料,其承重结构的耐火极限不应低于 1.00 h[见图 1.1.17(f)]。步行街内不应布置可燃物。

7 步行街的顶棚下檐距地面的高度不应小于 6.0 m,顶棚应设置自然排烟设施并宜采用常开式的排烟口,且自然排烟口的有效面积不应小于步行街地面面积的 25%。常闭式自然排烟设施应能在火灾时手动和自动开启。[见图 1.1.17(f)]

3) 图示说明

图 1.1.16(a) 错误做法   图 1.1.16(b) 错误做法

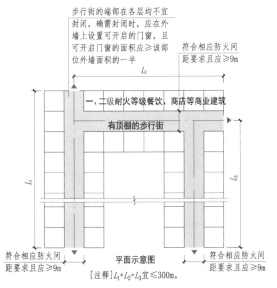

图 1.1.17(a) 正确做法

[注释]$L_1+L_2+L_3$宜≤300m。

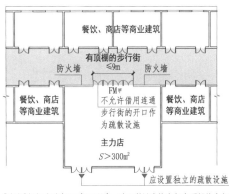

[注释]根据公消〔2016〕113号文,对于利用建筑内部有顶棚的步行街进行安全疏散的超大城市综合体,步行街两侧的主力店应采用防火墙与步行街之间进行分隔,连通步行街开口部位宽度不应大于9m,主力店应设置独立的疏散设施,不允许借用连通步行街的开口。步行街首层与地下层之间不应设置中庭、自动扶梯等上下连通的开口。

图 1.1.17(b) 正确做法

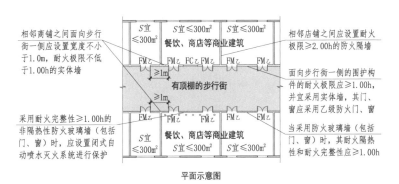

图 1.1.17(c) 正确做法

图 1.1.17(d) 正确做法

[注释]L应符合相应防火间距要求且L应≥9m。

图 1.1.17(e) 正确做法

[注释]S_1,…,S_4为某一层步行街上开洞的面积∑S应≥(a×b)×37%

21

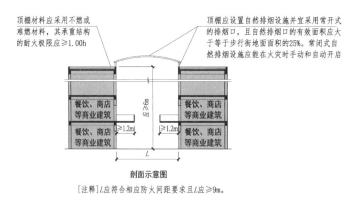

顶棚材料应采用不燃或难燃材料,其承重结构的耐火极限应≥1.00h

顶棚应设置自然排烟设施并宜采用常开式的排烟口,且自然排烟口的有效面积应大于等于步行街地面面积的25%。常闭式自然排烟设施应能在火灾时手动和自动开启

餐饮、商店等商业建筑

餐饮、商店等商业建筑

餐饮、商店等商业建筑

餐饮、商店等商业建筑

≥1.2m ≥1.2m

剖面示意图

[注释] L 应符合相应防火间距要求且 L 应≥9m。

图 1.1.17(f)　正确做法

问题 6：防火墙设置不符合要求。

1) 问题描述

(1) 建筑外墙为难燃性或可燃性墙体时,防火墙及其两侧外墙的防火构造不符合要求;

(2) 建筑外墙为不燃性墙体时,紧靠防火墙两侧的门、窗、洞口之间最近边缘的水平距离不符合要求;

(3) 设置在建筑物内转角处的防火墙,其内转角两侧墙上的门、窗、洞口之间最近边缘的水平距离不符合要求;

(4) 紧靠防火墙两侧的门、窗、洞口水平距离小于规范限定值,采取设置可开启乙级防火窗、防火卷帘等防止火灾水平蔓延的措施时,未设置火灾状态下可自动关闭的控制装置;

(5) 防火墙上设置的门、窗、洞口,未设置火灾时能自动关闭的控制装置,或门、窗、防火卷帘的耐火极限不符合要求;

(6) 穿越防火墙的管道孔洞处,防火封堵措施不符合要求。

2) 规范要求

➢《建筑设计防火规范》(GB 50016—2014〈2018 年版〉)有关规定：

6.1.1　防火墙应直接设置在建筑的基础或框架、梁等承重结构上,框架、梁等承重结构的耐火极限不应低于防火墙的耐火极限。

防火墙应从楼地面基层隔断至梁、楼板或屋面板的底面基层。当高层厂房(仓库)屋顶承重结构和屋面板的耐火极限低于 **1.00 h**,其他建筑屋顶承重结构和屋面板的耐火极限低于 **0.50 h** 时,防火墙应高出屋面 **0.5 m** 以上。

6.1.2　防火墙横截面中心线水平距离天窗端面小于 **4.0 m**,且天窗端面为可燃性墙体时,应采取防止火势蔓延的措施。

6.1.3　建筑外墙为难燃性或可燃性墙体时,防火墙应凸出墙的外表面 0.4 m 以上,且防火墙两侧的外墙均应为宽度均不小于 2.0 m 的不燃性墙体,其耐火极限不应低于外墙的耐火极限。[见图 1.1.18(a)]

建筑外墙为不燃性墙体时,防火墙可不凸出墙的外表面,紧靠防火墙两侧的门、窗、洞口之间最近边缘的水平距离不应小于 2.0 m;采取设置乙级防火窗等防止火灾水平蔓延的

措施时,该距离不限。[见图 1.1.18(b)]

6.1.4　建筑内的防火墙不宜设置在转角处,确需设置时,内转角两侧墙上的门、窗、洞口之间最近边缘的水平距离不应小于 4.0 m;采取设置乙级防火窗等防止火灾水平蔓延的措施时,该距离不限。[见图 1.1.18(c)]

6.1.5　**防火墙上不应开设门、窗、洞口,确需开设时,应设置不可开启或火灾时能自动关闭的甲级防火门、窗。[见图 1.1.18(d)]**

可燃气体和甲、乙、丙类液体的管道严禁穿过防火墙。防火墙内不应设置排气道。

6.1.6　除本规范第 6.1.5 条规定外的其他管道不宜穿过防火墙,确需穿过时,应采用防火封堵材料将墙与管道之间的空隙紧密填实,穿过防火墙处的管道保温材料,应采用不燃材料;当管道为难燃及可燃材料时,应在防火墙两侧的管道上采取防火措施。

3) 图示说明

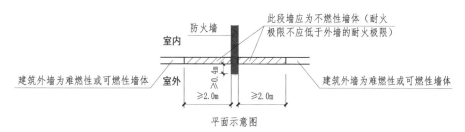

外墙为难燃性或可燃性墙体时,防火墙凸出墙外表面的规定

图 1.1.18(a)　正确做法

外墙为不燃性墙体时,防火墙不凸出墙外表面的平面示意图

图 1.1.18(b)　正确做法

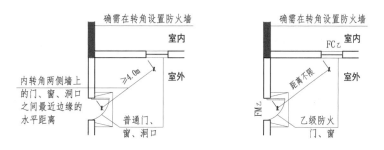

[注释]设置不可开启窗扇的乙级防火窗、火灾时可自动关闭的乙级防火窗、防火卷帘或防火分隔水幕等,均可视为能防止火灾水平蔓延的措施。

图 1.1.18(c)　正确做法

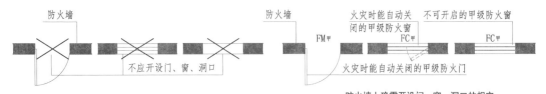

图 1.1.18(d)　正确做法

问题 7：防火隔墙或防火分隔措施不满足规范要求。

1）问题描述

（1）防火卷帘、防火门上方存在孔洞或未封堵等；[见图 1.1.19(a)]

（2）装修时防火隔墙未砌至梁下或板底。[见图 1.1.19(b)]

2）规范要求

➢ 《建筑设计防火规范》(GB 50016—2014〈2018 年版〉)规定：

6.2.4　建筑内的防火隔墙应从楼地面基层隔断至梁、楼板或屋面板的底面基层。[见图 1.1.20]

3）图示说明

图 1.1.19(a)　错误做法

图 1.1.19(b)　错误做法

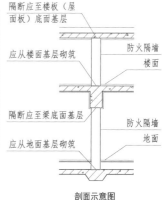

图 1.1.20　正确做法

问题 8：民用建筑内的附属库房，剧场后台的辅助用房，防火分隔措施不符合要求。

1）问题描述

（1）附设在民用建筑内的库房、剧场后台的辅助用房，与相邻部位之间未采用防火隔墙分隔，疏散门未采用乙级防火门；[见图 1.1.21(a)]

（2）商业用房内的库房，与相邻部位之间防火隔墙的耐火等级不符合要求，通向营业厅的疏散门未采用甲级防火门；[见图 1.1.21(b)]

（3）商场内的易燃、易爆商品（如清洗消毒液等）储存库房与其他商品储存库房没有按要求进行防火分隔。

2）规范要求

➤ 《建筑设计防火规范》(GB 50016—2014〈2018 年版〉)规定：

6.2.3　建筑内的下列部位应采用耐火极限不低于 2.00 h 的防火隔墙与其他部位分隔，墙上的门、窗应采用乙级防火门、窗，确有困难时，可采用防火卷帘，但应符合本规范第 6.5.3 条的规定：

4　民用建筑内的附属库房，剧场后台的辅助用房；

➤ 《人员密集场所消防安全管理》(GB/T 40248—2021)规定：

8.3.2　设置于商场内的库房应采用耐火极限不低于 3.00 h 的隔墙与营业、办公部分完全分隔，通向营业厅的开口应设置甲级防火门。

➤ 《商店建筑设计规范》(JGJ 48—2014)规定：

5.1.2　商店的易燃、易爆商品储存库房宜独立设置；当存放少量易燃、易爆商品储存库房与其他储存库房合建时，应靠外墙布置，并应采用防火墙和耐火极限不低于 1.50 h 的不燃烧体楼板隔开。

3）图示说明

图 1.1.21（a）　错误做法　　　　图 1.1.21（b）　错误做法

问题 9：建筑内公共厨房防火分隔措施不符合要求。

1）问题描述

（1）建筑物在毛坯状态进行消防验收时，餐饮场所未开始二次装修，公共厨房的防火隔墙未砌筑，或防火隔墙上的门、窗、洞口未安装防火门、窗等分隔设施；［见图 1.1.22（a）］

（2）公共厨房未采用耐火极限不低于 2.00 h 的防火隔墙与相邻部位分隔；［见图 1.1.22（b）］

（3）公共厨房的疏散门未采用乙级防火门，或传菜口防火分隔措施不符合要求；［见图 1.1.22（c）］

（4）公共厨房内设置的传菜梯井道耐火等级和防火封堵措施不符合要求。［见图 1.1.22（d）］

2）规范要求

➢ 《建筑设计防火规范》（GB 50016—2014〈2018 年版〉）规定：

6.2.3　建筑内的下列部位应采用耐火极限不低于 2.00 h 的防火隔墙与其他部位分隔，墙上的门、窗应采用乙级防火门、窗，确有困难时，可采用防火卷帘，但应符合本规范第 6.5.3 条的规定：

　　5　除居住建筑中套内的厨房外，宿舍、公寓建筑中的公共厨房和其他建筑内的厨房。

3）图示说明

图 1.1.22（a）　错误做法　　　　图 1.1.22（b）　错误做法

图 1.1.22(c)　错误做法　　　　图 1.1.22(d)　错误做法

问题 10：建筑外墙上、下层开口之间防火分隔措施不符合要求。

1）问题描述

（1）建筑外墙上、下层开口之间实体墙高度或防火挑檐挑出宽度不符合要求；

（2）建筑外墙上、下层开口之间采用防火玻璃墙分隔时，其耐火完整性不符合要求，或防火玻璃墙分隔部位外窗的耐火完整性不符合要求；

（3）建筑外墙上、下层开口之间用于防火分隔的实体墙、防火挑檐和隔板，其耐火极限和燃烧性能低于建筑外墙的耐火等级要求。

2）规范要求

➢《建筑设计防火规范》（GB 50016—2014〈2018 年版〉）规定：

6.2.5　除本规范另有规定外，建筑外墙上、下层开口之间应设置高度不小于 **1.2 m** 的实体墙或挑出宽度不小于 **1.0 m**、长度不小于开口宽度的防火挑檐；当室内设置自动喷水灭火系统时，上、下层开口之间的实体墙高度不应小于 **0.8 m**［见图 1.1.23(a)］。当上、下层开口之间设置实体墙确有困难时，可设置防火玻璃墙，但高层建筑的防火玻璃墙的耐火完整性不应低于 **1.00 h**，多层建筑的防火玻璃墙的耐火完整性不应低于 **0.50 h**。外窗的耐火完整性不应低于防火玻璃墙的耐火完整性要求［见图 1.1.23(b)］。

实体墙、防火挑檐和隔板的耐火极限和燃烧性能，均不应低于相应耐火等级建筑外墙的要求。

3）图示说明

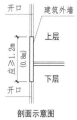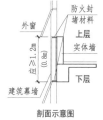

剖面示意图　　　剖面示意图　　　平面示意图　　　1—1

［注释］
1　当室内设置自动喷水灭火系统时，上、下层开口之间的墙体高度执行括号内数字。
2　如下部外窗的上沿以上为上一层的梁时，该梁高度可计入上、下层开口间的墙体高度。
3　实体墙、防火挑檐的耐火极限和燃烧性能，均不应低于相应耐火等级建筑外墙的要求。

图 1.1.23(a)　正确做法

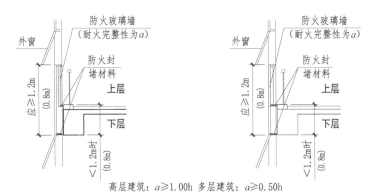

高层建筑：a≥1.00h 多层建筑：a≥0.50h

当上、下层开口之间设置实体墙确有困难时，可设置防火玻璃墙

图 1.1.23(b)　正确做法

问题 11：建筑幕墙部位防火封堵措施不符合要求。

1）问题描述

（1）建筑玻璃幕墙与防火墙、走道隔墙、房间隔墙、楼板处缝隙未采用防火封堵材料封堵；[见图 1.1.24(a)]

（2）玻璃幕墙水平或竖向封堵不符合要求；[见图 1.1.24(b)(c)]

（3）防火封堵材料未抵至玻璃幕墙处或防火封堵有效厚度不够。[见图 1.1.24(d)(e)]

2）规范要求

➤ 《建筑设计防火规范》(GB 50016—2014〈2018 年版〉)规定：

6.2.6　建筑幕墙应在每层楼板外沿处采取符合本规范第 **6.2.5** 条规定的防火措施，幕墙与每层楼板、隔墙处的缝隙应采用防火封堵材料封堵。[见图 1.1.25]

3）图示说明

图 1.1.24(a)　错误做法

图 1.1.24(b)　错误做法

图 1.1.24(c)　错误做法

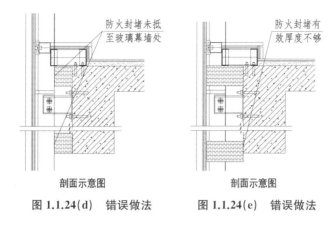

剖面示意图　　　　　　　　　　剖面示意图

图 1.1.24(d)　错误做法　　　　图 1.1.24(e)　错误做法

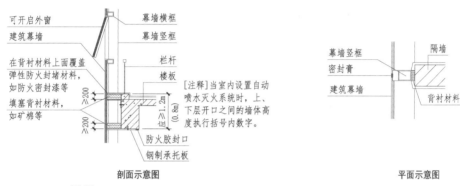

剖面示意图　　　　　　　　　　　　　　平面示意图

[注释]
1　防火封堵材料应符合国家标准《防火封堵材料》GB 23864的要求。
2　当防火封堵采用岩棉或压缩矿棉并喷涂防火密封漆等防火封堵措施时,其材料性能
　及构造应满足国家有关建筑防火封堵应用技术规范、幕墙规范中的相关要求。

图 1.1.25　正确做法

问题 12: 附设在建筑内的重要设备用房,与其他部位之间的防火分隔措施不符合要求。

1) 问题描述

（1）消防控制室与建筑内相邻房间的防火隔墙上开设窗户,且未采用可自动关闭的防火玻璃窗;[见图 1.1.26(a)]

（2）消防控制室采用普通玻璃墙体和门、窗与其他部位分隔,耐火极限不符合要求;[见图 1.1.26(b)]

（3）气体灭火设备间采用普通玻璃墙体分隔,耐火极限不符合要求。[见图 1.1.26(c)]

2) 规范要求

➤ 《建筑设计防火规范》(GB 50016—2014〈2018 年版〉)规定:

6.2.7　附设在建筑内的消防控制室、灭火设备室、消防水泵房和通风空气调节机房、变配电室等,应采用耐火极限不低于 **2.00 h** 的防火隔墙和 **1.50 h** 的楼板与其他部位分隔。

设置在丁、戊类厂房内的通风机房,应采用耐火极限不低于 **1.00 h** 的防火隔墙和

0.50 h 的楼板与其他部位分隔。

通风、空气调节机房和变配电室开向建筑内的门应采用甲级防火门,消防控制室和其他设备房开向建筑内的门应采用乙级防火门。[见图 1.1.27]

3）图示说明

图 1.1.26(a)　错误做法

图 1.1.26(b)　错误做法

图 1.1.26(c)　错误做法

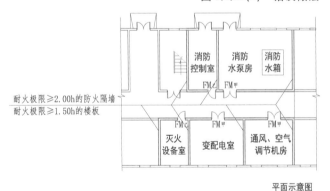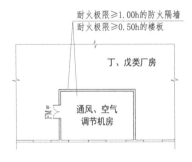

平面示意图

图 1.1.27　正确做法

问题 13：给水、电气等管道穿越楼板、墙体处封堵不符合规范要求。

1）问题描述

（1）给水、电气等管道穿越楼板、墙体处未采用防火封堵材料封堵；[见图 1.1.28(a)]

（2）电缆井、管道井在穿越每层楼板处未采用防火封堵材料封堵或封堵不符合要求。

[见图 1.1.28(b)]

2）规范要求

➢ 《建筑设计防火规范》(GB 50016—2014〈2018 年版〉)有关规定：

6.2.9 建筑内的电梯井等竖井应符合下列规定：

3 建筑内的电缆井、管道井应在每层楼板处采用不低于楼板耐火极限的不燃材料或防火封堵材料封堵。

建筑内的电缆井、管道井与房间、走道等相连通的孔隙应采用防火封堵材料封堵。[见图 1.1.29(a)]

6.3.5 防烟、排烟、供暖、通风和空气调节系统中的管道及建筑内的其他管道，在穿越防火隔墙、楼板和防火墙处的孔隙应采用防火封堵材料封堵。[见图 1.1.29(b)]

3）图示说明

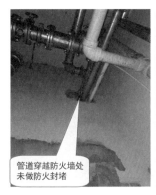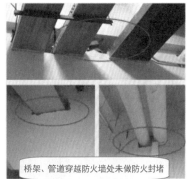

图 1.1.28(a) 错误做法

图 1.1.28(b) 错误做法

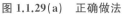

图 1.1.29(a) 正确做法   图 1.1.29(b) 正确做法

问题 14：通风管道穿越隔墙或楼板处防火封堵不符合规范要求。

1）问题描述

通风管道等穿越防火隔墙、楼板和防火墙处的缝隙未采用防火封堵材料封堵［见图 1.1.30（a）］或封堵不符合规范要求［见图 1.1.30（b）］。

2）规范要求

➢ 《建筑设计防火规范》(GB 50016—2014〈2018 年版〉)规定：

6.3.5 防烟、排烟、供暖、通风和空气调节系统中的管道及建筑内的其他管道，在穿越防火隔墙、楼板和防火墙处的孔隙应采用防火封堵材料封堵。

➢ 《建筑防烟排烟系统技术标准》(GB 51251—2017)规定：

6.3.4 风管的安装应符合下列规定：

6 当风管穿越隔墙或楼板时，风管与隔墙之间的空隙应采用水泥砂浆等不燃材料严密填塞。［见图 1.1.31］

3）图示说明

 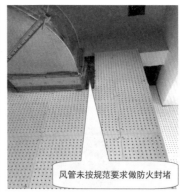

图 1.1.30（a） 错误做法　　　　图 1.1.30（b） 错误做法

图 1.1.31 正确做法

问题 15：变形缝部位防火措施不符合要求。

1）问题描述

变形缝内的填充材料和变形缝的构造基层未采用不燃材料，不满足规范要求。

2）规范要求

➤ 《建筑设计防火规范》(GB 50016—2014〈2018 年版〉)规定：

6.3.4 变形缝内的填充材料和变形缝的构造基层应采用不燃材料。[见图 1.1.32(a)]

电线、电缆、可燃气体和甲、乙、丙类液体的管道不宜穿过建筑内的变形缝，确需穿过时，应在穿过处加设不燃材料制作的套管或采取其他防变形措施，并应采用防火封堵材料封堵。[见图 1.1.32(b)]

3）图示说明

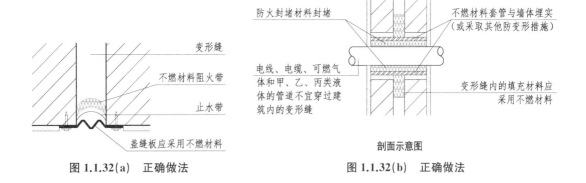

图 1.1.32(a) 正确做法   图 1.1.32(b) 正确做法

问题 16：楼梯间防火措施不符合要求。

1）问题描述

（1）靠外墙设置的楼梯间、前室及合用前室，外墙上的窗口与两侧门、窗、洞口最近边缘的水平距离小于 1.0 m；

（2）楼梯间内设置烧水间、可燃材料储藏室等房间；[见图 1.1.33(a)]

（3）通风管道、电缆线槽、电气设备等设施穿越或安装在楼梯间内；[见图 1.1.33(b)(c)]

（4）建筑首层将走道和门厅等部位形成扩大的封闭楼梯间或防烟楼梯间前室时，与该部分走道和门厅相连通的其他房间、走道，未设置乙级防火门进行分隔。

2）规范要求

➤ 《建筑设计防火规范》(GB 50016—2014〈2018 年版〉)有关规定：

6.4.1 疏散楼梯间应符合下列规定：

1 楼梯间应能天然采光和自然通风，并宜靠外墙设置。靠外墙设置时，楼梯间、前室及合用前室外墙上的窗口与两侧门、窗、洞口最近边缘的水平距离不应小于 1.0 m。[见图 1.1.34(a)]

2 楼梯间内不应设置烧水间、可燃材料储藏室、垃圾道。

6.4.2 封闭楼梯间除应符合本规范第 **6.4.1** 条的规定外，尚应符合下列规定：

2 除楼梯间的出入口和外窗外，楼梯间的墙上不应开设其他门、窗、洞口。[见图 1.1.34(b)]

3 高层建筑、人员密集的公共建筑、人员密集的多层丙类厂房、甲、乙类厂房，其封闭楼梯间的门应采用乙级防火门，并应向疏散方向开启；其他建筑，可采用双向弹簧门。

4 楼梯间的首层可将走道和门厅等包括在楼梯间内形成扩大的封闭楼梯间,但应采用乙级防火门等与其他走道和房间分隔。[见图 1.1.34(c)]

6.4.3 防烟楼梯间除应符合本规范第 6.4.1 条的规定外,尚应符合下列规定:

4 疏散走道通向前室以及前室通向楼梯间的门应采用乙级防火门。

5 除住宅建筑的楼梯间前室外,防烟楼梯间和前室内的墙上不应开设除疏散门和送风口外的其他门、窗、洞口。[见图 1.1.34(b)]

6 楼梯间的首层可将走道和门厅等包括在楼梯间前室内形成扩大的前室,但应采用乙级防火门等与其他走道和房间分隔。[见图 1.1.34(d)]

6.4.4 除通向避难层错位的疏散楼梯外,建筑内的疏散楼梯间在各层的平面位置不应改变。

除住宅建筑套内的自用楼梯外,地下或半地下建筑(室)的疏散楼梯间,应符合下列规定:

1 室内地面与室外出入口地坪高差大于 **10 m** 或 **3** 层及以上的地下、半地下建筑(室),其疏散楼梯应采用防烟楼梯间;其他地下或半地下建筑(室),其疏散楼梯应采用封闭楼梯间。

2 应在首层采用耐火极限不低于 **2.00 h** 的防火隔墙与其他部位分隔并应直通室外,确需在隔墙上开门时,应采用乙级防火门。

3 建筑的地下或半地下部分与地上部分不应共用楼梯间[见图 1.1.34(e)],确需共用楼梯间时,应在首层采用耐火极限不低于 **2.00 h** 的防火隔墙和乙级防火门将地下或半地下部分与地上部分的连通部位完全分隔[见图 1.1.34(f)],并应设置明显的标志。

3) 图示说明

图 1.1.33(a) 错误做法

图 1.1.33(b) 错误做法

图 1.1.33(c) 错误做法

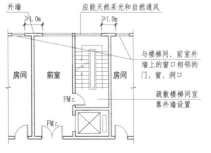

图 1.1.34(a) 正确做法

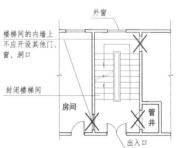

图 1.1.34(b) 正确做法

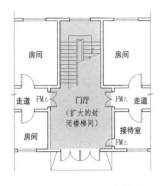

图 1.1.34(c)　正确做法

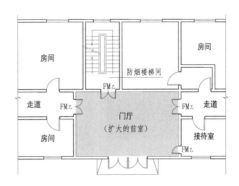

图 1.1.34(d)　正确做法

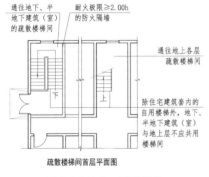

图 1.1.34(e)　正确做法

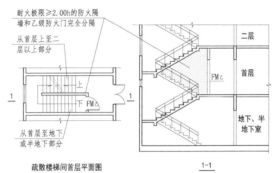

图 1.1.34(f)　正确做法

问题 17：室外疏散楼梯防火措施不符合要求。

1）问题描述

（1）室外钢结构疏散楼梯，结构柱、平台（耐火极限低于 1.00 h）和梯段（耐火极限低于 0.25 h）未采取防火保护措施；[见图 1.1.35(a)]

通向室外楼梯的门未采用乙级防火门；

（2）室外疏散楼梯周围 2 m 范围内设置门、窗、洞口。[见图 1.1.35(b)]

2）规范要求

➤ 《建筑设计防火规范》(GB 50016—2014〈2018 年版〉)规定：

6.4.5 室外疏散楼梯应符合下列规定：[见图 1.1.36]

3 梯段和平台均应采用不燃材料制作。平台的耐火极限不应低于 1.00 h，梯段的耐火极限不应低于 0.25 h。

4 通向室外楼梯的门应采用乙级防火门，并应向外开启。

5 除疏散门外，楼梯周围 2 m 内的墙面上不应设置门、窗、洞口。疏散门不应正对梯段。

3）图示说明

图 1.1.35(a) 错误做法　　　　　图 1.1.35(b) 错误做法

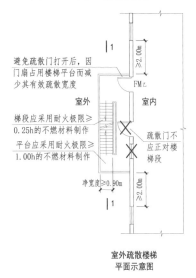

室外疏散楼梯
平面示意图

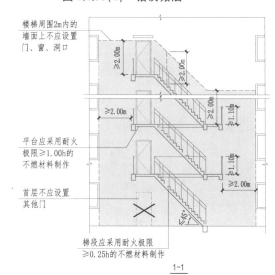

图 1.1.36　正确做法

问题 18：疏散门设置不符合要求。

1）问题描述

（1）疏散走道在防火墙上设置的疏散门，其耐火极限不符合要求，或采用常闭防火门；

（2）民用建筑和厂房的疏散门采用推拉门或疏散未按规范要求开向疏散方向；［见图 1.1.37(a)(b)］

（3）疏散门完全开启后，占用疏散宽度；［见图 1.1.37(c)］

（4）人员密集场所采用控制人员随意出入的疏散门和门禁等，火灾时不便从内部打开，或未设置使用提示标识。［见图 1.1.37(d)］

2）规范要求

➢ 《建筑设计防火规范》(GB 50016—2014〈2018 年版〉)有关规定：

6.4.10　疏散走道在防火分区处应设置常开甲级防火门。［见图 1.1.38(a)］

6.4.11　建筑内的疏散门应符合下列规定：

1　民用建筑和厂房的疏散门，应采用向疏散方向开启的平开门，不应采用推拉门、卷帘门、吊门、转门和折叠门。除甲、乙类生产车间外,人数不超过 60 人且每樘门的平均疏散人数不超过 30 人的房间,其疏散门的开启方向不限。

　　2　仓库的疏散门应采用向疏散方向开启的平开门,但丙、丁、戊类仓库首层靠墙的外侧可采用推拉门或卷帘门。

　　3　开向疏散楼梯或疏散楼梯间的门,当其完全开启时,不应减少楼梯平台的有效宽度。

　　4　人员密集场所内平时需要控制人员随意出入的疏散门和设置门禁系统的住宅、宿舍、公寓建筑的外门,应保证火灾时不需使用钥匙等任何工具即能从内部易于打开,并应在显著位置设置具有使用提示的标识。[见图 1.1.38(b)]

3)图示说明

图 1.1.37(a)　错误做法

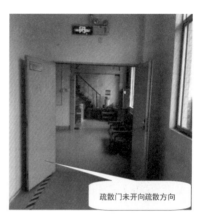

图 1.1.37(b)　错误做法

图 1.1.37(c)　错误做法

图 1.1.37(d)　错误做法

图 1.1.38(a)　正确做法

图 1.1.38(b)　正确做法

问题 19：疏散走道两侧墙体耐火极限不符合要求。

1）问题描述

一、二级耐火等级的建筑物,疏散走道两侧采用普通(钢化)玻璃隔墙,耐火极限不符合要求。［见图 1.1.39(a)(b)(c)］

2）规范要求

➢ 《建筑设计防火规范》(GB 50016—2014〈2018 年版〉)有关规定：

3.2.1 厂房和仓库的耐火等级可分为一、二、三、四级,相应建筑构件的燃烧性能和耐火极限,除本规范另有规定外,不应低于表 3.2.1 的规定。

表 3.2.1 不同耐火等级厂房和仓库建筑构件的燃烧性能和耐火极限(h)

构件名称		耐火等级			
		一级	二级	三级	四级
墙	防火墙	不燃性 3.00	不燃性 3.00	不燃性 3.00	不燃性 3.00
	承重墙	不燃性 3.00	不燃性 2.50	不燃性 2.00	难燃性 0.50
	楼梯间和前室的墙、电梯井的墙	不燃性 2.00	不燃性 2.00	不燃性 1.50	难燃性 0.50
	疏散走道两侧的隔墙	不燃性 1.00	不燃性 1.00	不燃性 0.50	难燃性 0.25

5.1.2 民用建筑的耐火等级可分为一、二、三、四级。除本规范另有规定外,不同耐火等级建筑相应构件的燃烧性能和耐火极限不应低于表 5.1.2 的规定。［见图 1.1.40］

表 5.1.2 不同耐火等级建筑相应构件的燃烧性能和耐火极限(h)

构件名称		耐火等级			
		一级	二级	三级	四级
墙	防火墙	不燃性 3.00	不燃性 3.00	不燃性 3.00	不燃性 3.00
	承重墙	不燃性 3.00	不燃性 2.50	不燃性 2.00	难燃性 0.50
	非承重外墙	不燃性 1.00	不燃性 1.00	不燃性 0.50	可燃性
	楼梯间和前室的墙、电梯井的墙、住宅建筑单元之间的墙和分户墙	不燃性 2.00	不燃性 2.00	不燃性 1.50	难燃性 0.50
	疏散走道两侧的隔墙	不燃性 1.00	不燃性 1.00	不燃性 0.50	难燃性 0.25
	房间隔墙	不燃性 0.75	不燃性 0.50	难燃性 0.50	难燃性 0.25

3）图示说明

疏散走道两侧采用普通玻璃隔墙

疏散走道两侧采用钢化玻璃门隔墙

疏散走道一侧局部墙体采用普通玻璃分隔隔断

图 1.1.39(a) 错误做法　　　图 1.1.39(b) 错误做法　　　图 1.1.39(c) 错误做法

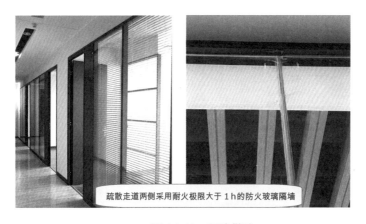

疏散走道两侧采用耐火极限大于 1 h 的防火玻璃隔墙

图 1.1.40　正确做法

问题 20：防火隔间设置不符合要求。

1）问题描述

（1）防火隔间的净面积不足 6.0 m²；

（2）二次装修改造过程中，防火隔间甲级防火门更换为其他等级的防火门；

（3）不同防火分区通向防火隔间的甲级防火门，作为防火分区安全出口和疏散门使用；

（4）二次装修改造过程中，防火隔间增加的吊顶采用非 A 级材料；

（5）二次装修改造过程中，防火隔间被占用或改做其他功能使用。

2）规范要求

➤ 《建筑设计防火规范》(GB 50016—2014〈2018 年版〉)规定：

6.4.13　防火隔间的设置应符合下列规定：[见图 1.1.41]

1　防火隔间的建筑面积不应小于 6.0 m²；

2　防火隔间的门应采用甲级防火门；

3　不同防火分区通向防火隔间的门不应计入安全出口，门的最小间距不应小于 4 m；

4　防火隔间内部装修材料的燃烧性能应为 A 级；

5　不应用于除人员通行外的其他用途。

3）图示说明

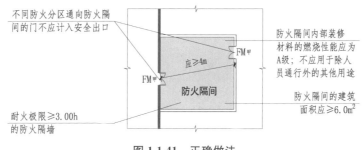

图 1.1.41　正确做法

问题 21：避难走道设置不符合要求。

1）问题描述

（1）避难走道直通地面的 2 个出口位于同一方向；

（2）防火分区通向避难走道的疏散门，至该避难走道最近直通地面的安全出口的距离超过 60 m；

（3）二次装修改造过程中，避难走道增加的吊顶采用非 A 级材料；

（4）避难走道防火隔墙上的疏散门未按设计图施工，私自增加门洞，未设置防烟前室，且防火门设置不符合要求；

（5）避难走道未设置消火栓、消防应急照明、应急广播和消防专线电话等设施。

2）规范要求

➤ 《建筑设计防火规范》（GB 50016—2014〈2018 年版〉）规定：

6.4.14　避难走道的设置应符合下列规定：［见图 1.1.42］

1　避难走道防火隔墙的耐火极限不应低于 3.00 h，楼板的耐火极限不应低于 1.50 h。

2　避难走道直通地面的出口不应少于 2 个，并应设置在不同方向；当避难走道仅与一个防火分区相通且该防火分区至少有 1 个直通室外的安全出口时，可设置 1 个直通地面的出口。任一防火分区通向避难走道的门至该避难走道最近直通地面的出口的距离不应大于 60 m。

3　避难走道的净宽度不应小于任一防火分区通向该避难走道的设计疏散总净宽度。

4　避难走道内部装修材料的燃烧性能应为 A 级。

5　防火分区至避难走道入口处应设置防烟前室，前室的使用面积不应小于 6.0 m²，开向前室的门应采用甲级防火门，前室开向避难走道的门应采用乙级防火门。

6　避难走道内应设置消火栓、消防应急照明、应急广播和消防专线电话。

3）图示说明

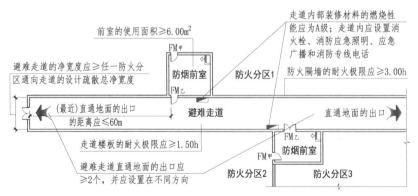

[注释]避难走道内设置的明装消火栓等突出物，不应影响避难走道的有效疏散宽度。

图 1.1.42　正确做法

问题 22：防火门设置不符合要求。

1）问题描述

（1）建筑内常开防火门未设置在火灾时可自行关闭的控制装置；

（2）建筑内人员通行频率较低的防火门，采用常开式防火门，且未设置电动闭门器；［见图 1.1.43（a）］

（3）常闭防火门未设置提示标识；［见图 1.1.43（b）］

（4）防火门未安装闭门器，双扇和多扇防火门未安装顺序器；［见图 1.1.43（b）］

（5）建筑变形缝处防火门开启时门扇跨越变形缝；

（6）钢质防火门框架内未进行灌浆处理；

（7）防火门门框与墙体、门框与门扇、门扇与门扇之间缝隙处密封不良，造成防烟性能较差。

2）规范要求

➤《建筑设计防火规范》（GB 50016—2014〈2018 年版〉）有关规定：

6.5.1 防火门的设置应符合下列规定：

1 设置在建筑内经常有人通行处的防火门宜采用常开防火门。常开防火门应能在火灾时自行关闭，并应具有信号反馈的功能。［见图 1.1.44（a）］

2 除允许设置常开防火门的位置外，其他位置的防火门均应采用常闭防火门。常闭防火门应在其明显位置设置"保持防火门关闭"等提示标识。［见图 1.1.44（b）］

3 除管井检修门和住宅的户门外，防火门应具有自行关闭功能。双扇防火门应具有按顺序自行关闭的功能。［见图 1.1.44（b）］

4 除本规范第 6.4.11 条第 4 款的规定外，防火门应能在其内外两侧手动开启。

5 设置在建筑变形缝附近时，防火门应设置在楼层较多的一侧［见图 1.1.44（c）］，并应保证防火门开启时门扇不跨越变形缝［见图 1.1.44（d）］。

6 防火门关闭后应具有防烟性能。

➤《防火卷帘、防火门、防火窗施工及验收规范》（GB 50877—2014）有关规定：

5.3.2 常闭防火门应安装闭门器等，双扇和多扇防火门应安装顺序器。

5.3.3 常开防火门，应安装火灾时能自动关闭门扇的控制、信号反馈装置和现场手动控制装置，且应符合产品说明书要求。

5.3.5 防火插销应安装在双扇门或多扇门相对固定一侧的门扇上。

5.3.6 防火门门框与门扇、门扇与门扇的缝隙处嵌装的防火密封件应牢固、完好。

5.3.8 钢质防火门门框内应充填水泥砂浆。门框与墙体应用预埋钢件或膨胀螺栓等连接牢固，其固定点间距不宜大于 600 mm。

3）图示说明

图 1.1.43(a)　错误做法　　　　　　　图 1.1.43(b)　错误做法

图 1.1.44(a)　正确做法　　　　　　　图 1.1.44(b)　正确做法

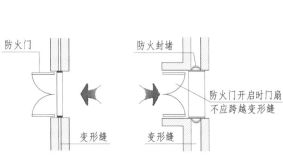

图 1.1.44(c)　正确做法　　　　　　　图 1.1.44(d)　正确做法

问题 23：防火窗设置不符合要求。

1）问题描述

（1）防火墙、防火隔墙上的可开启防火窗，不具有火灾时可自行关闭的功能；［**见图**1.1.45］

（2）钢质防火窗窗框内未充填水泥砂浆。

2）规范要求

➤《建筑设计防火规范》(GB 50016—2014〈2018 年版〉)规定：

6.5.2 设置在防火墙、防火隔墙上的防火窗，应采用不可开启的窗扇或具有火灾时能自行关闭的功能。［**见图** 1.1.46］

➤《防火卷帘、防火门、防火窗施工及验收规范》(GB 50877—2014)有关规定：

5.4.1 有密封要求的防火窗，其窗框密封槽内镶嵌的防火密封件应牢固、完好。

5.4.2 钢质防火窗窗框内应充填水泥砂浆。窗框与墙体应用预埋钢件或膨胀螺栓等连接牢固，其固定点间距不宜大于 600 mm。

5.4.3 活动式防火窗窗扇启闭控制装置的安装应符合设计和产品说明书要求，并应位置明显，便于操作。

5.4.4 活动式防火窗应装配火灾时能控制窗扇自动关闭的温控释放装置。温控释放装置的安装应符合设计和产品说明书要求。［**见图** 1.1.46］

3）图示说明

图 1.1.45　错误做法

图 1.1.46　正确做法

问题 24：防火卷帘设置不符合要求。

1）问题描述

（1）防火分隔部位防火卷帘的总宽度超标；

（2）防火卷帘的耐火极限低于防火分隔部位墙体的耐火极限要求；

（3）选用耐火隔热性不符合要求的防火卷帘，未设置自动喷水灭火系统保护；

（4）防火卷帘未安装温控释放装置。

2) 规范要求

➤《建筑设计防火规范》(GB 50016—2014〈2018 年版〉)规定:

6.5.3 防火分隔部位设置防火卷帘时,应符合下列规定:

1 除中庭外,当防火分隔部位的宽度不大于 30 m 时,防火卷帘的宽度不应大于 10 m;当防火分隔部位的宽度大于 30 m 时,防火卷帘的宽度不应大于该部位宽度的 1/3,且不应大于 20 m。〔见图 1.1.47(a)〕

3 除本规范另有规定外,防火卷帘的耐火极限不应低于本规范对所设置部位墙体的耐火极限要求。

当防火卷帘的耐火极限符合现行国家标准《门和卷帘的耐火试验方法》GB/T 7633 有关耐火完整性和耐火隔热性的判定条件时,可不设置自动喷水灭火系统保护。

当防火卷帘的耐火极限仅符合现行国家标准《门和卷帘的耐火试验方法》GB/T 7633 有关耐火完整性的判定条件时,应设置自动喷水灭火系统保护。自动喷水灭火系统的设计应符合现行国家标准《自动喷水灭火系统设计规范》GB 50084 的规定,但火灾延续时间不应小于该防火卷帘的耐火极限。〔见图 1.1.47(b)〕

5 需在火灾时自动降落的防火卷帘,应具有信号反馈的功能。

➤《防火卷帘、防火门、防火窗施工及验收规范》(GB 50877—2014)有关规定:

5.2.8 温控释放装置的安装位置应符合设计和产品说明书的要求。〔见图 1.1.47(c)〕

3) 图示说明

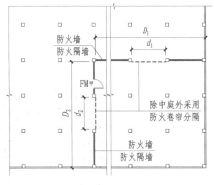

[注释]
D:某一防火分隔区域与相邻防火分隔区域两两之间需要进行分隔的部位的总宽度,D=D₁+D₂;
d:防火卷帘的宽度,d=d₁+d₂;
当 D≤30m 时,d≤10m;
当 D>30m 时,d≤D/3,且 d≤20m。

图 1.1.47(a) 正确做法

图 1.1.47(b) 正确做法

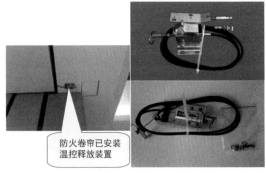

图 1.1.47(c) 正确做法

问题 25：人防区域防火门设置不符合要求。

1）问题描述

（1）人防工程防火分区采用防火卷帘分隔时，防火卷帘旁未设置与相邻防火分区的疏散走道相通的甲级防火门；

（2）用防护门、防护密闭门、密闭门代替甲级防火门时，其耐火性能不符合要求；

（3）人防平战结合公共场所的安全出口处，采用防护门、防护密闭门、密闭门代替甲级防火门；〔见图 1.1.48〕

（4）住宅地下室与人防车库相通部位采用乙级防火门分隔。

2）规范要求

➤ 《人民防空工程设计防火规范》（GB 50098—2009）规定：

4.4.2　防火门的设置应符合下列规定：

1　位于防火分区分隔处安全出口的门应为甲级防火门；当使用功能上确实需要采用防火卷帘分隔时，应在其旁设置与相邻防火分区的疏散走道相通的甲级防火门；

2　公共场所的疏散门应向疏散方向开启，并在关闭后能从任何一侧手动开启；

3　公共场所人员频繁出入的防火门，应采用能在火灾时自动关闭的常开式防火门；平时需要控制人员随意出入的防火门，应设置火灾时不需使用钥匙等任何工具即能从内部易于打开的常闭防火门，并应在明显位置设置标识和使用提示；其他部位的防火门，宜选用常闭的防火门；

4　用防护门、防护密闭门、密闭门代替甲级防火门时，其耐火性能应符合甲级防火门的要求；且不得用于平战结合公共场所的安全出口处；〔见图 1.1.49〕

5　常开的防火门应具有信号反馈的功能。

3）图示说明

图 1.1.48　错误做法

图 1.1.49　正确做法

问题 26：钢质建筑构件耐火极限不符合要求。

1）问题描述

（1）柱间支撑、楼盖支撑、屋盖支撑和系杆等钢结构构件的耐火极限低于《建筑设计防火规范》GB 50016 规定的柱、梁、屋顶承重构件的耐火极限要求；

（2）钢结构构件的耐火极限低于《建筑设计防火规范》（GB 50016）规定的耐火极限要求时，未设置防火保护措施；

（3）柱间支撑、楼盖支撑、屋盖支撑和系杆等存在不同耐火等级要求的钢结构连接件部位，连接件未按最高耐火等级要求进行防火保护；

（4）防火保护材料的等效热传导系数与设计文件要求不一致时，钢结构防火保护层的施用厚度未经设计单位核算确认，导致钢结构耐火极限低于设计要求。

2）规范要求

➤《建筑钢结构防火技术规范》（GB 51249—2017）有关规定：

3.1.1 **钢结构构件的设计耐火极限应根据建筑的耐火等级，按现行国家标准《建筑设计防火规范》GB 50016 的规定确定。柱间支撑的设计耐火极限应与柱相同，楼盖支撑的设计耐火极限应与梁相同，屋盖支撑和系杆的设计耐火极限应与屋顶承重构件相同。**

3.1.2 **钢结构构件的耐火极限经验算低于设计耐火极限时，应采取防火保护措施。**

3.1.3 **钢结构节点的防火保护应与被连接构件中防火保护要求最高者相同。**

3.1.4 钢结构的防火设计文件应注明建筑的耐火等级、构件的设计耐火极限、构件的防火保护措施、防火材料的性能要求及设计指标。

3.1.5 当施工所用防火保护材料的等效热传导系数与设计文件要求不一致时，应根据防火保护层的等效热阻相等的原则确定保护层的施用厚度，并应经设计单位认可。对于非膨胀型钢结构防火涂料、防火板，可按本规范附录 A 确定防火保护层的施用厚度；对于膨胀型防火涂料，可根据涂层的等效热阻直接确定其施用厚度。

附录 A 防火保护层的施用厚度

当工程实际使用的非膨胀型防火涂料（防火板）的等效热传导系数与设计要求不一致时，可按下式确定防火保护层的施用厚度：

$$d_{i2} = d_{i1} \frac{\lambda_{i2}}{\lambda_{i1}} \tag{A-1}$$

式中：d_{i1}——钢结构防火设计技术文件规定的防火保护层的厚度（mm）；

d_{i2}——防火保护层实际施用厚度（mm）；

λ_{i1}——钢结构防火设计技术文件规定的非膨胀型防火涂料、防火板的等效热传导系数[W/(m·℃)]；

λ_{i2}——施工采用的非膨胀型防火涂料、防火板的等效热传导系数[W/(m·℃)]。

问题 27：钢结构防火保护措施不符合要求。

1）问题描述

防火涂料涂层的厚度小于设计要求[**见图** 1.1.50]；非膨胀型防火涂料涂层的厚度小于

10 mm;钢结构采用包覆防火板保护时,固定防火板的龙骨及黏结剂采用难燃或可燃材料。

2) 规范要求

➤ 《建筑钢结构防火技术规范》(GB 51249—2017)有关规定:

4.1.3 钢结构采用喷涂防火涂料保护时,应符合下列规定:

1 室内隐蔽构件,宜选用非膨胀型防火涂料;

2 设计耐火极限大于 1.50 h 的构件,不宜选用膨胀型防火涂料;

4 非膨胀型防火涂料涂层的厚度不应小于 10 mm;

4.1.4 钢结构采用包覆防火板保护时,应符合下列规定:

1 防火板应为不燃材料,且受火时不应出现炸裂和穿透裂缝等现象;

2 防火板的包覆应根据构件形状和所处部位进行构造设计,并应采取确保安装牢固稳定的措施;

3 固定防火板的龙骨及黏结剂应为不燃材料。龙骨应便于与构件及防火板连接,黏结剂在高温下应能保持一定的强度,并应能保证防火板的包敷完整。

9.3.2 防火涂料的涂装遍数和每遍涂装的厚度均应符合产品说明书的要求。防火涂料涂层的厚度不得小于设计厚度。非膨胀型防火涂料涂层最薄处的厚度不得小于设计厚度的85%;平均厚度的允许偏差应为设计厚度的±10%,且不应大于±2 mm。膨胀型防火涂料涂层最薄处厚度的允许偏差应为设计厚度的±5%,且不应大于±0.2 mm。[**见图** 1.1.51(a)]

9.3.3 膨胀型防火涂料涂层表面的裂纹宽度不应大于 0.5 mm,且 1 m 长度内均不得多于 1 条;当涂层厚度小于或等于 3 mm 时,不应大于 0.1 mm。非膨胀型防火涂料涂层表面的裂纹宽度不应大于 1 mm,且 1 m 长度内不得多于 3 条。

9.4.1 防火板保护层的厚度不应小于设计厚度,其允许偏差应为设计厚度的±10%,且不应大于±2 mm。[**见图** 1.1.51(b)]

9.4.2 防火板的安装龙骨、支撑固定件等应固定牢固,现场拉拔强度应符合设计要求,其允许偏差应为设计值的−10%。[**见图** 1.1.51(b)]

9.4.3 防火板安装应牢固稳定、封闭良好。[**见图** 1.1.51(b)]

3) 图示说明

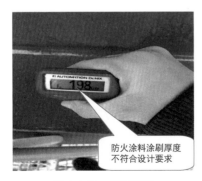
图 1.1.50 错误做法

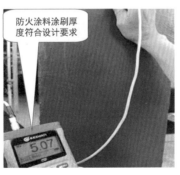
图 1.1.51(a) 正确做法

图 1.1.51(b) 正确做法

第三节 安全疏散和避难

问题 1：厂房或仓库安全疏散不符合要求。

1）问题描述

（1）厂房或仓库同一防火分区相邻 2 个安全出口最近边缘之间的水平距离小于 5 m；
[见图 1.1.52（a）]

（2）厂房或仓库安全出口数量不符合要求；

（3）厂房内疏散楼梯、疏散走道和疏散门净宽度不符合要求；

（4）丙类多层仓库内部电梯口未设置防火门或防火卷帘。[见图 1.1.52（b）]

2）规范要求

➤ 《建筑设计防火规范》（GB 50016—2014〈2018 年版〉）有关规定：

3.7.1 厂房的安全出口应分散布置。每个防火分区或一个防火分区的每个楼层，其相邻 2 个安全出口最近边缘之间的水平距离不应小于 5 m。

3.7.2 厂房内每个防火分区或一个防火分区内的每个楼层，其安全出口的数量应经计算确定，且不应少于 2 个；当符合下列条件时，可设置 1 个安全出口：

1 甲类厂房，每层建筑面积不大于 100 m²，且同一时间的作业人数不超过 5 人；

2 乙类厂房，每层建筑面积不大于 150 m²，且同一时间的作业人数不超过 10 人；

3 丙类厂房，每层建筑面积不大于 250 m²，且同一时间的作业人数不超过 20 人；

4 丁、戊类厂房，每层建筑面积不大于 400 m²，且同一时间的作业人数不超过 30 人；

5 地下或半地下厂房（包括地下或半地下室），每层建筑面积不大于 50 m²，且同一时间的作业人数不超过 15 人。

3.7.4 厂房内任一点至最近安全出口的直线距离不应大于表 3.7.4 的规定。

表 3.7.4　厂房内任一点至最近安全出口的直线距离（m）

生产的火灾危险性类别	耐火等级	单层厂房	多层厂房	高层厂房	地下或半地下厂房（包括地下或半地下室）
甲	一、二级	30	25	—	—
乙	一、二级	75	50	30	—
丙	一、二级	80	60	40	30
	三级	60	40	—	—
丁	一、二级	不限	不限	50	45
	三级	60	50	—	—
	四级	50	—	—	—
戊	一、二级	不限	不限	75	60
	三级	100	75	—	—
	四级	60	—	—	—

3.7.5 厂房内疏散楼梯、走道、门的各自总净宽度，应根据疏散人数按每 100 人的最小

疏散净宽度不小于表 3.7.5 的规定计算确定。但疏散楼梯的最小净宽度不宜小于 1.10 m，疏散走道的最小净宽度不宜小于 1.40 m，门的最小净宽度不宜小于 0.90 m。当每层疏散人数不相等时，疏散楼梯的总净宽度应分层计算，下层楼梯总净宽度应按该层及以上疏散人数最多一层的疏散人数计算。

表 3.7.5　厂房内疏散楼梯、走道和门的每 100 人最小疏散净宽度

厂房层数(层)	1～2	3	≥4
最小疏散净宽度(m/百人)	0.60	0.80	1.00

首层外门的总净宽度应按该层及以上疏散人数最多一层的疏散人数计算，且该门的最小净宽度不应小于 1.20 m。

3.8.1　仓库的安全出口应分散布置。每个防火分区或一个防火分区的每个楼层，其相邻 2 个安全出口最近边缘之间的水平距离不应小于 5 m。

3.8.2　每座仓库的安全出口不应少于 2 个，当一座仓库的占地面积不大于 300 m² 时，可设置 1 个安全出口。仓库内每个防火分区通向疏散走道、楼梯或室外的出口不宜少于 2 个，当防火分区的建筑面积不大于 100 m² 时，可设置 1 个出口。通向疏散走道或楼梯的门应为乙级防火门。

3.8.8　除一、二级耐火等级的多层戊类仓库外，其他仓库内供垂直运输物品的提升设施宜设置在仓库外，确需设置在仓库内时，应设置在井壁的耐火极限不低于 2.00 h 的井筒内。室内外提升设施通向仓库的入口应设置乙级防火门或符合本规范第 6.5.3 条规定的防火卷帘。

3) 图示说明

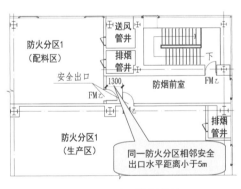

图 1.1.52(a)　错误做法

图 1.1.52(b)　错误做法

问题 2：电子工业洁净厂房的安全疏散不符合要求。

1) 问题描述

(1) 电子工业洁净厂房内部的安全疏散门开启方向有误，或未设置玻璃观察窗；[见图 1.1.53(a)(b)]

（2）丙类电子工业洁净厂房内的安全疏散距离按工艺需要确定,且超过《建筑设计防火规范》GB 50016 的有关规定,但洁净室内火灾危险性较高的关键生产设备内部未设置火灾报警和灭火装置,回风气流中也未设置灵敏度严于 0.01%obs/m 的高灵敏度早期火灾报警探测系统,造成安全疏散距离不符合要求。

2) 规范要求

➢ 《电子工业洁净厂房设计规范》(GB 50472—2008)有关规定:

6.2.7 洁净厂房的安全出口的设置,应符合下列规定:

1 每一生产层、每个防火分区或每一洁净室的安全出口数目,应符合现行国家标准《洁净厂房设计规范》GB 50073 的有关规定;

2 安全出口应分散布置,并应设有明显的疏散标志;安全疏散距离应符合现行国家标准《建筑设计防火规范》GB 50016 的有关规定。安全疏散用门应向疏散方向开启,并应设观察玻璃窗;

3 丙类生产的电子工业洁净厂房,在关键生产设备自带火灾报警和灭火装置以及回风气流中设有灵敏度严于 0.01%obs/m 的高灵敏度早期火灾报警探测系统后,安全疏散距离可按工艺需要确定,但不得大于本条第 2 款规定的安全疏散距离的 1.5 倍。

注 对于玻璃基板尺寸大于 1 500 m×1 850 mm 的 TFT-LCD 厂房,且洁净生产区人员密度小于 0.02 人/m²,其疏散距离应按工艺需要确定,但不得大于 120 m。

6.2.9 洁净厂房内有爆炸危险的房间应靠建筑外墙布置,且不得与疏散安全口(楼梯间)贴邻。有爆炸危险的房间的防爆措施、泄爆面积等应符合现行国家标准《建筑设计防火规范》GB 50016 的有关规定。

➢ 《洁净厂房设计规范》(GB 50073—2013)有关规定:

5.2.7 洁净厂房每一生产层,每一防火分区或每一洁净区的安全出口数量不应少于 2 个。当符合下列要求时可设 1 个:

1 对甲、乙类生产厂房每层的洁净生产区总建筑面积不超过 100 m²,且同一时间内的生产人员总数不超过 5 人。

2 对丙、丁、戊类生产厂房,应按现行国家标准《建筑设计防火规范》GB 50016 的有关规定设置。

5.2.8 安全出入口应分散布置,从生产地点至安全出口不应经过曲折的人员净化路线,并应设有明显的疏散标志,安全疏散距离应符合现行国家标准《建筑设计防火规范》GB 50016 的有关规定。

5.2.9 洁净区与非洁净区、洁净区与室外相通的安全疏散门应向疏散方向开启,并应加闭门器[见图 1.1.54]。安全疏散门不应采用吊门、转门、侧拉门、卷帘门以及电控自动门。

3) 应对措施

当丙类电子工业洁净厂房按照《洁净厂房设计规范》(GB 50073—2013)有关例外条款

和生产工艺要求扩大设计疏散距离时,建设单位、施工单位应严格按照设计文件要求,在关键生产设备部位设置火灾报警、灭火装置和回风气流高灵敏度早期火灾报警探测系统,且产品应符合国家法定强制认证或检测检验的要求。

4）图示说明

图 1.1.53(a)　错误做法　　　　　　图 1.1.53(b)　错误做法

图 1.1.54　正确做法

问题 3：同一疏散区域相邻安全出口、疏散门水平距离不符合要求。

1）问题描述

（1）建筑内位于同一防火分区或一个防火分区的每个楼层、每个住宅单元每层相邻的两个安全出口,其疏散门最近边缘水平距离小于 5 m;

（2）建筑内位于同一房间的两个疏散门最近边缘之间的水平距离小于 5 m。

2）规范要求

➤ 《建筑设计防火规范》(GB 50016—2014〈2018 年版〉)规定：

5.5.2　建筑内的安全出口和疏散门应分散布置,且建筑内每个防火分区或一个防火分区的每个楼层、每个住宅单元每层相邻两个安全出口以及每个房间相邻两个疏散门最近边缘之间的水平距离不应小于 5 m。［见图 1.1.55(a)(b)(c)(d)］

3) 图示说明

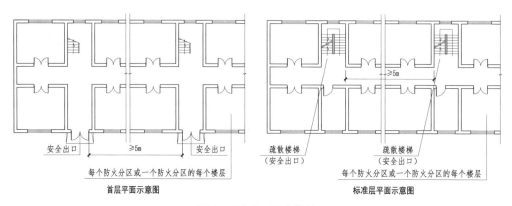

图 1.1.55(a)　正确做法

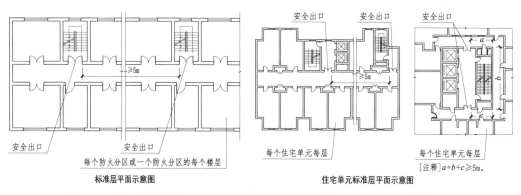

图 1.1.55(b)　正确做法　　　　　　图 1.1.55(c)　正确做法

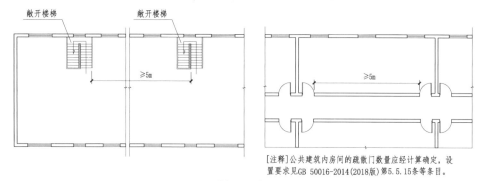

图 1.1.55(d)　正确做法

问题 4：通向屋面的楼梯间疏散门或屋面疏散通道设置不符合要求。

1）问题描述

（1）建筑内通向屋面的楼梯间，疏散门向内开启；

（2）多单元组合住宅、通廊式住宅的屋面，疏散楼梯之间消防通道净宽设置不符合要求；

（3）屋顶防排烟风机房、电梯机房等设备间疏散通道被管道、桥架等设施阻断或占用。

2）规范要求

➤ 《建筑设计防火规范》(GB 50016—2014〈2018 年版〉)规定：

5.5.3　建筑的楼梯间宜通至屋面，通向屋面的门或窗应向外开启。［**见图** 1.1.56(a)(b)］

➤ 《住宅设计标准》(DB 32/3920—2020)规定：

8.7.8　多单元组合高层住宅、通廊式高层住宅的疏散楼梯应通至屋面，在疏散楼梯之间应设置净宽不小于 1.2 m 的消防通道。［**见图** 1.1.56(c)］

3）图示说明

图 1.1.56(a)　正确做法

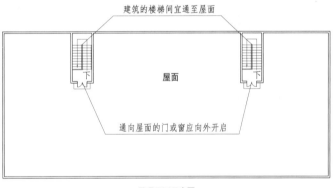

屋顶平面示意图

图 1.1.56(b)　正确做法

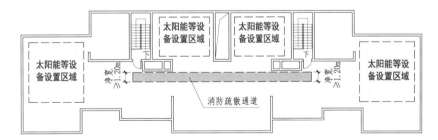

多单元高层住宅屋面疏散通道示意图

图 1.1.56(c)　正确做法

问题 5：直通建筑内附设汽车库的电梯，设置不符合要求。

1）问题描述

（1）直通建筑内附设汽车库的电梯，未设置电梯候梯厅；[见图 1.1.57（a）]

（2）直通建筑内附设汽车库的电梯，其电梯候梯厅防火分隔设施不符合要求。[见图 1.1.57（b）]

2）规范要求

➢《建筑设计防火规范》（GB 50016—2014〈2018 年版〉）规定：

5.5.6 直通建筑内附设汽车库的电梯，应在汽车库部分设置电梯候梯厅，并应采用耐火极限不低于 2.00 h 的防火隔墙和乙级防火门与汽车库分隔。[见图 1.1.58]

说明：直通建筑内附设汽车库的电梯门开启后不应影响车道净宽。

3）图示说明

图 1.1.57（a） 错误做法　　　　图 1.1.57（b） 错误做法

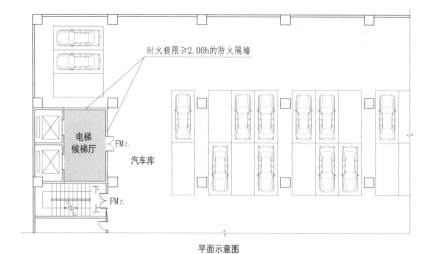

平面示意图

图 1.1.58 正确做法

问题6：公共建筑安全出口数量不符合要求。

1）问题描述

（1）公共建筑的安全出口未根据建筑面积、耐火等级、楼层数、疏散人数和疏散距离等因素确定，造成数量不够；

（2）一、二级耐火等级公共建筑内建筑面积大于1 000 m²的防火分区，利用通向相邻防火分区的甲级防火门作为安全出口时，该防火分区仅设置1个直通室外的安全出口；

（3）利用通向相邻防火分区的甲级防火门作为安全出口的防火分区，通向相邻防火分区的疏散净宽度超过该防火分区按规范规定计算所需疏散总净宽度的30%。

2）规范要求

➤ 《建筑设计防火规范》（GB 50016—2014〈2018年版〉）有关规定：

5.5.8 公共建筑内每个防火分区或一个防火分区的每个楼层，其安全出口的数量应经计算确定，且不应少于2个[见图1.1.59(a)]。设置1个安全出口或1部疏散楼梯的公共建筑应符合下列条件之一：

1 除托儿所、幼儿园外，建筑面积不大于200 m²且人数不超过50人的单层公共建筑或多层公共建筑的首层；[见图1.1.59(b)]

2 除医疗建筑，老年人照料设施，托儿所、幼儿园的儿童用房，儿童游乐厅等儿童活动场所和歌舞娱乐放映游艺场所等外，符合表5.5.8规定的公共建筑。[见图1.1.59(c)]

表5.5.8　设置1部疏散楼梯的公共建筑

耐火等级	最多层数	每层最大建筑面积(m²)	人数
一、二级	3层	200	第二、三层的人数之和不超过50人
三级	3层	200	第二、三层的人数之和不超过25人
四级	2层	200	第二层人数不超过15人

5.5.9 一、二级耐火等级公共建筑内的安全出口全部直通室外确有困难的防火分区，可利用通向相邻防火分区的甲级防火门作为安全出口，但应符合下列要求：

1 利用通向相邻防火分区的甲级防火门作为安全出口时，应采用防火墙与相邻防火分区进行分隔；

2 建筑面积大于1 000 m²的防火分区，直通室外的安全出口不应少于2个[见图1.1.59(d)]；建筑面积不大于1 000 m²的防火分区，直通室外的安全出口不应少于1个[见图1.1.59(e)]；

3 该防火分区通向相邻防火分区的疏散净宽度不应大于其按本规范第5.5.21条规定计算所需疏散总净宽度的30%，建筑各层直通室外的安全出口总净宽度不应小于按照本规范第5.5.21条规定计算所需疏散总净宽度。

3) 图示说明

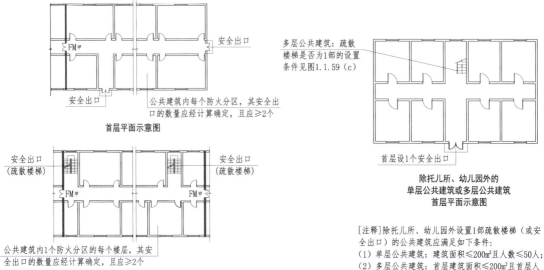

图 1.1.59(a)　正确做法

图 1.1.59(b)　正确做法

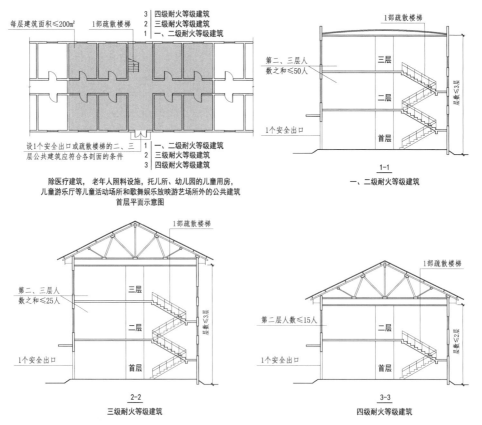

图 1.1.59(c)　正确做法

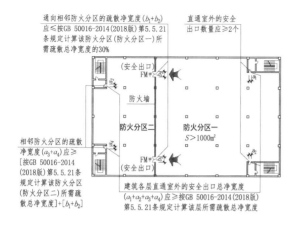

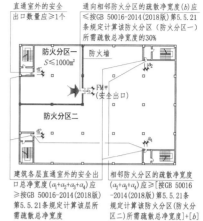

图 1.1.59(d)　正确做法　　　　　　　　图 1.1.59(e)　正确做法

问题 7：公共建筑疏散楼梯设置不符合要求。

1）问题描述

（1）一类高层公共建筑或建筑高度大于 32 m 的二类高层公共建筑，裙房与高层建筑主体之间未设置防火墙分隔时，裙房部位疏散楼梯采用封闭楼梯间；

（2）医疗、旅馆、商业、娱乐等人员密集的多层公共建筑，其未与敞开式外廊直接连通的疏散楼梯采用敞开楼梯间；

（3）6 层及以上的办公、公寓、宿舍等多层公共建筑，其未与敞开式外廊直接连通的疏散楼梯采用敞开楼梯间；

（4）老年人照料设施内不能与敞开式外廊直接连通的疏散楼梯采用敞开楼梯间；

（5）建筑高度大于 24 m 的老年人照料设施，室内疏散楼梯采用封闭楼梯间。

2）规范要求

➢ 《建筑设计防火规范》(GB 50016—2014〈2018 年版〉)有关规定：

5.5.12　一类高层公共建筑和建筑高度大于 **32 m** 的二类高层公共建筑，其疏散楼梯应采用防烟楼梯间。

裙房和建筑高度不大于 **32 m** 的二类高层公共建筑，其疏散楼梯应采用封闭楼梯间。

注：当裙房与高层建筑主体之间设置防火墙时，裙房的疏散楼梯可按本规范有关单、多层建筑的要求确定。［见图 1.1.60(a)］

5.5.13　下列多层公共建筑的疏散楼梯，除与敞开式外廊直接相连的楼梯间外［见图 1.1.60(b)］，均应采用封闭楼梯间［见图 1.1.60(c)］：

1　医疗建筑、旅馆及类似使用功能的建筑；

2　设置歌舞娱乐放映游艺场所的建筑；

3　商店、图书馆、展览建筑、会议中心及类似使用功能的建筑；

4　6 层及以上的其他建筑。

5.5.13A　老年人照料设施的疏散楼梯或疏散楼梯间宜与敞开式外廊直接连通［见图1.1.60（d）］，不能与敞开式外廊直接连通的室内疏散楼梯应采用封闭楼梯间［见图 1.1.60（e）］。建筑高度大于 24 m 的老年人照料设施，其室内疏散楼梯应采用防烟楼梯间［见图1.1.60（f）］。

建筑高度大于 32 m 的老年人照料设施，宜在 32 m 以上部分增设能连通老年人居室和公共活动场所的连廊［见图 1.1.60（g）］，各层连廊应直接与疏散楼梯、安全出口或室外避难场地连通。

3）图示说明

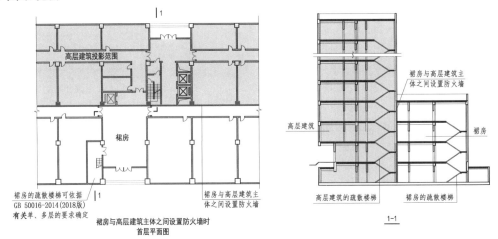

图 1.1.60（a）　正确做法

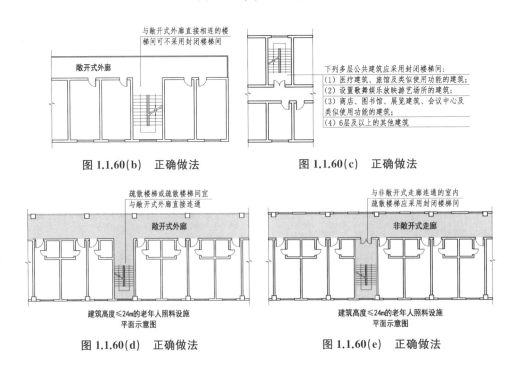

图 1.1.60（b）　正确做法

图 1.1.60（c）　正确做法

图 1.1.60（d）　正确做法

图 1.1.60（e）　正确做法

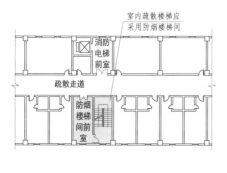

建筑高度＞24m的老年人照料设施
平面示意图

图 1.1.60(f) 正确做法

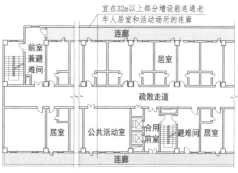

建筑高度＞32m的老年人照料设施
平面示意图

图 1.1.60(g) 正确做法

问题 8：疏散楼梯净宽达四股人流时未加设中间扶手。

1）问题描述

公共建筑人流众多的场所，楼梯净宽达四股人流时未加设中间扶手，不便于人员安全疏散。[见图 1.1.61]

2）规范要求

➤《民用建筑设计统一标准》(GB 50352—2019)有关规定：

6.8.3 梯段净宽除应符合现行国家标准《建筑设计防火规范》GB 50016 及国家现行相关专用建筑设计标准的规定外，供日常主要交通用的楼梯的梯段净宽应根据建筑物使用特征，按每股人流宽度为 0.55 m＋(0～0.15)m 的人流股数确定，并不应少于两股人流。(0～0.15)m 为人流在行进中人体的摆幅，公共建筑人流众多的场所应取上限值。

楼梯净宽达到 2.80 m 时宜增加中间扶手。

6.8.7 楼梯应至少于一侧设扶手，梯段净宽达三股人流时应两侧设扶手，达四股人流时宜加设中间扶手。[见图 1.1.62]

3）图示说明

图 1.1.61 错误做法

图 1.1.62 正确做法

问题 9：公共建筑内房间的疏散门数量不符合要求。

1）问题描述

托儿所、幼儿园、老年人照料设施、医疗建筑、教学建筑内位于走道尽端的房间，仅设置1个疏散门，不符合要求。

2）规范要求

➤ 《建筑设计防火规范》（GB 50016—2014〈2018 年版〉）规定：

5.5.15 公共建筑内房间的疏散门数量应经计算确定且不应少于2个。除托儿所、幼儿园、老年人照料设施、医疗建筑、教学建筑内位于走道尽端的房间外，符合下列条件之一的房间可设置1个疏散门：[见图 1.1.63]

1 位于两个安全出口之间或袋形走道两侧的房间，对于托儿所、幼儿园、老年人照料设施，建筑面积不大于50 m²；对于医疗建筑、教学建筑，建筑面积不大于75 m²；对于其他建筑或场所，建筑面积不大于120 m²。

2 位于走道尽端的房间，建筑面积小于50 m²且疏散门的净宽度不小于0.90 m，或由房间内任一点至疏散门的直线距离不大于15 m、建筑面积不大于200 m²且疏散门的净宽度不小于1.40 m。

3 歌舞娱乐放映游艺场所内建筑面积不大于50 m²且经常停留人数不超过15人的厅、室。

3）图示说明

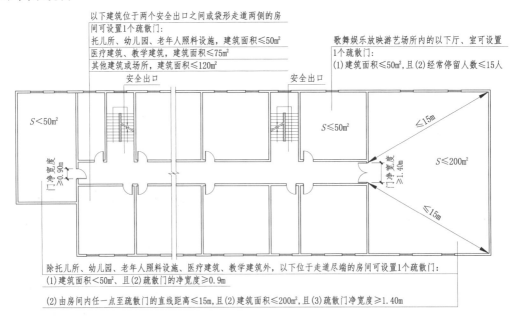

公共建筑 平面示意图

[注释]房间疏散门的开启方向应符合GB 50016-2014(2018版)第6.4.11条的规定。

图 1.1.63　正确做法

问题 10：公共建筑的安全疏散距离不符合要求。

1）问题描述

（1）直通疏散走道的房间疏散门至最近安全出口的直线距离超过规范限值；

（2）楼梯间在首层没有直通室外的出口，且通往室外安全出口的疏散距离超过 15 m 时，疏散通道未按扩大封闭楼梯间或防烟楼梯间前室的要求，与相邻走道、房间等部位进行防火分隔；

（3）层数超过 4 层的建筑，疏散楼梯间在首层没有直通室外的出口，疏散通道未按扩大封闭楼梯间或防烟楼梯间前室的要求，与相邻走道、房间等部位进行防火分隔；

（4）观众厅、展览厅、多功能厅、餐厅、营业厅等，其室内任一点至最近疏散门或安全出口的直线距离超过 30 m；

（5）观众厅、展览厅、多功能厅、餐厅、营业厅等，当疏散门不能直通室外地面或疏散楼梯间时，未设置通往最近安全出口的疏散走道，或设置了疏散走道，但长度超过 10 m。

2）规范要求

➤ 《建筑设计防火规范》(GB 50016—2014〈2018 年版〉)有关规定：

5.5.17 公共建筑的安全疏散距离应符合下列规定：

1 直通疏散走道的房间疏散门至最近安全出口的直线距离不应大于表 5.5.17 的规定。［见图 1.1.64(a)(b)］

表 5.5.17 直通疏散走道的房间疏散门至最近安全出口的直线距离(m)

名称			位于两个安全出口之间的疏散门			位于袋形走道两侧或尽端的疏散门		
			一、二级	三级	四级	一、二级	三级	四级
托儿所、幼儿园、老年人照料设施			25	20	15	20	15	10
歌舞娱乐放映游艺场所			25	20	15	9	—	—
医疗建筑	单、多层		35	30	25	20	15	10
	高层	病房部分	24	—	—	12	—	—
		其他部分	30	—	—	15	—	—
教学建筑	单、多层		35	30	25	22	20	10
	高层		30	—	—	15	—	—
高层旅馆、展览建筑			30	—	—	15	—	—
其他建筑	单、多层		40	35	25	22	20	15
	高层		40	—	—	20	—	—

注：**1** 建筑内向开敞式外廊的房间疏散门至最近安全出口的直线距离可按本表的规定增加 5 m。［见图 1.1.64(c)］

2 直通疏散走道的房间疏散门至最近敞开楼梯间的直线距离，当房间位于两个楼梯间之间时，应按本表的规定减少 5 m；当房间位于袋形走道两侧或尽端时，应按本表的规定减少 2 m。［见图 1.1.64(d)］

3 建筑物内全部设置自动喷水灭火系统时，其安全疏散距离可按本表的规定增加 25%。［见图 1.1.64(a)(b)(c)(d)］

2 楼梯间应在首层直通室外,确有困难时,可在首层采用扩大的封闭楼梯间或防烟楼梯间前室。当层数不超过 **4** 层且未采用扩大的封闭楼梯间或防烟楼梯间前室时,可将直通室外的门设置在离楼梯间不大于 **15 m** 处。[见图 1.1.64(e)]

3 房间内任一点至房间直通疏散走道的疏散门的直线距离,不应大于表 5.5.17 规定的袋形走道两侧或尽端的疏散门至最近安全出口的直线距离。[见图 1.1.64(f)]

4 一、二级耐火等级建筑内疏散门或安全出口不少于 **2** 个的观众厅、展览厅、多功能厅、餐厅、营业厅等,其室内任一点至最近疏散门或安全出口的直线距离不应大于 **30 m**;当疏散门不能直通室外地面或疏散楼梯间时,应采用长度不大于 **10 m** 的疏散走道通至最近的安全出口。当该场所设置自动喷水灭火系统时,室内任一点至最近安全出口的安全疏散距离可分别增加 **25%**。[见图 1.1.64(g)(h)]

3) 图示说明

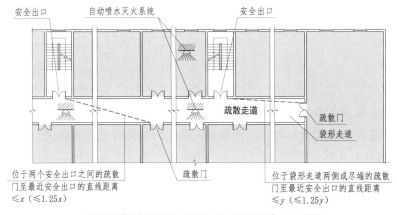

[注释]
1 x为GB 50016-2014(2018版)表5.5.17中位于两个安全出口之间的疏散门至最近安全出口的最大直线距离(m);y为表5.5.17中位于袋形走道两侧或尽端的疏散门至最近安全出口的最大直线距离(m)。
2 建筑物内全部设置自动喷水灭火系统时,安全疏散距离按括号内数字。

图 1.1.64(a) 正确做法

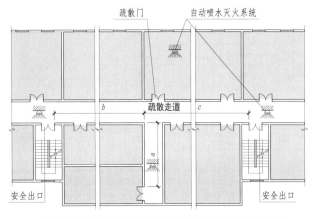

[注释]对于除托儿所、幼儿园、老年人照料设施、歌舞娱乐放映游艺场所,单、多层医疗建筑,单、多层教学建筑以外的下列建筑应同时满足以下两点要求:
(1) a<b且a<c。
(2) 对于一、二级耐火等级其他建筑:
2a+b≤40m,或2a+c≤40m
(2a+b≤50m,或2a+c≤50m)。

直通疏散走道的房间疏散门至最近安全出口的直线距离 平面示意图

图 1.1.64(b) 正确做法

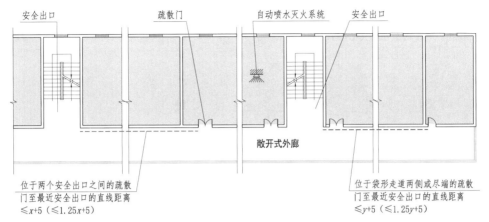

直通散开式外廊的房间疏散门至最近安全出口的直线距离 平面示意图

[注释]图中 x、y 及括号内数字的释义见图1.1.64（a）[注释]。

图 1.1.64(c) 正确做法

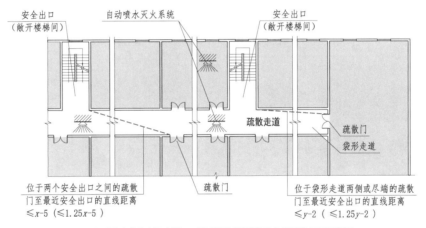

直通疏散走道的房间疏散门至最近敞开式楼梯间的直线距离 平面示意图

[注释]图中 x、y 及括号内数字的释义见图1.1.64（a）[注释]。

图 1.1.64(d) 正确做法

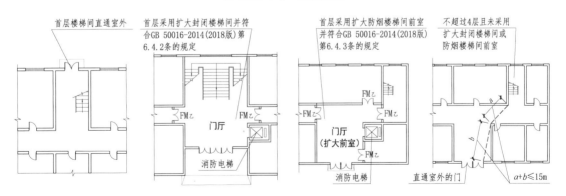

楼梯间首层 平面示意图

图 1.1.64(e) 正确做法

房间内任一点到疏散门的最大直线距离L(m)

名称		一、二级	三级	四级
托儿所、幼儿园老年人照料设施		20	15	10
歌舞娱乐放映游艺场所		9	–	–
医疗建筑	单、多层	20	15	10
	高层 病房部分	12	–	–
	其他部分	15	–	–
教学建筑	单、多层	22	20	10
	高层	15	–	–
高层旅馆、展览建筑		15	–	–
其他建筑	单、多层	22	20	15
	高层	20	–	–

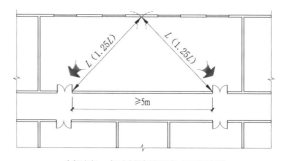

房间内任一点到疏散门的距离 平面示意图

[注释]建筑物内全部设置自动喷水灭火系统时,安全疏散距离按括号内数字。

图 1.1.64(f) 正确做法

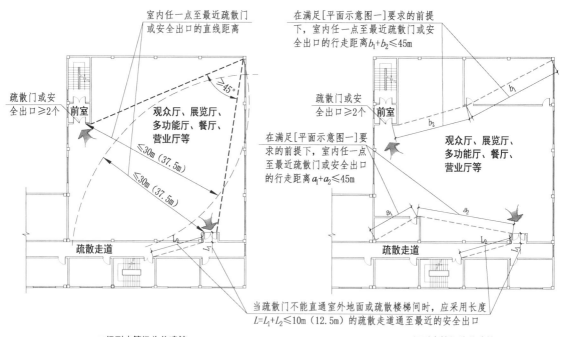

一、二级耐火等级公共建筑
平面示意图一

一、二级耐火等级公共建筑
平面示意图二

[注释]
1 建筑物内全部设置自动喷水灭火系统时,安全疏散距离按括号内数字。
2 平面示意图二中的其他部位仍应满足平面示意图一中的要求。
3. 平面示意图二中的"$a_1+a_2 \leqslant 45m$ ($b_1+b_2 \leqslant 45m$)"为参照《人员密集场所消防安全管理》GB/T 40248-2021中有关"行走距离"的相关规定。

图 1.1.64(g) 正确做法

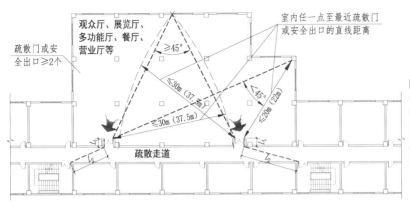

[注释]当室内任一点至最近疏散门或安全出口的直线距离≤30m(37.5m)时，疏散走道通至最近的安全出口长度 $L=L_1+L_2 ≤10m（12.5m）$，且任一点与两个疏散门的连线夹角≥45°。

当夹角<45°时，此点至最近疏散门或安全出口的直线距离≤20m（22m）。

一、二级耐火等级公共建筑
平面示意图三

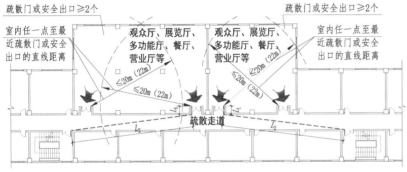

[注释]当室内任一点至最近疏散门或安全出口的直线距离≤20m(22m)时，疏散走道通至最近的安全出口长度 $L=L_1+L_2≤40m（50m）$。

一、二级耐火等级公共建筑
平面示意图四

[注释]建筑物内全部设置自动喷水灭火系统时，安全疏散距离按括号内数字。

图 1.1.64(h) 正确做法

问题11：公共建筑疏散宽度不符合要求。

1）问题描述

（1）公共建筑内疏散门或安全出口的净宽度小于 0.90 m，疏散走道或疏散楼梯的净宽度小于 1.10 m；[见图 1.1.65(a)(b)]

（2）人员密集的公共场所、观众厅的疏散宽度小于 1.4 m，或距离疏散门 1.4 m 范围内设置踏步；[见图 1.1.65(c)]

（3）疏散通道、安全出口等部位设有固定障碍物，影响疏散宽度；[见图 1.1.65(d)]

（4）房间疏散门完全开启后，占用疏散走道宽度；[见图 1.1.65(e)]

（5）疏散门采用地弹簧门时，因门轴向内有一定距离，造成疏散门净宽不符合要求。

[见图 1.1.65(f)]

2）规范要求

➢《建筑设计防火规范》(GB 50016—2014〈2018 年版〉)有关规定：

5.5.18 除本规范另有规定外，公共建筑内疏散门和安全出口的净宽度不应小于 **0.90 m，疏散走道和疏散楼梯的净宽度不应小于 1.10 m。**

高层公共建筑内楼梯间的首层疏散门、首层疏散外门、疏散走道和疏散楼梯的最小净宽度应符合表 5.5.18 的规定。

表 5.5.18　高层公共建筑内楼梯间的首层疏散门、首层疏散外门、

疏散走道和疏散楼梯的最小净宽度(m)

建筑类别	楼梯间的首层疏散门、首层疏散外门	走道		疏散楼梯
		单面布房	双面布房	
高层医疗建筑	1.30	1.40	1.50	1.30
其他高层公共建筑	1.20	1.30	1.40	1.20

5.5.19　人员密集的公共场所、观众厅的疏散门不应设置门槛,其净宽度不应小于
1.40 m,且紧靠门口内外各 1.40 m 范围内不应设置踏步。

人员密集的公共场所的室外疏散通道的净宽度不应小于 3.00 m,并应直接通向宽敞
地带。

5.5.21　除剧场、电影院、礼堂、体育馆外的其他公共建筑,其房间疏散门、安全出口、疏
散走道和疏散楼梯的各自总净宽度,应符合下列规定:

　　1　每层的房间疏散门、安全出口、疏散走道和疏散楼梯的各自总净宽度,应根据疏
散人数按每 100 人的最小疏散净宽度不小于表 5.5.21‑1 的规定计算确定。当每层疏散人
数不等时,疏散楼梯的总净宽度可分层计算,地上建筑内下层楼梯的总净宽度应按该层及
以上疏散人数最多一层的人数计算;地下建筑内上层楼梯的总净宽度应按该层及以下疏散
人数最多一层的人数计算。

表 5.5.21‑1　每层的房间疏散门、安全出口、疏散走道和疏散

楼梯的每 100 人最小疏散净宽度(m/百人)

建筑层数		建筑的耐火等级		
		一、二级	三级	四级
地上楼层	1～2 层	0.65	0.75	1.00
	3 层	0.75	1.00	—
	≥4 层	1.00	1.25	—
地下楼层	与地面出入口地面的高差 $\Delta H \leqslant 10$ m	0.75	—	—
	与地面出入口地面的高差 $\Delta H > 10$ m	1.00	—	—

　　2　地下或半地下人员密集的厅、室和歌舞娱乐放映游艺场所,其房间疏散门、安全
出口、疏散走道和疏散楼梯的各自总净宽度,应根据疏散人数按每 100 人不小于 1.00 m 计
算确定。

　　3　首层外门的总净宽度应按该建筑疏散人数最多一层的人数计算确定,不供其他
楼层人员疏散的外门,可按本层的疏散人数计算确定。

　　4　歌舞娱乐放映游艺场所中录像厅的疏散人数,应根据厅、室的建筑面积按不小于
1.0 人/m² 计算;其他歌舞娱乐放映游艺场所的疏散人数,应根据厅、室的建筑面积按不小

于 0.5 人/m² 计算。

　　5　有固定座位的场所,其疏散人数可按实际座位数的 1.1 倍计算。

　　6　展览厅的疏散人数应根据展览厅的建筑面积和人员密度计算,展览厅内的人员密度不宜小于 0.75 人/m²。

　　7　商店的疏散人数应按每层营业厅的建筑面积乘以表 5.5.21-2 规定的人员密度计算。对于建材商店、家具和灯饰展示建筑,其人员密度可按表 5.5.21-2 规定值的 30%确定。

表 5.5.21-2　商店营业厅内的人员密度(人/m²)

楼层位置	地下第二层	地下第一层	地上第一、二层	地上第三层	地上第四层及以上各层
人员密度	0.56	0.60	0.43~0.60	0.39~0.54	0.30~0.42

3) 图示说明

图 1.1.65(a)　错误做法　　　　图 1.1.65(b)　错误做法　　　　图 1.1.65(c)　错误做法

图 1.1.65(d)　错误做法　　　　图 1.1.65(e)　错误做法　　　　图 1.1.65(f)　错误做法

问题 12：公共建筑避难层(间)设置不符合要求。

1）问题描述

　　（1）公共建筑避难层(间)的净面积不满足设计避难人数避难的要求；

　　（2）公共建筑避难层兼作设备层时，设备管道区与避难区未设置防火隔墙进行分隔；

　　（3）公共建筑避难层(间)内管道井、设备间的门直接开向避难区时，与避难层区出入口的距离小于 5 m，且未采用甲级防火门；

　　（4）公共建筑避难层(间)未设置消火栓、消防软管卷盘、消防专线电话和应急广播；

　　（5）公共建筑避难层(间)出入口指示标志设置不符合要求；

　　（6）公共建筑避难层(间)防烟设施不符合要求。

2）规范要求

➢ 《建筑设计防火规范》(GB 50016—2014〈2018 年版〉)规定：

5.5.23 建筑高度大于 **100 m** 的公共建筑，应设置避难层(间)。避难层(间)应符合下列规定：〔见图 1.1.66(a)(b)〕

　　1 第一个避难层(间)的楼地面至灭火救援场地地面的高度不应大于 **50 m**，两个避难层(间)之间的高度不宜大于 **50 m**。

　　2 通向避难层(间)的疏散楼梯应在避难层分隔、同层错位或上下层断开。

　　3 避难层(间)的净面积应能满足设计避难人数避难的要求，并宜按 **5.0 人/m²** 计算。

　　4 避难层可兼作设备层。设备管道宜集中布置，其中的易燃、可燃液体或气体管道应集中布置，设备管道区应采用耐火极限不低于 **3.00 h** 的防火隔墙与避难区分隔。管道井和设备间应采用耐火极限不低于 **2.00 h** 的防火隔墙与避难区分隔，管道井和设备间的门不应直接开向避难区；确需直接开向避难区时，与避难层区出入口的距离不应小于 **5 m**，且应采用甲级防火门。

　　避难间内不应设置易燃、可燃液体或气体管道，不应开设除外窗、疏散门之外的其他开口。

　　5 避难层应设置消防电梯出口。

　　6 应设置消火栓和消防软管卷盘。

　　7 应设置消防专线电话和应急广播。

　　8 在避难层(间)进入楼梯间的入口处和疏散楼梯通向避难层(间)的出口处，应设置明显的指示标志。〔见图 1.1.66(c)〕

　　9 应设置直接对外的可开启窗口或独立的机械防烟设施，外窗应采用乙级防火窗。

3）图示说明

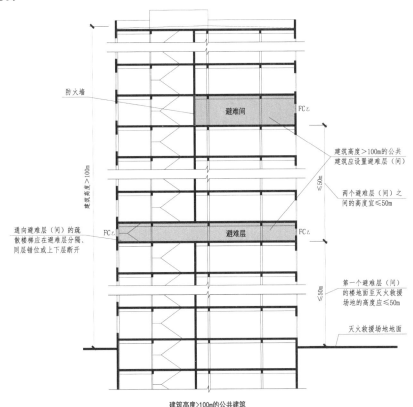

建筑高度>100m的公共建筑
避难层（间）设置位置　剖面示意图

图 1.1.66（a）　正确做法

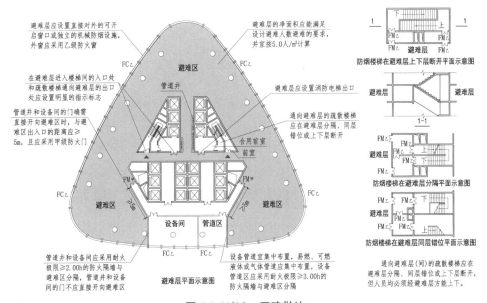

避难层平面示意图

图 1.1.66（b）　正确做法

图 1.1.66(c)　正确做法

问题 13：高层病房楼避难间设置不符合要求。

1）问题描述

（1）高层病房楼避难间服务的护理单元超过 2 个,或净面积不符合要求;

（2）高层病房楼避难间防火隔墙和防火门耐火极限不符合要求;

（3）高层病房楼避难间未设置消防专线电话和应急广播;

（4）高层病房楼避难间入口指示标志设置不符合要求;

（5）高层病房楼避难间防烟设施不符合要求。

2）规范要求

➤《建筑设计防火规范》(GB 50016—2014〈2018 年版〉)规定:

5.5.24　高层病房楼应在二层及以上的病房楼层和洁净手术部设置避难间。避难间应符合下列规定:［见图 1.1.67(a)(b)(c)］

1　避难间服务的护理单元不应超过 2 个,其净面积应按每个护理单元不小于 **25.0 m²** 确定。

2　避难间兼作其他用途时,应保证人员的避难安全,且不得减少可供避难的净面积。

3　应靠近楼梯间,并应采用耐火极限不低于 **2.00 h** 的防火隔墙和甲级防火门与其他部位分隔。

4　应设置消防专线电话和消防应急广播。

5　避难间的入口处应设置明显的指示标志。

6　应设置直接对外的可开启窗口或独立的机械防烟设施,外窗应采用乙级防火窗。

3）图示说明

图 1.1.67(a)　正确做法

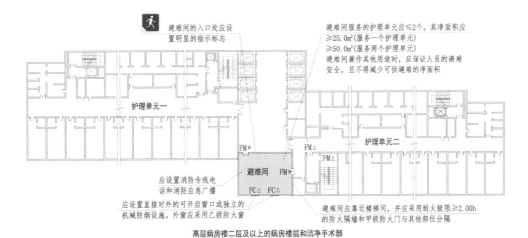

图 1.1.67(b)　正确做法

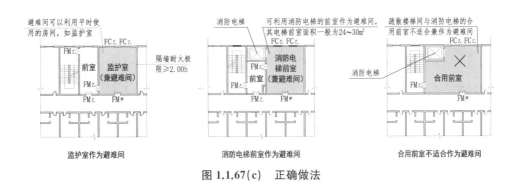

图 1.1.67(c)　正确做法

问题 14：老年人照料设施避难间设置不符合要求。

1）问题描述

老年人照料设施避难间的设置位置、数量、净面积不符合要求。

2) 规范要求

➤ 《建筑设计防火规范》(GB 50016—2014〈2018 年版〉)规定:

5.5.24A　3 层及 3 层以上总建筑面积大于 3 000 m²(包括设置在其他建筑内三层及以上楼层)的老年人照料设施,应在二层及以上各层老年人照料设施部分的每座疏散楼梯间的相邻部位设置 1 间避难间;当老年人照料设施设置与疏散楼梯或安全出口直接连通的开敞式外廊、与疏散走道直接连通且符合人员避难要求的室外平台等时,可不设置避难间[见图 1.1.68(a)]。避难间内可供避难的净面积不应小于 12 m²,避难间可利用疏散楼梯间的前室或消防电梯的前室,其他要求应符合本规范第 5.5.24 条的规定[见图 1.1.68(b)]。

3) 图示说明

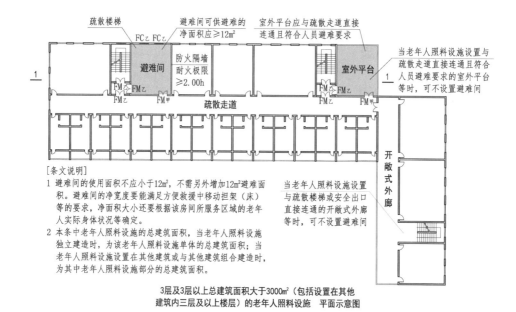

3 层及 3 层以上总建筑面积大于 3000m²(包括设置在其他建筑内三层及以上楼层)的老年人照料设施　平面示意图

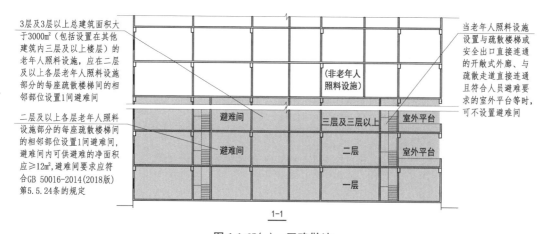

图 1.1.68(a)　正确做法

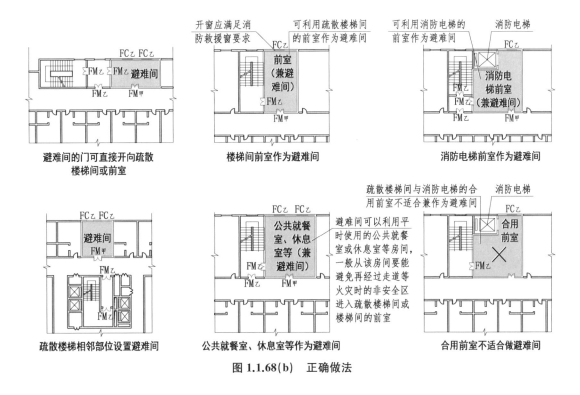

图 1.1.68(b)　正确做法

问题 15：住宅建筑的避难和安全防护不符合要求。

1) 问题描述

（1）建筑高度大于 100 m 的住宅建筑，避难层净面积不满足设计避难人数避难的要求；

（2）建筑高度大于 100 m 的住宅建筑避难层兼作设备层时，设备管道区与避难区未设置防火隔墙进行分隔；

（3）建筑高度大于 100 m 的住宅建筑避难层内管道井、设备间的门直接开向避难区时，与避难层区出入口的距离小于 5 m，且未采用甲级防火门；

（4）建筑高度大于 100 m 的住宅建筑避难层未设置消火栓、消防软管卷盘、消防专线电话和应急广播；

（5）建筑高度大于 100 m 的住宅建筑避难层出入口指示标志设置不符合要求；

（6）建筑高度大于 100 m 的住宅建筑避难层防烟设施不符合要求；

（7）建筑高度大于 54 m 但不大于 100 m 的住宅建筑，每户未设置满足一定防火性能要求的安全房间。

2) 规范要求

➤ 《建筑设计防火规范》(GB 50016—2014〈2018 年版〉)有关规定：

5.5.23　建筑高度大于 100 m 的公共建筑，应设置避难层(间)。避难层(间)应符合下

列规定：［见图 1.1.66(a)(b)］

1 第一个避难层(间)的楼地面至灭火救援场地地面的高度不应大于 **50 m**，两个避难层(间)之间的高度不宜大于 **50 m**。

2 通向避难层(间)的疏散楼梯应在避难层分隔、同层错位或上下层断开。

3 避难层(间)的净面积应能满足设计避难人数避难的要求，并宜按 **5.0 人/m²** 计算。

4 避难层可兼作设备层。设备管道宜集中布置，其中的易燃、可燃液体或气体管道应集中布置，设备管道区应采用耐火极限不低于 **3.00 h** 的防火隔墙与避难区分隔。管道井和设备间应采用耐火极限不低于 **2.00 h** 的防火隔墙与避难区分隔，管道井和设备间的门不应直接开向避难区；确需直接开向避难区时，与避难层区出入口的距离不应小于 **5 m**，且应采用甲级防火门。

避难间内不应设置易燃、可燃液体或气体管道，不应开设除外窗、疏散门之外的其他开口。

5 避难层应设置消防电梯出口。

6 应设置消火栓和消防软管卷盘。

7 应设置消防专线电话和应急广播。

8 在避难层(间)进入楼梯间的入口处和疏散楼梯通向避难层(间)的出口处，应设置明显的指示标志。［见图 1.1.66(c)］

9 应设置直接对外的可开启窗口或独立的机械防烟设施，外窗应采用乙级防火窗。

5.5.31 建筑高度大于 **100 m** 的住宅建筑应设置避难层，避难层的设置应符合本规范第 **5.5.23** 条有关避难层的要求。

5.5.32 建筑高度大于 54 m 的住宅建筑，每户应有一间房间符合下列规定：［见图1.1.69］

1 应靠外墙设置，并应设置可开启外窗；

2 内、外墙体的耐火极限不应低于 1.00 h，该房间的门宜采用乙级防火门，外窗的耐火完整性不宜低于 1.00 h。

3) 图示说明

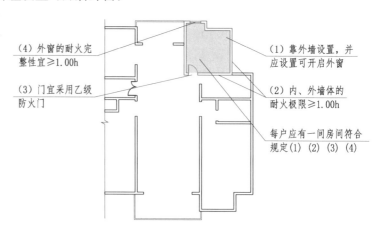

(4) 外窗的耐火完整性宜≥1.00h

(3) 门宜采用乙级防火门

(1) 靠外墙设置，并应设置可开启外窗

(2) 内、外墙体的耐火极限≥1.00h

每户应有一间房间符合规定(1)(2)(3)(4)

建筑高度>54m的住宅建筑 平面示意图

图 1.1.69　正确做法

第四节　灭火救援设施

问题 1：消防车道设置不符合要求(一)。

1）问题描述

（1）建筑物沿街道部分的长度大于 150 m 或总长度大于 220 m 时，未设置穿过建筑物的消防车道或环形消防车道；

（2）高层民用建筑，超过 3 000 个座位的体育馆，超过 2 000 个座位的会堂，占地面积大于 3 000 m² 的商店建筑、展览建筑等单、多层公共建筑未设置环形消防车道；

（3）高层住宅建筑沿其一个长边设置的消防车道，未在这一侧立面设置消防车登高操作面；

（4）高层厂房，占地面积大于 3 000 m² 的甲、乙、丙类厂房和占地面积大于 1 500 m² 的乙、丙类仓库，未设置环形消防车道，或仅沿建筑物的一个长边设置消防车道。

2）规范要求

➤ 《建筑设计防火规范》(GB 50016—2014〈2018 年版〉)有关规定：

7.1.1　街区内的道路应考虑消防车的通行，道路中心线间的距离不宜大于 160 m。
［见图 1.1.70（a）］

当建筑物沿街道部分的长度大于 150 m 或总长度大于 220 m 时，应设置穿过建筑物的消防车道［见图 1.1.70（b）］。确有困难时，应设置环形消防车道［见图 1.1.70（c）］。

7.1.2　高层民用建筑，超过 3 000 个座位的体育馆，超过 2 000 个座位的会堂，占地面积大于 3 000 m² 的商店建筑、展览建筑等单、多层公共建筑应设置环形消防车道，确有困难时，可沿建筑的两个长边设置消防车道［见图 1.1.70（d）］；对于高层住宅建筑和山坡地或河道边临空建造的高层民用建筑，可沿建筑的一个长边设置消防车道，但该长边所在建筑立面应为消防车登高操作面［见图 1.1.70（e）］。

7.1.3　工厂、仓库区内应设置消防车道。

高层厂房，占地面积大于 3 000 m² 的甲、乙、丙类厂房和占地面积大于 1 500 m² 的乙、丙类仓库，应设置环形消防车道，确有困难时，应沿建筑物的两个长边设置消防车道。［见图 1.1.70（d）］

3）图示说明

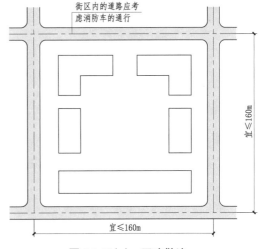

图 1.1.70(a)　正确做法

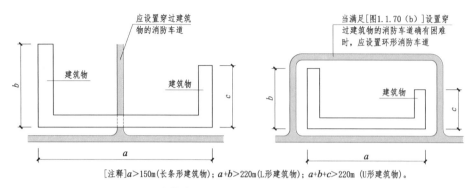

[注释]$a>150m$(长条形建筑物);$a+b>220m$(L形建筑物);$a+b+c>220m$(U形建筑物)。

图 1.1.70(b)　正确做法　　　　　　图 1.1.70(c)　正确做法

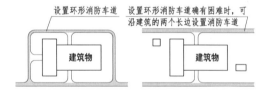

周围应设置环形消防车道的建筑		
建筑类型		设置要求
民用建筑	单、多层公共建筑	>3000座的体育馆
		>2000座的会堂
		占地面积>3000㎡的商店建筑、展览建筑
	高层建筑	均应设置
厂房	单、多层厂房	占地面积>3000㎡的甲、乙、丙类厂房
	高层厂房	均应设置
仓库		占地面积>1500㎡的乙、丙类仓库

[注释]
1 确有困难时，可沿建筑的两个长边设置消防车道。
2 甲、乙、丙类液体，气体储罐(区)和可燃材料堆场的消防车道设置要求详见GB 50016-2014(2018版)第7.1.6条。

高层民用建筑，>3000个座位的体育馆，>2000个座位的会堂，占地面积>3000㎡的商店建筑、展览建筑等单、多层公共建筑
平面示意图

图 1.1.70(d)　正确做法

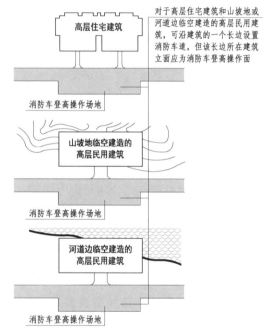

[注释]消防车登高操作场地应符合GB 50016-2014(2018版)第7.2.2条的相关要求。

图 1.1.70(e)　正确做法

问题 2：消防车道设置不符合要求(二)。

1) 问题描述

（1）消防车道穿过建筑物或进入建筑物内院时，车道两侧或顶部有障碍物，影响消防车通行；

（2）消防车道的净宽度、净空高度小于 4 m，或车道两侧树木、架空管线等障碍物影响消防车道通行的最小净宽度和最小净空高度；

（3）未针对建筑物火灾危险特性、登高操作要求等因素综合考虑消防车车型及车道转

弯半径要求,导致车型体积较大的重型或特种消防车无法转弯通行;

(4) 消防车道靠建筑外墙一侧的边缘与建筑外墙距离小于 5 m;

(5) 消防车道存在坡度大于 8% 的陡坡;

(6) 环形消防车道仅有一处与相邻其他车道连通,无法从不同方向进入环形消防车道;

(7) 尽头式消防车道未设置回车道或回车场,或回车场场地面积不符合要求;

(8) 未针对建筑物火灾危险特性、登高操作要求等因素综合考虑消防车车型,导致消防车道的路面、救援操作场地、消防车道和救援操作场地下面的管道和暗沟等承载能力不符合要求。

2) 规范要求

➤ 《建筑设计防火规范》(GB 50016—2014〈2018 年版〉)有关规定:

7.1.4　有封闭内院或天井的建筑物,当内院或天井的短边长度大于 24 m 时,宜设置进入内院或天井的消防车道[见图 1.1.71(a)];当该建筑物沿街时,应设置连通街道和内院的人行通道(可利用楼梯间),其间距不宜大于 80 m。

7.1.5　在穿过建筑物或进入建筑物内院的消防车道两侧,不应设置影响消防车通行或人员安全疏散的设施。[见图 1.1.71(b)]

7.1.7　消防车道的边缘距离取水点不宜大于 2 m。[见图 1.1.71(c)]

7.1.8　消防车道应符合下列要求:[见图 1.1.71(d)]

1　车道的净宽度和净空高度均不应小于 4.0 m;

2　转弯半径应满足消防车转弯的要求;

3　消防车道与建筑之间不应设置妨碍消防车操作的树木、架空管线等障碍物;

4　消防车道靠建筑外墙一侧的边缘距离建筑外墙不宜小于 5 m;

5　消防车道的坡度不宜大于 8%。

7.1.9　环形消防车道至少应有两处与其他车道连通。尽头式消防车道应设置回车道或回车场,回车场的面积不应小于 12 m×12 m;对于高层建筑,不宜小于 15 m×15 m;供重型消防车使用时,不宜小于 18 m×18 m。[见图 1.1.71(e)]

消防车道的路面、救援操作场地、消防车道和救援操作场地下面的管道和暗沟等,应能承受重型消防车的压力。

消防车道可利用城乡、厂区道路等,但该道路应满足消防车通行、转弯和停靠的要求。

7.1.10　消防车道不宜与铁路正线平交,确需平交时,应设置备用车道,且两车道的间距不应小于一列火车的长度。

3) 图示说明

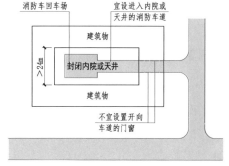

图 1.1.71(a)　正确做法

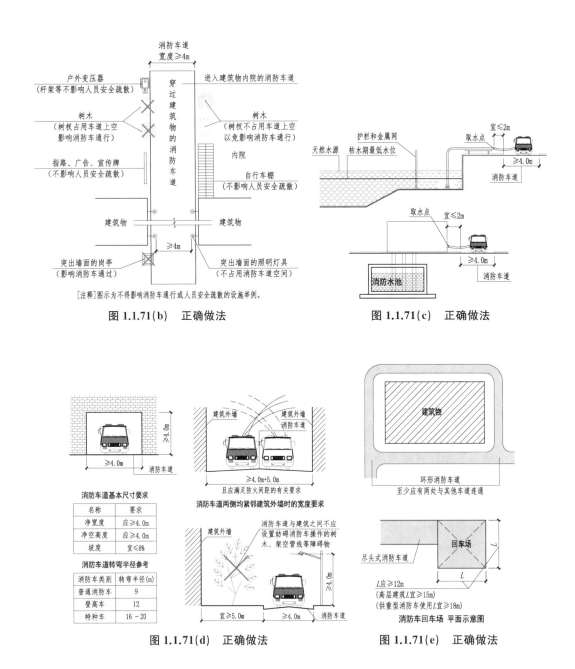

图 1.1.71(b)　正确做法

图 1.1.71(c)　正确做法

图 1.1.71(d)　正确做法

图 1.1.71(e)　正确做法

问题 3：市政规划道路施工等外部因素导致消防车道无法正常使用。

1）问题描述

因周边规划道路未施工完成，导致消防车道出入口无法通行消防车。[见图 1.1.72(a)、(b)]

2）规范要求

➤ 《建筑设计防火规范》(GB 50016—2014〈2018 年版〉)规定：

7.1.9 环形消防车道至少应有两处与其他车道连通。

3）应对措施

（1）铺设消防临时便道,确保消防车的正常通行;

（2）与道路产权单位或其他相关单位签署协议,确保正式道路交付使用前,消防临时便道能够正常使用。

4）图示说明

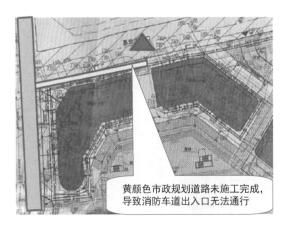

图 1.1.72(a) 错误做法

图 1.1.72(b) 错误做法

问题 4：高层建筑消防车登高操作场地设置不符合要求。

1）问题描述

（1）高层建筑消防车登高操作场地未沿建筑物底边连续布置,或总长度小于建筑的一个长边长度;

（2）高层建筑设置消防车登高操作场地一侧裙房进深大于 4 m,造成登高救援难度加大或无法实施;

（3）建筑高度不大于 50 m 的高层建筑间隔布置消防车登高操作场地时,总长度不符合要求,或 2 处消防车登高操作场地之间间距大于 30 m。

2）规范要求

➤《建筑设计防火规范》(GB 50016—2014〈2018 年版〉)有关规定:

7.2.1 高层建筑应至少沿一个长边或周边长度的 1/4 且不小于一个长边长度的底边连续布置消防车登高操作场地,该范围内的裙房进深不应大于 4 m。[见图 1.1.73(a)]

建筑高度不大于 50 m 的建筑,连续布置消防车登高操作场地确有困难时,可间隔布置,但间隔距离不宜大于 30 m,且消防车登高操作场地的总长度仍应符合上述规定。[见图 1.1.73(b)]

3）图示说明

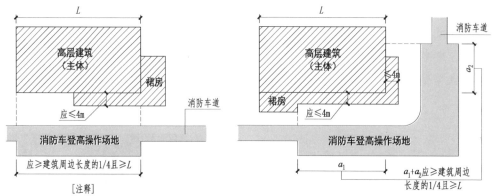

[注释]
1 L为高层建筑主体的一个长边长度，"建筑周边长度"应为高层建筑主体的周边长度。
2 消防车登高操作场地的有效计算长度（a_1、a_2）应在高层建筑主体的对应范围内。

图 1.1.73（a）　正确做法

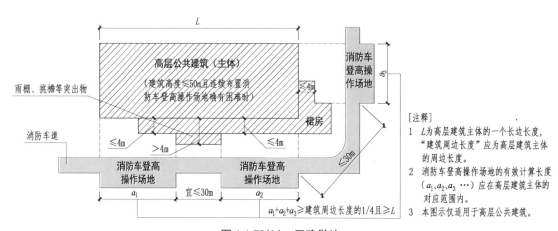

[注释]
1 L为高层建筑主体的一个长边长度，"建筑周边长度"应为高层建筑主体的周边长度。
2 消防车登高操作场地的有效计算长度（a_1、a_2、a_3······）应在高层建筑主体的对应范围内。
3 本图示仅适用于高层公共建筑。

图 1.1.73（b）　正确做法

问题 5：消防救援场地和入口设置不符合要求。

1）问题描述

（1）消防车登高操作场地与厂房、仓库、民用建筑之间设置妨碍消防车操作的树木、架空管线等障碍物和车库出入口；[见图 1.1.74（a）]

（2）消防车登高操作场地的长度和宽度不符合要求；消防救援场地占用城市道路；

（3）消防车登高操作场地及其下面的建筑结构、管道和暗沟等，承载能力不符合要求；[见图 1.1.74（b）]

（4）消防车登高操作场地靠建筑外墙一侧的边缘与建筑外墙的距离、场地的坡度不符合要求；

（5）建筑物与消防车登高操作场地相对应的范围内，未设置直通室外的楼梯或直通楼梯间的入口。

2）规范要求

➤ 《建筑设计防火规范》(GB 50016—2014〈2018 年版〉)有关规定：

7.2.2　消防车登高操作场地应符合下列规定：

1　场地与厂房、仓库、民用建筑之间不应设置妨碍消防车操作的树木、架空管线等障碍物和车库出入口。〔见图 1.1.75(a)(b)〕

2　场地的长度和宽度分别不应小于 **15 m** 和 **10 m**。对于建筑高度大于 **50 m** 的建筑，场地的长度和宽度分别不应小于 **20 m** 和 **10 m**。

3　场地及其下面的建筑结构、管道和暗沟等，应能承受重型消防车的压力。

4　场地应与消防车道连通，场地靠建筑外墙一侧的边缘距离建筑外墙不宜小于 5 m，且不应大于 10 m，场地的坡度不宜大于 3%。

7.2.3　建筑物与消防车登高操作场地相对应的范围内，应设置直通室外的楼梯或直通楼梯间的入口。〔见图 1.1.75(b)〕

3）图示说明

图 1.1.74(a)　错误做法

图 1.1.74(b)　错误做法

图 1.1.75(a)　正确做法

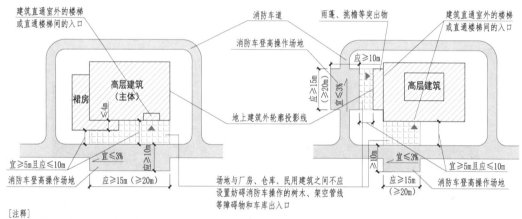

[注释]
1　建筑高度>50m时,消防车登高操作场地的长度按括号内数字。
2　建筑高度≤50m且连续布置消防车登高操作场地确有困难时,可
　　间隔布置,相关要求见GB 50016-2014(2018版)第7.2.1条。

图 1.1.75(b)　正确做法

问题6:厂房、仓库、公共建筑的外墙消防救援窗设置不符合要求。

1)问题描述

厂房、仓库、公共建筑的外墙消防救援窗设置不符合要求。[见图 1.1.76(a)(b)]

2)规范要求

➤ 《建筑设计防火规范》(GB 50016—2014〈2018 年版〉)有关规定:

7.2.4　厂房、仓库、公共建筑的外墙应在每层的适当位置设置可供消防救援人员进入的窗口。

7.2.5　供消防救援人员进入的窗口的净高度和净宽度均不应小于 1.0 m,下沿距室内地面不宜大于 1.2 m,间距不宜大于 20 m 且每个防火分区不应少于 2 个,设置位置应与消防车登高操作场地相对应。窗口的玻璃应易于破碎,并应设置可在室外易于识别的明显标志。[见图 1.1.77(a)(b)(c)(d)]

3）图示说明

图 1.1.76(a) 错误做法

图 1.1.76(b) 错误做法

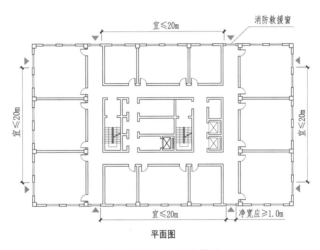

平面图

图 1.1.77(a) 正确做法

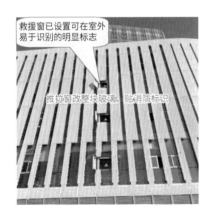

图 1.1.77(b) 正确做法

图 1.1.77(c) 正确做法

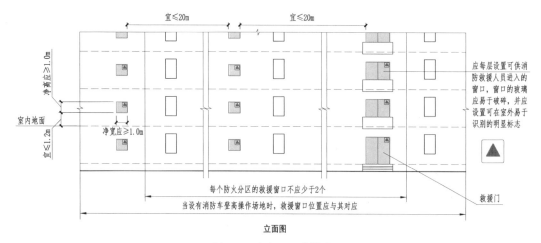

图 1.1.77(d)　正确做法

问题7：消防电梯及前室、合用前室设置不符合要求。

1）问题描述

（1）消防电梯前室、合用前室的使用面积不符合要求，或其短边长度小于 2.4 m；[见图 1.1.78]

（2）消防电梯前室、合用前室内穿越通风管道，且风管耐火等级、防烟性能、防火隔墙孔洞处防火封堵措施不符合要求；

（3）消防电梯前室、合用前室内穿越电缆桥架等设施，其耐火等级、防烟性能、防火隔墙孔洞处防火封堵措施不符合要求；

（4）前室或合用前室的门采用防火卷帘；

（5）建筑物5层及以上楼层的老年人照料设施未设置消防电梯。

（6）普通电梯与消防电梯合用前室时，普通电梯未按消防电梯要求进行设置。

2）规范要求

➢《建筑设计防火规范》(GB 50016—2014〈2018 年版〉)有关规定：

5.5.28　住宅单元的疏散楼梯，当分散设置确有困难且任一户门至最近疏散楼梯间入口的距离不大于 10 m 时，可采用剪刀楼梯间，但应符合下列规定：

　　4　楼梯间的前室或共用前室不宜与消防电梯的前室合用；楼梯间的共用前室与消防电梯的前室合用时，合用前室的使用面积不应小于 12.0 m²，且短边不应小于 2.4 m。

6.4.3　防烟楼梯间除应符合本规范第 6.4.1 条的规定外，尚应符合下列规定：

　　3　前室的使用面积：公共建筑、高层厂房（仓库），不应小于 6.0 m²；住宅建筑，不应小于 4.5 m²。

　　与消防电梯间前室合用时，合用前室的使用面积：公共建筑、高层厂房（仓库），不应小于 10.0 m²；住宅建筑，不应小于 6.0 m²。

　　7.3.1　下列建筑应设置消防电梯：

　　1　建筑高度大于 33 m 的住宅建筑；

2 一类高层公共建筑和建筑高度大于 **32 m** 的二类高层公共建筑、**5** 层及以上且总建筑面积大于 **3 000 m²**（包括设置在其他建筑内五层及以上楼层）的老年人照料设施；[见图 1.1.79(a)]

3 设置消防电梯的建筑的地下或半地下室,埋深大于 **10 m** 且总建筑面积大于 **3 000 m²** 的其他地下或半地下建筑(室)。[见图 1.1.79(b)]

7.3.2 消防电梯应分别设置在不同防火分区内,且每个防火分区不应少于 **1** 台。

7.3.5 除设置在仓库连廊、冷库穿堂或谷物筒仓工作塔内的消防电梯外,消防电梯应设置前室,并应符合下列规定:[见图 1.1.79(c)]

2 前室的使用面积不应小于 **6.0 m²**,前室的短边不应小于 **2.4 m**;与防烟楼梯间合用的前室,其使用面积尚应符合本规范第 **5.5.28** 条和第 **6.4.3** 条的规定;

3 除前室的出入口、前室内设置的正压送风口和本规范第 **5.5.27** 条规定的户门外,前室内不应开设其他门、窗、洞口;

4 前室或合用前室的门应采用乙级防火门,不应设置卷帘。

➤ 《建筑设计防火规范》图示(18J811-1)第 **7.3.5** 条要求:

普通电梯与消防电梯合用前室时,普通电梯应按消防电梯要求进行设置。[见图 1.1.79(c)]

3) 图示说明

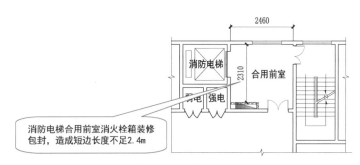

图 1.1.78 错误做法

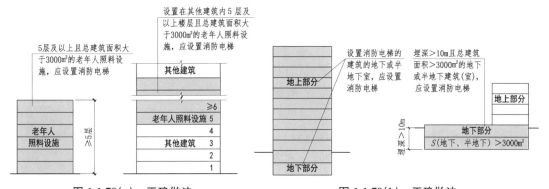

图 1.1.79(a) 正确做法   **图 1.1.79(b) 正确做法**

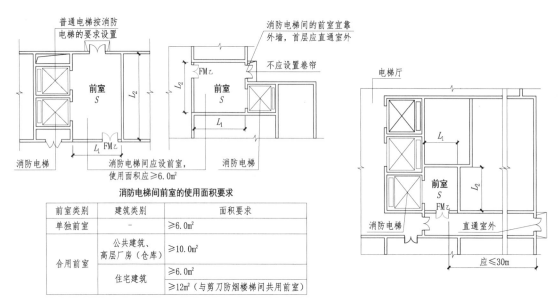

消防电梯间前室的使用面积要求

前室类别	建筑类别	面积要求
单独前室	—	≥6.0m²
合用前室	公共建筑、高层厂房（仓库）	≥10.0m²
	住宅建筑	≥6.0m²
		≥12m²（与剪刀防烟楼梯间共用前室）

[注释] L_1、L_2 均应 ≥2.4m，且消防电梯间前室面积 S≥6.0m²。

设置在首层的消防电梯间前室 平面示意图

图 1.1.79(c)　正确做法

问题 8：消防电梯机房等设置不符合要求。

1）问题描述

（1）消防电梯机房与相邻机房之间隔墙的耐火极限低于 2.0 h，隔墙上开设的相互连通的门采用乙级防火门；

（2）消防电梯的井底排水设施和消防电梯前室挡水设施设置不符合要求；

（3）消防电梯入口处消防专用操作按钮设置不符合要求；

（4）消防电梯轿厢内未设置专用消防对讲电话。

2）规范要求

➢《建筑设计防火规范》(GB 50016—2014〈2018 年版〉)有关规定：

7.3.6　消防电梯井、机房与相邻电梯井、机房之间应设置耐火极限不低于 **2.00 h** 的防火隔墙，隔墙上的门应采用甲级防火门。[见图 1.1.80(a)]

7.3.7　消防电梯的井底应设置排水设施，排水井的容量不应小于 2 m³，排水泵的排水量不应小于 10 L/s。消防电梯间前室的门口宜设置挡水设施。[见图 1.1.80(b)]

7.3.8　消防电梯应符合下列规定：[见图 1.1.80(c)]

1　应能每层停靠；

2　电梯的载重量不应小于 800 kg；

3　电梯从首层至顶层的运行时间不宜大于 60 s；

4　电梯的动力与控制电缆、电线、控制面板应采取防水措施；

5　在首层的消防电梯入口处应设置供消防队员专用的操作按钮；

6　电梯轿厢的内部装修应采用不燃材料；

7　电梯轿厢内部应设置专用消防对讲电话。

3）图示说明

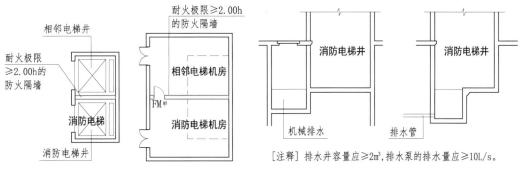

图 1.1.80(a)　正确做法　　　　　　　图 1.1.80(b)　正确做法

[注释] 排水井容量应≥2m³, 排水泵的排水量应≥10L/s。

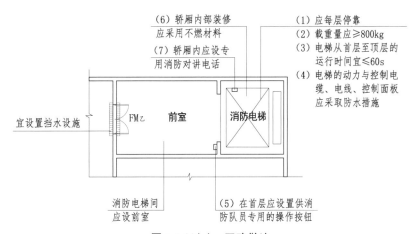

图 1.1.80(c)　正确做法

第二章 给排水专业

消防给排水设施是建筑消防系统的重要组成部分,是建筑消防灭火的主要措施,为消防救援提供了重要的安全保障,消防给水设施的供水能力和系统的安全可靠性将直接影响消防灭火的成效。建筑物是人们生产或生活的重要场所,受限于经济发展水平和居民的消防安全意识,建筑内部或多或少存在着消防安全隐患,一旦发生火情,其造成的经济损失往往非常严重。因此,为了提高建筑的安全性,必须高度重视建筑消防设施的系统完善性,做好消防给排水系统的设计、施工、验收等工作,并确保系统的方便性、可靠性与安全性,以提高建筑的自身灭火能力和响应消防救援能力。

本章主要介绍了给排水专业中的消防给水及消火栓系统、自动喷水灭火系统、细水雾灭火系统、泡沫灭火系统、消防炮灭火系统、气体灭火系统、干粉灭火系统、建筑灭火器等在设计、施工和验收中存在的质量通病,并给出规范的正确应用和应对措施。

第一节 消防给水及消火栓系统

问题1:消防取水口(井)设置不合理或未设置盖板和标志牌。

1)问题描述

消防取水口(井)设置不合理,消防队员难以接近消防取水口(井);消防取水口(井)未设置盖板和标志牌,平时会被杂物堵塞,当发生火情时消防人员不易找到消防取水口(井),将会贻误灭火救援时间。[见图 1.2.1]

2)规范要求

➢ 《消防给水及消火栓系统技术规范》(GB 50974—2014)规定:

4.3.7 储存室外消防用水的消防水池或供消防车取水的消防水池,应符合下列规定:

1 消防水池应设置取水口(井),且吸水高度不应大于 6.0 m;

2 取水口(井)与建筑物(水泵房除外)的距离不宜小于 15 m。[见图 1.2.2]

➢ 《建筑设计防火规范》(GB 50016—2014〈2018 年版〉)规定:

7.1.7 供消防车取水的天然水源和消防水池应设置消防车道。消防车道的边缘距离取水点不宜大于 2 m。

3）图示说明

图 1.2.1　错误做法

图 1.2.2　正确做法

问题 2：消防水池(箱)液位显示装置设置不符合规范要求。

1）问题描述

　　(1) 消防水池(箱)未设置就地液位显示装置；[见图 1.2.3(a)]

　　(2) 消防控制中心或值班室未设置液位显示装置；[见图 1.2.3(b)]

　　(3) 液位显示装置水位显示不正常。[见图 1.2.3(c)]

2）规范要求

　➤　《消防给水及消火栓系统技术规范》(GB 50974—2014)有关规定：

　　4.3.9　消防水池的出水、排水和水位应符合下列规定：

　　2　消防水池应设置就地水位显示装置[见图 1.2.4(a)]，并应在消防控制中心或值班室等地点设置显示消防水池水位的装置，同时应有最高和最低报警水位[见图 1.2.4(b)]。

　　5.2.6　高位消防水箱应符合下列规定：

　　1　高位消防水箱的有效容积、出水、排水和水位等，应符合本规范第 4.3.8 条和第 4.3.9 条的规定。

3）图示说明

图 1.2.3(a)　错误做法

图 1.2.3(b)　错误做法

图 1.2.3(c)　错误做法

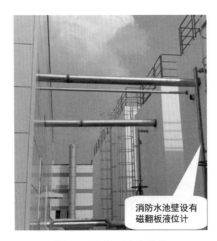

图 1.2.4(a)　正确做法　　　　　图 1.2.4(b)　正确做法

问题 3：消防水泵性能参数不符合要求。

1）问题描述

消防水泵的流量、压力参数不满足设计和消防技术标准要求，直接影响消防给水系统的可靠性。

2）规范要求

➤《消防给水及消火栓系统技术规范》(GB 50974—2014)规定：

5.1.6　消防水泵的选择和应用应符合下列规定：[见图 1.2.5(a)]

1　消防水泵的性能应满足消防给水系统所需流量和压力的要求；

2　消防水泵所配驱动器的功率应满足所选水泵流量扬程性能曲线上任何一点运行所需功率的要求；

4　流量扬程性能曲线应为无驼峰、无拐点的光滑曲线，零流量时的压力不应大于设计工作压力的 140％，且宜大于设计工作压力的 120％；

5　当出流量为设计流量的 150％时，其出口压力不应低于设计工作压力的 65％。

3）应对措施

（1）设备选型、采购时选用流量扬程性能曲线平缓无驼峰的消防水泵，且额定流量、扬程和功率等参数符合设计要求；

（2）要求生产厂家提供符合消防技术标准要求的消防水泵流量、压力测试报告[见图 1.2.5(b)]，或由具备测试资格能力的单位在现场完成消防水泵性能参数测试，并形成测试记录报告[见图 1.2.5(c)]。

4) 图示说明

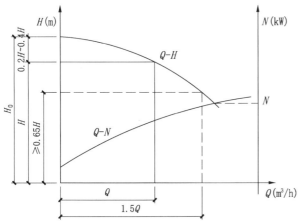

注：消防水泵所配驱动器的功率应能满足所选水泵流量扬程性能曲线上任何一点的运行，包括设计流量为150%流量时的功率要求。

Q — 设计消防流量。

H — 设计消防流量时的水泵扬程。

H_0 — 零流量时的水泵扬程。

N — 功率。

消防水泵特性曲线要求

图 1.2.5(a)　正确做法

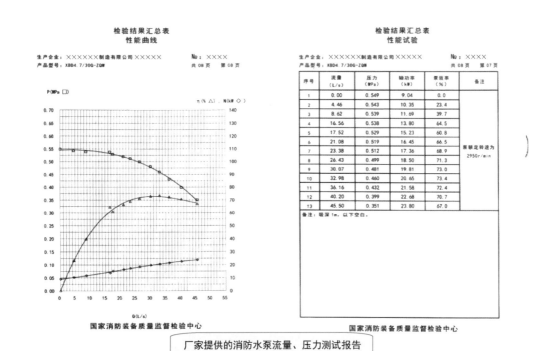

图 1.2.5(b)　正确做法

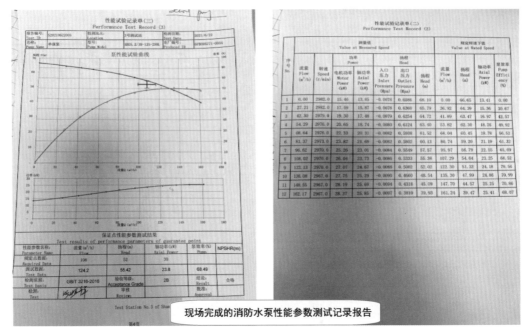

图 1.2.5(c) 正确做法

问题 4：消防水泵流量、压力测试装置(压力表)设置不符合要求。

1) 问题描述

(1) 施工单位在产品选型前，未按标准要求对量程进行复核计算，导致流量计最大量程不符合要求；

(2) 施工单位在产品选型前，未按标准要求对量程进行复核计算，导致压力表最大量程不符合要求；

(3) 流量计和压力表的精度等级不符合要求；

(4) 压力测试装置安装在消防水泵出水口止回阀下游，不符合要求。[见图 1.2.6]

2) 规范要求

➤ 《消防给水及消火栓系统技术规范》(GB 50974—2014)规定：

5.1.11 一组消防水泵应在消防水泵房内设置流量和压力测试装置，并应符合下列规定：[见图 1.2.7]

1 单台消防给水泵的流量不大于 20 L/s、设计工作压力不大于 0.50 MPa 时，泵组应预留测量用流量计和压力计接口，其他泵组宜设置泵组流量和压力测试装置；

2 消防水泵流量检测装置的计量精度应为 0.4 级，最大量程的 75％ 应大于最大一台消防水泵设计流量值的 175％；

3 消防水泵压力检测装置的计量精度应为 0.5 级，最大量程的 75％ 应大于最大一台消防水泵设计压力值的 165％；

4 每台消防水泵出水管上应设置 DN65 的试水管，并应采取排水措施。

3）图示说明

图 1.2.6　错误做法

图 1.2.7　正确做法

问题 5：消防水泵吸水管安装不符合规范要求。

1）问题描述

消防水泵吸水管采用同心异径管连接［见图 1.2.8(a)］，或吸水口偏心异径管做成管底平接［见图 1.2.8(b)］，将产生气囊和漏气现象，导致灭火用水量减少。

2）规范要求

➤ 《消防给水及消火栓系统技术规范》(GB 50974—2014)有关规定：

5.1.13　离心式消防水泵吸水管、出水管和阀门等，应符合下列规定：

2　消防水泵吸水管布置应避免形成气囊。

12.3.2　消防水泵的安装应符合下列要求：

7　吸水管水平管段上不应有气囊和漏气现象。变径连接时，应采用偏心异径管件并应采用管顶平接。［见图 1.2.9(a)］

3）应对措施

为了避免吸水管水平管段上有气囊和漏气现象，除采用偏心异径管与管顶平接外，还可采用水泵吸水管与吸水干管之间向上或坡向上连接。［见图 1.2.9(b)］

4）图示说明

图 1.2.8(a)　错误做法

图 1.2.8(b)　错误做法

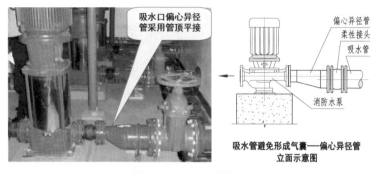

图 1.2.9(a)　正确做法

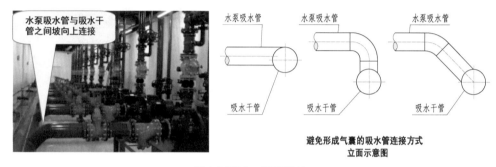

图 1.2.9(b)　正确做法

问题 6：消防水池防水套管选型不符合要求。

1）问题描述

（1）设计文件未明确消防水池防水套管的技术要求，或施工单位不按设计要求随意选型，在消防水泵吸水管穿越消防水池部位选用刚性防水套管；[见图 1.2.10(a)]

（2）刚性防水套管虽然可以解决套管与水池墙壁之间的漏水问题，但不能解决套管与吸水管之间的密封问题。消防泵组运行过程中产生的振动，会长期影响防水套管与吸水管之间刚性封堵材料的密封性能，造成渗水或漏水现象。[见图 1.2.10(b)]

2）规范要求

➤ 《消防给水及消火栓系统技术规范》(GB 50974—2014) 规定：

5.1.13　离心式消防水泵吸水管、出水管和阀门等，应符合下列规定：

　　11　消防水泵的吸水管穿越消防水池时，应采用柔性套管；采用刚性防水套管时应在水泵吸水管上设置柔性接头，且管径不应大于 DN150。[见图 1.2.11]

3）应对措施

消防水池吸水管路穿越池壁处有较高的防水要求，套管预埋施工单位应选用柔性防水套管。施工单位在施工过程中，消防吸水管穿越柔性防水套管处的密封做法，应严格按照施工图集《防水套管》02S404 的相关要求执行。

4）图示说明

消防水泵吸水管穿越消防水
池部位选用刚性防水套管

图 1.2.10（a） 错误做法

刚性防水套管与吸水管之间虽然设置了
增强止水环，但渗漏现象非常明显

图 1.2.10（b） 错误做法

消防水泵吸水管穿越消防水
池部位选用柔性防水套管

图 1.2.11 正确做法

问题 7：消防水泵吸水管、出水管的控制阀安装不符合要求。

1）问题描述

消防水泵吸水管、出水管上安装不具备锁定功能的蝶阀［见图 1.2.12（a）］或无开启刻度和标志的暗杆闸阀［见图 1.2.12（b）］，容易在被误关闭后不能及时发现或不易观察阀门的开、关状态，导致消防系统供水中断。

2）规范要求

➤ 《消防给水及消火栓系统技术规范》（GB 50974—2014）规定：

5.1.13 离心式消防水泵吸水管、出水管和阀门等，应符合下列规定：［见图 1.2.13（a）（b）］

5 消防水泵的吸水管上应设置明杆闸阀或带自锁装置的蝶阀，但当设置暗杆阀门时应设有开启刻度和标志；当管径超过 DN300 时，宜设置电动阀门；

6 消防水泵的出水管上应设止回阀、明杆闸阀；当采用蝶阀时，应带有自锁装置；当管径大于 DN300 时，宜设置电动阀门。

3）图示说明

图 1.2.12（a） 错误做法　　　　图 1.2.12（b） 错误做法

图 1.2.13（a） 正确做法　　　　图 1.2.13（b） 正确做法

问题 8：消防水泵吸水管、出水管的压力表设置不符合要求。

1）问题描述

　　1）设计或施工疏漏，消防水泵吸水管未安装压力表；［见图 1.2.14（a）］

　　2）设计文件中未明确压力表量程，或供货单位凭经验随意选型，造成选用的压力表最大量程不符合规范要求。［见图 1.2.14（b）］

2）规范要求

　　➤《消防给水及消火栓系统技术规范》（GB 50974—2014)有关规定：

　　5.1.17　消防水泵吸水管和出水管上应设置压力表，并应符合下列规定：

　　　　1　消防水泵出水管压力表的最大量程不应低于其设计工作压力的 2 倍，且不应低于 1.60 MPa；［见图 1.2.15（a）］

2　消防水泵吸水管宜设置真空表、压力表或真空压力表,压力表的最大量程应根据工程具体情况确定,但不应低于 0.70 MPa,真空表的最大量程宜为−0.10 MPa;[见图 1.2.15(b)]

3　压力表的直径不应小于 100 mm,应采用直径不小于 6 mm 的管道与消防水泵进出口管相接,并应设置关断阀门。

12.3.2　消防水泵的安装应符合下列要求:

8　消防水泵出水管上应安装消声止回阀、控制阀和压力表;系统的总出水管上还应安装压力表和压力开关;安装压力表时应加设缓冲装置。压力表和缓冲装置之间应安装旋塞;压力表量程在没有设计要求时,应为系统工作压力的 2 倍~2.5 倍。

3) 应对措施

消防泵房管路安装前,施工单位要仔细核对设计施工图,发现问题及时反馈。压力表选型时,要依据系统设计工作压力,复核压力表的最大量程。

4) 图示说明

图 1.2.14(a)　错误做法

图 1.2.14(b)　错误做法

图 1.2.15(a)　正确做法

图 1.2.15(b)　正确做法

问题9：消防水泵出水管上的水锤消除器安装不符合要求。

1）问题描述

消防水泵出水管上需设置水锤消除器时，由于设计错误或施工安装错误，消防水泵出水管上的水锤消除器不能发挥其作用。[见图 1.2.16]

2）规范要求

➤ 《消防给水及消火栓系统技术规范》(GB 50974—2014)有关规定：

5.5.11 消防水泵出水管应进行停泵水锤压力计算，并宜按下列公式计算，当计算所得的水锤压力值超过管道试验压力值时，应采取消除停泵水锤的技术措施。停泵水锤消除装置应装设在消防水泵出水总管上，以及消防给水系统管网其他适当的位置。[见图 1.2.17]

8.3.3 消防水泵出水管上的止回阀宜采用水锤消除止回阀，当消防水泵供水高度超过 24 m 时，应采用水锤消除器。当消防水泵出水管上设有囊式气压水罐时，可不设水锤消除设施。

3）应对措施

消防泵房管路安装前，应计算复核管网是否存在超压风险。当消防水泵供水高度超过 24 m，或计算所得的水锤压力值超过管道试验压力值时，应采取消除停泵水锤的技术措施，如设置水锤消除器等。

4）图示说明

图 1.2.16 错误做法

图 1.2.17 正确做法

问题10：消防水泵出水管持压泄压阀安装不符合要求。

1）问题描述

消防水泵出水管上需设置持压泄压阀时，由于设计未明确要求或施工单位未按图施

工,会导致以下问题的产生:

（1）持压泄压阀设定动作压力偏高,超压时不能有效保护系统管网;

（2）持压泄压阀设定动作压力偏低,会造成泵房供水压力低于系统最不利点供水压力要求,造成消防给水安全隐患;

（3）持压泄压阀入口前未设置控制阀,造成持压泄压阀检修过程中需关闭一部分系统供水管网;〔见图 1.2.18〕

（4）持压泄压阀入口前未设置管道过滤器,管道内杂质容易造成持压泄压阀动作不灵敏,影响泄压。〔见图 1.2.18〕

2）规范要求

➤ 《建筑给水排水设计标准》(GB 50015—2019)有关规定:

3.5.12　当给水管网存在短时超压工况,且短时超压会引起使用不安全时,应设置持压泄压阀。持压泄压阀的设置应符合下列规定:

1　持压泄压阀前应设置阀门;

2　持压泄压阀的泄水口应连接管道间接排水,其出流口应保证空气间隙不小于300 mm。

3.5.15　给水管道的管道过滤器设置应符合下列规定:

1　减压阀、持压泄压阀、倒流防止器、自动水位控制阀、温度调节阀等阀件前应设置过滤器。〔见图 1.2.19〕

3）应对措施

消防泵房持压泄压阀安装前,应复核系统设计工作压力、系统最大工作压力、持压泄压阀动作压力和阀体设计压力等级。安装持压泄压阀时应确保泄压水流方向与阀体上标明的方向一致。

4）图示说明

图 1.2.18　错误做法

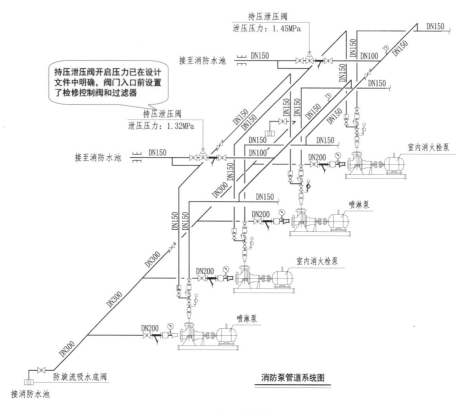

持压泄压阀开启压力已在设计文件中明确，阀门入口前设置了检修控制阀和过滤器

消防泵管道系统图

图 1.2.19　正确做法

问题 11：消防水泵出水干管上压力开关的安装不符合要求。

1）问题描述

消防水泵的出水干管上需设置低压压力开关时，由于设计未明确要求或施工单位未按图施工，会导致以下问题的产生：

（1）消防水泵的出水干管上未按要求安装低压压力开关，或未将低压压力开关的启泵控制线接入消防水泵控制柜二次控制回路中，造成消防水泵自动启动功能存在缺陷；[见图 1.2.20]

（2）低压压力开关报警设定值偏高，造成消防主泵频繁启动；

（3）低压压力开关报警设定值偏低，导致消防水泵延迟启动，造成消防给水安全隐患。

2）规范要求

➤ 《消防给水及消火栓系统技术规范》(GB 50974—2014)有关规定：

12.3.2　消防水泵的安装应符合下列要求：

8　消防水泵出水管上应安装消声止回阀、控制阀和压力表；系统的总出水管上还应安装压力表和压力开关；安装压力表时应加设缓冲装置。压力表和缓冲装置之间应安装旋塞；压力表量程在没有设计要求时，应为系统工作压力的 2 倍~2.5 倍；[见图 1.2.21(a)(b)]

13.1.11 连锁试验应符合下列要求,并应按本规范表 C.0.4 的要求进行记录:

2 消防给水系统的试验管放水时,管网压力应持续降低,消防水泵出水干管上压力开关应能自动启动消防水泵;消防给水系统的试验管放水或高位消防水箱排水管放水时,高位消防水箱出水管上的流量开关应动作,且应能自动启动消防水泵。

3) 应对措施

消防水泵出水干管上的低压压力开关安装前,应复核系统设计工作压力、稳压泵启泵压力、低压压力开关启泵压力和压力开关本体设计压力等级。低压压力开关安装好后,应将启泵控制线接入消防水泵控制柜二次控制回路中。

4) 图示说明

图 1.2.20 错误做法

图 1.2.21(a) 正确做法

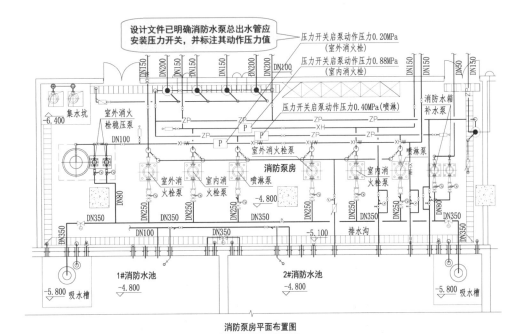

图 1.2.21(b) 正确做法

问题 12：高位消防水箱及其附属设施设置不符合要求。

1）问题描述

（1）高位消防水箱在屋顶露天设置时，人孔及进出水管阀门没有采取保护措施；[见图 1.2.22(a)]

（2）高位消防水箱进水管和出水管设置位置不符合规范要求；[见图 1.2.22(b)]

（3）高位消防水箱在屋顶露天设置时，未采取保温措施。

2）规范要求

➤ 《消防给水及消火栓系统技术规范》(GB 50974—2014)有关规定：

5.2.4 高位消防水箱的设置应符合下列规定：

1 当高位消防水箱在屋顶露天设置时，水箱的人孔以及进出水管的阀门等应采取锁具或阀门箱等保护措施；[见图 1.2.23(a)]

2 严寒、寒冷等冬季冰冻地区的消防水箱应设置在消防水箱间内，其他地区宜设置在室内，当必须在屋顶露天设置时，应采取防冻隔热等安全措施。[见图 1.2.23(b)]

5.2.6 高位消防水箱应符合下列规定：

6 进水管应在溢流水位以上接入，进水管口的最低点高出溢流边缘的高度应等于进水管管径，但最小不应小于 100 mm，最大不应大于 150 mm。[见图 1.2.23(c)]

3）图示说明

图 1.2.22(a) 错误做法   图 1.2.22(b) 错误做法

图 1.2.23(a) 正确做法   图 1.2.23(b) 正确做法   图 1.2.23(c) 正确做法

问题 13：高位消防水箱出水管的流量开关设置不符合要求。

1）问题描述

高位消防水箱出水管未设置流量开关［见图 1.2.24（a）］，或流量开关启泵控制线未接入消防水泵控制柜二次控制回路［见图 1.2.24（b）］。

2）规范要求

➤ 《消防给水及消火栓系统技术规范》(GB 50974—2014)规定：

11.0.4　消防水泵应由消防水泵出水干管上设置的压力开关、高位消防水箱出水管上的流量开关，或报警阀压力开关等开关信号应能直接自动启动消防水泵。消防水泵房内的压力开关宜引入消防水泵控制柜内。［见图 1.2.25］

3）图示说明

图 1.2.24(a)　错误做法

图 1.2.24(b)　错误做法

图 1.2.25　正确做法

问题 14：消防水泵控制柜设置不符合要求。

1）问题描述

（1）消防水泵控制柜正常运行时设置在手动工作状态，无法自动或远程紧急启泵；〔见图 1.2.26(a)〕

（2）消防水泵控制柜与消防水泵设置在同一空间时，控制柜防护等级不符合要求；〔见图 1.2.26(b)〕

（3）消防水泵控制柜未设置机械应急启泵功能；〔见图 1.2.26(c)〕

（4）消防水泵控制柜上方架设消防水管。〔见图 1.2.26(d)〕

2）规范要求

➤《消防给水及消火栓系统技术规范》（GB 50974—2014）有关规定：

11.0.1　消防水泵控制柜应设置在消防水泵房或专用消防水泵控制室内，并应符合下列要求：

1　消防水泵控制柜在平时应使消防水泵处于自动启泵状态；〔见图 1.2.27(a)〕

2　当自动水灭火系统为开式系统，且设置自动启动确有困难时，经论证后消防水泵可设置在手动启动状态，并应确保 24 h 有人工值班。

11.0.7　消防控制室或值班室，应具有下列控制和显示功能：

1　消防控制柜或控制盘应设置专用线路连接的手动直接启泵按钮。

11.0.9　消防水泵控制柜设置在专用消防水泵控制室时，其防护等级不应低于 IP30；与消防水泵设置在同一空间时，其防护等级不应低于 IP55。〔见图 1.2.27(b)〕

11.0.12　消防水泵控制柜应设置机械应急启泵功能，并应保证在控制柜内的控制线路发生故障时由有管理权限的人员在紧急时启动消防水泵。机械应急启动时，应确保消防水泵在报警 5.0 min 内正常工作。〔见图 1.2.27(b)〕

➤《建筑电气工程施工质量验收规范》（GB 50303—2015）规定：

5.2.5　柜、台、箱、盘应安装牢固，且不应设置在水管的正下方。

3）图示说明

图 1.2.26(a)　错误做法

图 1.2.26(b)　错误做法

图 1.2.26(c)　错误做法　　　　图 1.2.26(d)　错误做法

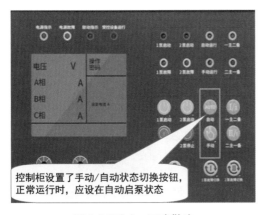

图 1.2.27(a)　正确做法　　　　图 1.2.27(b)　正确做法

问题 15：消防水泵接合器的安装或标志不符合要求。

1）问题描述

（1）地下消防水泵接合器进水口与井盖底面的距离不符合规范要求；[见图 1.2.28(a)]

（2）消防水泵接合器标志铭牌的设置不符合规范要求。[见图 1.2.28(b)(c)]

2）规范要求

➢ 《消防给水及消火栓系统技术规范》(GB 50974—2014)有关规定：

5.4.8　地下消防水泵接合器的安装，应使进水口与井盖底面的距离不大于 0.4 m，且不应小于井盖的半径。[见图 1.2.29(a)]

5.4.9　水泵接合器处应设置永久性标志铭牌，并应标明供水系统、供水范围和额定压力。[见图 1.2.29(b)]

3) 图示说明

图 1.2.28(a)　错误做法

图 1.2.28(b)　错误做法　　　　图 1.2.28(c)　错误做法

图 1.2.29(a)　正确做法

图 1.2.29(b)　正确做法

问题 16：室外消火栓的安装不符合要求。

1) 问题描述

（1）室外消火栓安装在有车辆通行的路面或广场，未采取防撞措施；［见图 1.2.30(a)］

（2）地下式室外消火栓井盖直径偏小，室外消火栓顶部出水口未正对井口，或与井盖距离偏大；［见图 1.2.30(b)］

（3）地下式室外消火栓未设置永久性固定标志。［见图 1.2.30(c)］

2) 规范要求

➤　《消防给水及消火栓系统技术规范》(GB 50974—2014)有关规定：

7.2.6　市政消火栓应布置在消防车易于接近的人行道和绿地等地点，且不应妨碍交通，并应符合下列规定：

3　市政消火栓应避免设置在机械易撞击的地点，确有困难时，应采取防撞措施。

7.2.11　地下式市政消火栓应有明显的永久性标志。

12.3.7　市政和室外消火栓的安装应符合下列规定：

　　3　地下式消火栓顶部进水口或顶部出水口应正对井口。顶部进水口或顶部出水口
与消防井盖底面的距离不应大于 0.4 m,井内应有足够的操作空间,并应做好防水措施;[见
图 1.2.31(a)]

　　4　地下式室外消火栓应设置永久性固定标志;[见图 1.2.31(b)]

　　6　市政和室外消火栓安装位置应符合设计要求,且不应妨碍交通,在易碰撞的地点
应设置防撞设施。[见图 1.2.31(c)]

3)图示说明

图 1.2.30(a)　错误做法　　　　图 1.2.30(b)　错误做法　　　　图 1.2.30(c)　错误做法

图 1.2.31(a)　正确做法　　　　图 1.2.31(b)　正确做法　　　　图 1.2.31(c)　正确做法

问题 17:室内消火栓箱内部配件不符合要求。

1)问题描述

　　(1)避难层(间)、人员密集的公共建筑、老年人照料设施、超过 100 m 的高层建筑和建
筑面积大于 200 m² 的商业服务网点等部位,未设置消防软管卷盘或轻便消防水龙;[见图
1.2.32(a)]

　　(2)室内消火栓箱消火栓栓头、消防水带、消防水枪、消火栓报警按钮等配件不全。
[见图 1.2.32(b)]

2）规范要求

➢ 《建筑设计防火规范》（GB 50016—2014〈2018 年版〉）有关规定：

5.3.6　餐饮、商店等商业设施通过有顶棚的步行街连接，且步行街两侧的建筑需利用步行街进行安全疏散时，应符合下列规定：

　　8　步行街两侧建筑的商铺外应每隔 30 m 设置 DN65 的消火栓，并应配备消防软管卷盘或消防水龙。

5.5.23　建筑高度大于 100 m 的公共建筑，应设置避难层（间）。避难层（间）应符合下列规定：

　　6　应设置消火栓和消防软管卷盘。

8.2.4　人员密集的公共建筑、建筑高度大于 100 m 的建筑和建筑面积大于 200 m² 的商业服务网点内应设置消防软管卷盘或轻便消防水龙。高层住宅建筑的户内宜配置轻便消防水龙。

老年人照料设施内应设置与室内供水系统直接连接的消防软管卷盘，消防软管卷盘的设置间距不应大于 30.0 m。［见图 1.2.33（a）］

➢ 《消防给水及消火栓系统技术规范》（GB 50974—2014）规定：

7.4.2　室内消火栓的配置应符合下列要求：

　　1　应采用 DN65 室内消火栓，并可与消防软管卷盘或轻便水龙设置在同一箱体内；

　　2　应配置公称直径 65 有内衬里的消防水带，长度不宜超过 25.0 m；消防软管卷盘应配置内径不小于 φ19 的消防软管，其长度宜为 30.0 m；轻便水龙应配置公称直径 25 有内衬里的消防水带，长度宜为 30.0 m；

　　3　宜配置当量喷嘴直径 16 mm 或 19 mm 的消防水枪，但当消火栓设计流量为 2.5 L/s 时宜配置当量喷嘴直径 11 mm 或 13 mm 的消防水枪；消防软管卷盘和轻便水龙应配置当量喷嘴直径 6 mm 的消防水枪。［见图 1.2.33（b）］

3）图示说明

图 1.2.32（a）　错误做法

图 1.2.32（b）　错误做法

图 1.2.33(a) 正确做法   图 1.2.33(b) 正确做法

问题 18：室内消火栓减压措施不符合要求。

1) 问题描述

（1）消火栓未按设计要求安装减压孔板，或减压孔板孔径不符合设计要求，造成栓口动压减压不当；若减压值过大，会造成栓口动压和消防水枪充实水柱低于设计要求；若减压值过小，会造成栓口动压过大（超过 0.5 MPa），导致消防救援队员难以掌控水枪；

（2）采用减压稳压型室内消火栓进行减压时，设计资料未明确具体选型要求，或施工单位未按产品技术标准要求选型，造成减压值过小，栓口动压过大（超过 0.5 MPa），消防救援人员难以掌控水枪。

2) 规范要求

➢《消防给水及消火栓系统技术规范》(GB 50974—2014)规定：

7.4.12 室内消火栓栓口压力和消防水枪充实水柱，应符合下列规定：

1 消火栓栓口动压力不应大于 0.50 MPa，当大于 0.70 MPa 时必须设置减压装置；［见图 1.2.34(a)］

2 高层建筑、厂房、库房和室内净空高度超过 8 m 的民用建筑等场所，消火栓栓口动压不应小于 0.35 MPa，且消防水枪充实水柱应按 13 m 计算；其他场所，消火栓栓口动压不应小于 0.25 MPa，且消防水枪充实水柱应按 10 m 计算。

➢《室内消火栓》(GB 3445—2018)规定：

5.13.2 减压稳压性能及流量

减压稳压型室内消火栓按 6.13.2 的规定进行试验，其稳压性能及流量应符合表 4 的规定，且在试验的升压及降压过程中不应出现压力震荡现象。［见图 1.2.34(b)］

表4　减压稳压性能及流量

减压稳压类别	进水口压力 P_1/MPa	出水口压力 P_2/MPa	流量 Q/(L/s)
Ⅰ	0.5～0.8	0.25～0.40	≥5.0
Ⅱ	0.7～1.2	0.35～0.45	
Ⅲ	0.7～1.6	0.35～0.45	

3）应对措施

室内消火栓安装前应根据设计要求仔细核对每一处消火栓所采取的减压措施。当采用减压孔板进行减压时，应根据设计孔径定制减压孔板，并做好孔径标识，以免错装。当采用减压稳压消火栓进行减压时，设计单位应根据各消火栓入口压力计算值，确定减压稳压消火栓的类别，并明确标注在设计图中；施工单位安装前应核对每一处减压稳压消火栓的类别，以免错装。

4）图示说明

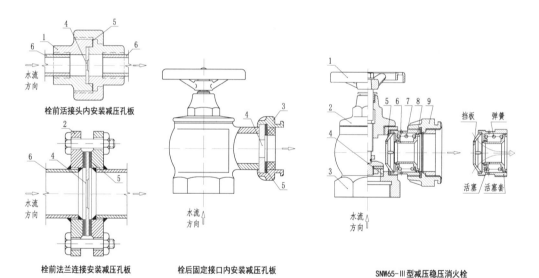

栓前活接头内安装减压孔板

栓前法兰连接安装减压孔板　　栓后固定接口内安装减压孔板

SNW65-Ⅲ型减压稳压消火栓

主要材料表

序号	名称	材料	规格	单位	数量	备注
1	活接头	可锻铸铁	DN65	个	1	—
2	法兰	钢	DN65	个	2	—
3	消火栓固定接口	铝	DN65	个	1	栓箱内已配置
4	减压孔板	不锈钢、黄铜	孔径由设计确定	个	1	—
5	密封垫	橡胶	DN65	个	1或2	—
6	消火栓支管	镀锌钢管	DN65	m	按实计	—

主要材料表

序号	名称	材料	序号	名称	材料
1	手轮	灰铸铁	7	弹簧	弹簧钢
2	阀盖	灰铸铁	8	活塞套	黄铜
3	阀体	灰铸铁	9	固定接口	铝合金
4	阀座	黄铜	10		
5	挡板	不锈钢	11		
6	活塞	黄铜	12		

图 1.2.34(a)　正确做法　　　　　　　　图 1.2.34(b)　正确做法

问题 19：室内消火栓箱的安装不符合要求。

1）问题描述

（1）消火栓栓口安装在门轴侧；消火栓箱门开启角度小于 120°；消火栓的启闭阀门设置位置不便于操作使用；［见图 1.2.35（a）］

（2）暗装的消火栓箱未采取防火保护措施，破坏了隔墙的耐火性能。［见图 1.2.35（b）］

2）规范要求

➤《消防给水及消火栓系统技术规范》（GB 50974—2014）规定：

12.3.9 室内消火栓及消防软管卷盘或轻便水龙的安装应符合下列规定：

6 消火栓栓口出水方向宜向下或与设置消火栓的墙面成 90°角，栓口不应安装在门轴侧。

12.3.10 消火栓箱的安装应符合下列规定：

1 消火栓的启闭阀门设置位置应便于操作使用，阀门的中心距箱侧面应为 140 mm，距箱后内表面应为 100 mm，允许偏差±5 mm；［见图 1.2.36（a）］

2 室内消火栓箱的安装应平正、牢固，暗装的消火栓箱不应破坏隔墙的耐火性能；［见图 1.2.36（b）（c）］

4 消火栓箱门的开启不应小于 120°。［见图 1.2.36（a）］

3）应对措施

暗装室内消火栓箱安装前，应根据墙体厚度、装饰层厚度和隔墙耐火性能等要求，选用适当厚度的消火栓箱体，并对细部做法进行深化设计，确保满足室内消火栓箱的安装要求及防火性能方面的要求。暗装室内消火栓箱的防火保护措施，可参照《建筑设计防火规范》（GB 50016—2014〈2018 年版〉）和《室内消火栓安装》（15S202）的相关要求。

4）图示说明

图 1.2.35（a） 错误做法　　　　图 1.2.35（b） 错误做法

图 1.2.36(a)　正确做法　　　图 1.2.36(b)　正确做法

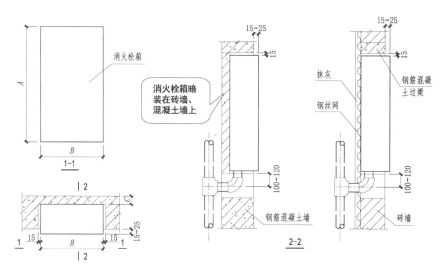

消火栓箱暗装在砖墙、混凝土墙上的安装图

图 1.2.36(c)　正确做法

问题 20：试验消火栓安装不符合要求。

1）问题描述

（1）试验消火栓箱内缺少压力表、水带、水枪和消火栓按钮等配件；[见图 1.2.37(a)]

（2）试验消火栓安装不规范。[见图 1.2.37(b)]

2）规范要求

➤ 《消防给水及消火栓系统技术规范》(GB 50974—2014)规定：

7.4.9　设有室内消火栓的建筑应设置带有压力表的试验消火栓，其设置位置应符合规定。[见图 1.2.38]

3）图示说明

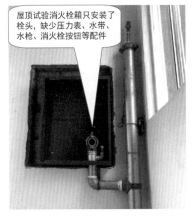

屋顶试验消火栓箱只安装了栓头，缺少压力表、水带、水枪、消火栓按钮等配件

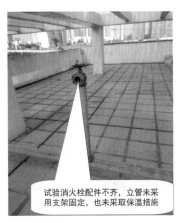

试验消火栓配件不齐，立管未采用支架固定，也未采取保温措施

图 1.2.37（a）　错误做法　　　　图 1.2.37（b）　错误做法

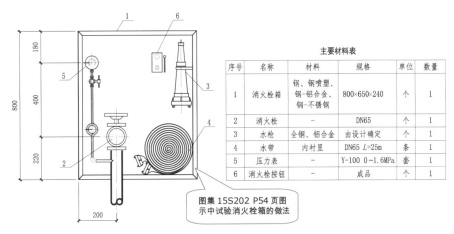

图集 15S202 P54 页图示中试验消火栓箱的做法

主要材料表

序号	名称	材料	规格	单位	数量
1	消火栓箱	钢、钢喷塑、钢-铝合金、钢-不锈钢	800×650×240	个	1
2	消火栓	—	DN65	个	1
3	水枪	全铜、铝合金	由设计确定	个	1
4	水带	内衬里	DN65 *L*=25m	条	1
5	压力表	—	Y-100 0~1.6MPa	套	1
6	消火栓按钮	—	成品	个	1

图 1.2.38　正确做法

问题 21：室内消火栓箱门设置不符合要求。

1）问题描述

　　室内消火栓箱门与其周围墙面颜色一致，无明显差别；室内消火栓箱无标识或标识不符合规范要求。［见图 1.2.39（a）（b）］

2）规范要求

　　➢ 《消防给水及消火栓系统技术规范》（GB 50974—2014）有关规定：

　　8.3.7　消防给水系统的室内外消火栓、阀门等设置位置，应设置永久性固定标识。

　　12.3.10　消火栓箱的安装应符合下列规定：

　　　　7　消火栓箱门上应用红色字体注明"消火栓"字样。［见图 1.2.40（a）］

　　➢ 《室内消火栓安装》（15S202）消火栓箱门标志（P65 页）规定：［见图 1.2.40（b）］

　　　　1. 箱门标志"消火栓"、"FIRE HYDRANT"应采用发光材料，中文字体高度不应小于 100 mm,宽度不应小于 80 mm。

　2.箱体正面上应设置耐久性铭牌。

　3.栓箱的明显部位应用文字或图形标注耐久性操作说明。

3) 图示说明

图 1.2.39(a)　错误做法

图 1.2.39(b)　错误做法

图 1.2.40(a)　正确做法

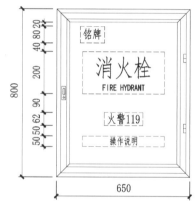

图 1.2.40(b)　正确做法

第二节　自动喷水灭火系统

问题 1：喷头安装后被污损,不符合要求。

1) 问题描述

　喷头本体或感温元件在装修过程中被涂料污损,影响喷头动作性能。［见图 1.2.41(a)(b)］

2) 规范要求

　➢ 《自动喷水灭火系统施工及验收规范》(GB 50261—2017)规定：

5.2.2　喷头安装时,不应对喷头进行拆装、改动,并严禁给喷头、隐蔽式喷头的装饰盖板附加任何装饰性涂层。[见图 1.2.42(a)(b)]

3)图示说明

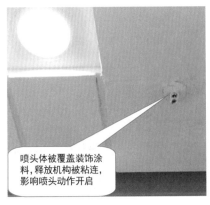

图 1.2.41(a)　错误做法

图 1.2.41(b)　错误做法

图 1.2.42(a)　正确做法

图 1.2.42(b)　正确做法

问题 2:风管下方喷淋系统的安装不符合要求。

1)问题描述

1)宽度大于 1.2 m 的风管下方未设置喷头;[见图 1.2.43(a)]

2)采用早期抑制快速响应喷头和特殊应用喷头的场所,宽度大于 0.6 m 的风管下方未设置喷头保护;[见图 1.2.43(b)]

3)风管下方的喷淋支管未设置吊架,导致喷头和支管发生变形和偏移。[见图 1.2.43(c)]

2)规范要求

➤　《自动喷水灭火系统设计规范》(GB 50084—2017)规定:

7.2.3　当梁、通风管道、成排布置的管道、桥架等障碍物的宽度大于 1.2 m 时,其下方应增设喷头;采用早期抑制快速响应喷头和特殊应用喷头的场所,当障碍物宽度大于 0.6 m

时,其下方应增设喷头。[见图 1.2.44(a)(b)]

➤《自动喷水灭火系统施工及验收规范》(GB 50261—2017)规定:

5.1.15 管道支架、吊架、防晃支架的安装应符合下列要求:

3 管道支架、吊架的安装位置不应妨碍喷头的喷水效果;管道支架、吊架与喷头之间的距离不宜小于 300 mm;与末端喷头之间的距离不宜大于 750 mm。[见图 1.2.44(a)]

3) 图示说明

图 1.2.43(a) 错误做法

图 1.2.43(b) 错误做法

图 1.2.43(c) 错误做法

图 1.2.44(a) 正确做法

图 1.2.44(b) 正确做法

问题 3:格栅吊顶部位喷头的安装不符合要求。

1) 问题描述

1) 当通透面积超过 70% 时,在格栅吊顶下方设置喷头;[见图 1.2.45(a)]

2) 当通透面积小于 70% 时,仅在格栅吊顶上方设置喷头。[见图 1.2.45(b)]

2) 规范要求

➤《自动喷水灭火系统设计规范》(GB 50084—2017)规定:

7.1.13 装设网格、栅板类通透性吊顶的场所,当通透面积占吊顶总面积的比例大于 70% 时,喷头应设置在吊顶上方,并符合下列规定:

1 通透性吊顶开口部位的净宽度不应小于 10 mm,且开口部位的厚度不应大于开口的最小宽度;

2 喷头间距及溅水盘与吊顶上表面的距离应符合表 7.1.13 的规定。[见图 1.2.46(a)(b)]

表 7.1.13　通透性吊顶场所喷头布置要求

火灾危险等级	喷头间距 S(m)	喷头溅水盘与吊顶上表面的最小距离(mm)
轻危险级、中危险级Ⅰ级	$S \leqslant 3.0$	450
	$3.0 < S \leqslant 3.6$	600
	$S > 3.6$	900
中危险级Ⅱ级	$S \leqslant 3.0$	600
	$S > 3.0$	900

3）应对措施

当通透面积占吊顶总面积的比例不大于 70% 时,吊顶的上方和下方均应设置喷头,且吊顶下的喷头上方应设挡水板。

4）图示说明

在通透面积超过70%,且通透性吊顶开口部位净宽度和厚度均符合要求的条件下,未将喷头设置在吊顶上方

图 1.2.45(a)　错误做法

当通透面积小于70%时,仅在格栅吊顶上方设置喷头

图 1.2.45(b)　错误做法

通透面积超过70%,且通透性吊顶开口部位净宽度和厚度均符合要求,喷头设置在吊顶上方

图 1.2.46(a)　正确做法

当通透面积小于70%时,在格栅吊顶上方和下方均已设置喷头,且吊顶下的喷头上方已设挡水板

图 1.2.46(b)　正确做法

问题 4：斜坡顶棚下方喷头的安装不符合要求。

1）问题描述

（1）喷头未垂直于斜坡顶棚面;〔见图 1.2.47(a)〕

（2）坡屋顶的屋脊处未设置喷头。［见图 1.2.47(b)］

2）规范要求

➤《自动喷水灭火系统设计规范》(GB 50084—2017)规定：

7.1.14 顶板或吊顶为斜面时,喷头的布置应符合下列要求：

1 喷头应垂直于斜面,并应按斜面距离确定喷头间距；

2 坡屋顶的屋脊处应设一排喷头,当屋顶坡度不小于 1/3 时,喷头溅水盘至屋脊的垂直距离不应大于 800 mm；当屋顶坡度小于 1/3 时,喷头溅水盘至屋脊的垂直距离不应大于 600 mm。［见图 1.2.48］

3）图示说明

图 1.2.47(a) 错误做法

图 1.2.47(b) 错误做法

图 1.2.48 正确做法

问题 5：喷头挡水板的设置不符合要求。

1）问题描述

在非特殊场所,将挡水板作为集热罩使用,以掩盖喷头溅水盘与顶板距离过大的安装问题,不符合规范要求。［见图 1.2.49(a)(b)］

2）规范要求

➤《自动喷水灭火系统设计规范》(GB 50084—2017)规定：

7.1.10　挡水板应为正方形或圆形金属板,其平面面积不宜小于 0.12 m²,周围弯边的下沿宜与洒水喷头的溅水盘平齐。除下列情况和相关规范另有规定外,其他场所或部位不应采用挡水板：

　　1　设置货架内置洒水喷头的仓库,当货架内置洒水喷头上方有孔洞、缝隙时,可在洒水喷头的上方设置挡水板；[见图 1.2.50(a)]

　　2　宽度大于本规范第 7.2.3 条规定的障碍物,增设的洒水喷头上方有孔洞、缝隙时,可在洒水喷头的上方设置挡水板。[见图 1.2.50(b)]

➤《汽车库、修车库、停车场设计防火规范》(GB 50067—2014)规定：

7.2.6　设置在汽车库、修车库内的自动喷水灭火系统,其设计除应符合现行国家标准《自动喷水灭火系统设计规范》GB 50084 的有关规定外,喷头布置还应符合下列规定：

　　1　应设置在汽车库停车位的上方或侧上方,对于机械式汽车库,尚应按停车的载车板分层布置,且应在喷头的上方设置集热板。[见图 1.2.50(c)]

3）图示说明

无吊顶普通场所选用下垂型喷头,致使喷头溅水盘与顶板之间距离过大,设置挡水板当集热罩使用,不符合规范要求

图 1.2.49(a)　错误做法

顶棚空间较高,直立型喷头溅水盘和顶棚距离过大,安装挡水板当集热罩使用,不符合规范要求

图 1.2.49(b)　错误做法

货架内置洒水喷头上方有孔洞、缝隙,在洒水喷头的上方可设置挡水板

图 1.2.50(a)　正确做法

宽度大于1.2m的障碍物有孔洞、缝隙,其下方增设的喷头可设置挡水板

图 1.2.50(b)　正确做法

在机械式汽车库每层载车板侧上方设置喷头,并在喷头上方设置挡水板

图 1.2.50(c)　正确做法

问题6：隐蔽式喷头的安装不符合要求。

1）问题描述

火灾危险等级为中危险级Ⅱ级的商场、超级市场等场所，其吊顶部位安装隐蔽式喷头，不符合规范要求。[**见图** 1.2.51(a)(b)]

2）规范要求

➤《自动喷水灭火系统设计规范》(GB 50084—2017)规定：

6.1.3 湿式系统的洒水喷头选型应符合下列规定：

7 不宜选用隐蔽式洒水喷头；确需采用时，应仅适用于轻危险级和中危险级Ⅰ级场所。[**见图** 1.2.52(a)(b)]

附录A 设置场所火灾危险等级分类

火灾危险等级		设置场所分类
轻危险级		住宅建筑、幼儿园、老年人建筑、建筑高度为24 m及以下的旅馆、办公楼；仅在走道设置闭式系统的建筑等
中危险级	Ⅰ级	1) 高层民用建筑：旅馆、办公楼、综合楼、邮政楼、金融电信楼、指挥调度楼、广播电视楼(塔)等； 2) 公共建筑(含单多高层)：医院、疗养院；图书馆(书库除外)、档案馆、展览馆(厅)；影剧院、音乐厅和礼堂(舞台除外)及其他娱乐场所；火车站、机场及码头的建筑；总建筑面积小于5 000 m²的商场、总建筑面积小于1 000 m²的地下商场等； 3) 文化遗产建筑：木结构古建筑、国家文物保护单位等； 4) 工业建筑：食品、家用电器、玻璃制品等工厂的备料与生产车间等；冷藏库、钢屋架等建筑构件
	Ⅱ级	1) 民用建筑：书库、舞台(葡萄架除外)、汽车停车场(库)、总建筑面积5 000 m²及以上的商场、总建筑面积1 000 m²及以上的地下商场、净空高度不超过8 m、物品高度不超过3.5 m的超级市场等； 2) 工业建筑：棉毛麻丝及化纤的纺织、织物及制品、木材木器及胶合板、谷物加工、烟草及制品、饮用酒(啤酒除外)、皮革及制品、造纸及纸制品、制药等工厂的备料与生产车间等

3）应对措施

隐蔽式喷头存在巨大的安全隐患，主要表现在：

（1）发生火灾时喷头的装饰盖板不能及时脱落；

（2）装饰盖板脱落后滑竿无法下落，导致喷头溅水盘无法滑落到吊顶平面下部，喷头无法形成有效的布水；

（3）喷头装饰盖板被油漆、涂料喷涂，影响喷头动作响应时间等。

因此，建设单位、设计单位和施工单位在工程项目建设中，应严格按照规范要求，慎用隐蔽式喷头，确保喷淋系统安全可靠的运行。

4）图示说明

图 1.2.51(a) 错误做法

图 1.2.51(b) 错误做法

图 1.2.52(a) 正确做法

图 1.2.52(b) 正确做法

问题 7：喷头布置不符合规范要求。

1）问题描述

（1）喷头布置未考虑梁等障碍物的影响，导致布水不均匀或存在盲区；[见图 1.2.53(a)]

（2）喷头溅水盘与梁、顶板或通风管道底面的垂直距离不符合规范要求；[见图 1.2.53(b)]

（3）喷头与被保护对象的水平距离，或喷头溅水盘与被保护对象的最小垂直距离不符合要求。[见图 1.2.53(c)]

2）规范要求

➢《自动喷水灭火系统设计规范》(GB 50084—2017)有关规定：

7.1.6 除吊顶型洒水喷头及吊顶下设置的洒水喷头外，直立型、下垂型标准覆盖面积洒水喷头和扩大覆盖面积洒水喷头溅水盘与顶板的距离应为 75～150 mm，并应符合下列规定：

1 当在梁或其他障碍物底面下方的平面上布置洒水喷头时，溅水盘与顶板的距离不应大于 300 mm,同时溅水盘与梁等障碍物底面的垂直距离应为 25~100 mm。

    2 当在梁间布置洒水喷头时,洒水喷头与梁的距离应符合本规范第 7.2.1 条的规定。确有困难时,溅水盘与顶板的距离不应大于 550 mm。梁间布置的洒水喷头,溅水盘与顶板距离达到 550 mm 仍不能符合本规范第 7.2.1 条的规定时,应在梁底面的下方增设洒水喷头。

    3 密肋梁板下方的洒水喷头,溅水盘与密肋梁板底面的垂直距离应为 25~100 mm。

    4 无吊顶的梁间洒水喷头布置可采用不等距方式,但喷水强度仍应符合本规范表 5.0.1、表 5.0.2 和表 5.0.4-1~表 5.0.4-5 的要求。〔见图 1.2.54(a)〕

    7.1.7 除吊顶型洒水喷头及吊顶下设置的洒水喷头外,直立型、下垂型早期抑制快速响应喷头、特殊应用喷头和家用喷头溅水盘与顶板的距离应符合表 7.1.7 的规定。〔见图 1.2.54(b)〕

    7.1.8 图书馆、档案馆、商场、仓库中的通道上方宜设有喷头。喷头与被保护对象的水平距离不应小于 0.30 m,喷头溅水盘与保护对象的最小垂直距离不应小于表 7.1.8 的规定。〔见图 1.2.54(c)〕

表 7.1.7 喷头溅水盘与顶板的距离(mm)

喷头类型		喷头溅水盘与顶板的距离 S_L
早期抑制快速响应喷头	直立型	$100 \leqslant S_L \leqslant 150$
	下垂型	$150 \leqslant S_L \leqslant 360$
特殊应用喷头		$150 \leqslant S_L \leqslant 200$
家用喷头		$25 \leqslant S_L \leqslant 100$

表 7.1.8 喷头溅水盘与保护对象的最小垂直距离(mm)

喷头类型	最小垂直距离
标准覆盖面积洒水喷头、扩大覆盖面积洒水喷头	450
特殊应用喷头、早期抑制快速响应喷头	900

    7.2.1 直立型、下垂型喷头与梁、通风管道等障碍物的距离(图 7.2.1)宜符合表 7.2.1 的规定。〔见图 1.2.54(b)〕

表 7.2.1 喷头与梁、通风管道等障碍物的距离(mm)

喷头与梁、通风管道的水平距离 a	喷头溅水盘与梁或通风管道的底面的垂直距离 b		
	标准覆盖面积洒水喷头	扩大覆盖面积洒水喷头、家用喷头	早期抑制快速响应喷头、特殊应用喷头
$a < 300$	0	0	0
$300 \leqslant a < 600$	$b \leqslant 60$	0	$b \leqslant 40$
$600 \leqslant a < 900$	$b \leqslant 140$	$b \leqslant 30$	$b \leqslant 140$
$900 \leqslant a < 1\,200$	$b \leqslant 240$	$b \leqslant 80$	$b \leqslant 250$
$1\,200 \leqslant a < 1\,500$	$b \leqslant 350$	$b \leqslant 130$	$b \leqslant 380$

(续表)

喷头与梁、通风管道的水平距离 a	喷头溅水盘与梁或通风管道的底面的垂直距离 b		
	标准覆盖面积洒水喷头	扩大覆盖面积洒水喷头、家用喷头	早期抑制快速响应喷头、特殊应用喷头
1 500≤a<1 800	b≤450	b≤180	b≤550
1 800≤a<2 100	b≤600	b≤230	b≤780
a≥2 100	b≤880	b≤350	b≤780

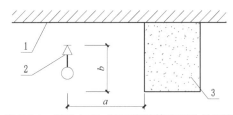

图 7.2.1 喷头与梁、通风管道等障碍物的距离

1—顶板；2—直立型喷头；3—梁(或通风管道)

3) 应对措施

闭式洒水喷头是自动喷水灭火系统的关键组件,受火灾热气流加热开放后喷水并启动系统。能否合理地布置喷头,将决定喷头能否及时动作和按规定强度喷水。

限定喷头溅水盘与顶板的距离,目的是使喷头热敏元件处于"易于接触热气流"的最佳位置。溅水盘距离顶板太近不易安装维护,且洒水易受影响;距离太远则升温较慢,甚至不能接触到热烟气流,使喷头不能及时开放。另外,各种障碍物对喷水形成的阻挡,将削弱系统的灭火能力。根据喷头洒水不留空白点的原则,要求对因遮挡而形成空白点的部位增设喷头。

在自动喷水灭火系统的设计和施工时,喷头布置宜遵循如下原则:

(1)将喷头布置在顶板或吊顶下易于接触到火灾热气流的部位,有利于喷头热敏元件的及时受热。

(2)使喷头的洒水能够均匀分布。当喷头附近有不可避免的障碍物时,应按规范要求布置喷头或者增设喷头,补偿因喷头的洒水受阻而不能到位灭火的水量。

4) 图示说明

喷头与梁距离太近,梁另一侧布水受影响

图 1.2.53(a) 错误做法

喷头溅水盘与顶板距离太近

喷头溅水盘与顶板距离太远

图 1.2.53(b) 错误做法

喷头与档案柜的水平距离,喷头溅水盘与档案柜顶部最小垂直距离均不符合要求

图 1.2.53(c) 错误做法

图 1.2.54(a) 正确做法　　　图 1.2.54(b) 正确做法　　　图 1.2.54(c) 正确做法

问题 8：喷头选型不符合要求。

1）问题描述

（1）直立型喷头错装成了下垂型喷头；[见图 1.2.55]

（2）设计文件明确要求选用快速响应喷头的部位，施工时却选型安装了特殊响应喷头或标准响应喷头；

（3）喷头动作温度与保护区域环境温度不匹配，如厨房选用 68℃温度等级的喷头；

（4）快速响应喷头和其他热敏性能喷头混装在同一隔间内；

（5）净空高度超过 8 m 的场所，选用流量系数 $K=80$ 的喷头；

（6）洁净厂房等场所预作用系统吊顶下喷头未选用干式下垂型洒水喷头；

（7）单排布置边墙型喷头的宿舍、旅馆建筑客房、医疗建筑病房和办公室等场所，当保护跨度大于 3 m 时，仍选用标准覆盖面积边墙型洒水喷头。

2）规范要求

➤ 《自动喷水灭火系统设计规范》(GB 50084—2017)有关规定：

6.1.1　设置闭式系统的场所，洒水喷头类型和场所的最大净空高度应符合表 6.1.1 的规定；仅用于保护室内钢屋架等建筑构件的洒水喷头和设置货架内置洒水喷头的场所，可不受此表规定的限制。

表 6.1.1　洒水喷头类型和场所净空高度

设置场所		喷头类型			场所净空高度 h(m)
		一只喷头的保护面积	响应时间性能	流量系数 K	
民用建筑	普通场所	标准覆盖面积洒水喷头	快速响应喷头 特殊响应喷头 标准响应喷头	$K\geqslant80$	$h\leqslant8$
		扩大覆盖面积洒水喷头	快速响应喷头	$K\geqslant80$	
	高大空间场所	标准覆盖面积洒水喷头	快速响应喷头	$K\geqslant115$	$8<h\leqslant12$
		非仓库型特殊应用喷头			
		非仓库型特殊应用喷头			$12<h\leqslant18$

（续表）

设置场所	喷头类型			场所净空高度 h(m)
	一只喷头的保护面积	响应时间性能	流量系数 K	
厂房	标准覆盖面积洒水喷头	特殊响应喷头 标准响应喷头	K≥80	h≤8
	扩大覆盖面积洒水喷头	标准响应喷头	K≥80	
	标准覆盖面积洒水喷头	特殊响应喷头 标准响应喷头	K≥115	8<h≤12
	非仓库型特殊应用喷头			
仓库	标准覆盖面积洒水喷头	特殊响应喷头 标准响应喷头	K≥80	h≤9
	仓库型特殊应用喷头			h≤12
	早期抑制快速响应喷头			h≤13.5

6.1.2 闭式系统的洒水喷头,其公称动作温度宜高于环境最高温度30℃。

6.1.3 湿式系统的洒水喷头选型应符合下列规定:

1 不做吊顶的场所,当配水支管布置在梁下时,应采用直立型洒水喷头;[见图1.2.56(a)]

2 吊顶下布置的洒水喷头,应采用下垂型洒水喷头或吊顶型洒水喷头。[见图1.2.56(b)]

6.1.4 干式系统、预作用系统应采用直立型洒水喷头或干式下垂型洒水喷头。[见图1.2.56(c)]

6.1.7 下列场所宜采用快速响应洒水喷头。当采用快速响应洒水喷头时,系统应为湿式系统。

1 公共娱乐场所、中庭环廊;

2 医院、疗养院的病房及治疗区域,老年、少儿、残疾人的集体活动场所;

3 超出消防水泵接合器供水高度的楼层;

4 地下商业场所。[见图1.2.56(d)]

6.1.8 同一隔间内应采用相同热敏性能的洒水喷头。[见图1.2.56(d)]

7.1.3 边墙型标准覆盖面积洒水喷头的最大保护跨度与间距,应符合表7.1.3的规定:

表7.1.3 边墙型标准覆盖面积洒水喷头的最大保护跨度与间距

火灾危险等级	配水支管上喷头的最大间距(m)	单排喷头的最大保护跨度(m)	两排相对喷头的最大保护跨度(m)
轻危险级	3.6	3.6	7.2
中危险级Ⅰ级	3.0	3.0	6.0

7.1.5 边墙型扩大覆盖面积洒水喷头的最大保护跨度和配水支管上的洒水喷头间距,应按洒水喷头工作压力下能够喷湿对面墙和邻近端墙距溅水盘1.2 m高度以下的墙面确定,且保护面积内的喷水强度应符合本规范表5.0.1的规定。[见图1.2.56(e)]

3）图示说明

选型错误，直立型喷头错装成了下垂型喷头

图 1.2.55 错误做法

选型正确，已采用直立型喷头

图 1.2.56(a) 正确做法

下垂型喷头　　直立型喷头

有吊顶场所可选用下垂型喷头
无吊顶场所可选用直立型喷头

图 1.2.56(b) 正确做法

干式下垂型洒水喷头

适用于喷头下垂安装的
干式系统和预作用系统

图 1.2.56(c) 正确做法

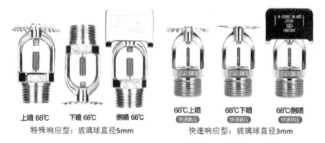

上喷 68℃　下喷 68℃　侧喷 68℃

特殊响应型：玻璃球直径5mm

68℃上喷　68℃下喷　68℃侧喷

快速响应型：玻璃球直径3mm

图 1.2.56(d) 正确做法

标准覆盖面水　扩大覆盖面水
平边墙型喷头　平边墙型喷头

图 1.2.56(e) 正确做法

问题 9：自动喷水防护冷却系统的安装不符合要求。

1）问题描述

（1）选用下垂型洒水喷头且水平安装，保护防火玻璃墙，不符合要求；［见图 1.2.57(a)］

（2）选用边墙型洒水喷头且下垂安装，保护防火玻璃墙，不符合要求；［见图 1.2.57(b)］

（3）保护防火玻璃墙的水平边墙型洒水喷头加装挡水板，不符合要求；［见图 1.2.57(c)］

（4）防火玻璃墙防护冷却喷头的安装间距、与顶板的距离、与防火分隔设施的水平距

离不符合要求；[见图 1.2.57(d)]

（5）自动喷水防护冷却喷头配水支管直接与建筑室内喷淋配水管连接，系统未独立设置。

2）规范要求

➤ 《自动喷水灭火系统设计规范》（GB 50084—2017）有关规定：

5.0.15　当采用防护冷却系统保护防火卷帘、防火玻璃墙等防火分隔设施时，系统应独立设置，且应符合下列要求：[见图 1.2.58]

1　喷头设置高度不应超过 **8 m**；当设置高度为 **4～8 m** 时，应采用快速响应洒水喷头；

2　喷头设置高度不超过 **4 m** 时，喷水强度不应小于 **0.5 L/(s·m)**；当超过 **4 m** 时，每增加 **1 m**，喷水强度应增加 **0.1 L/(s·m)**；

3　喷头设置应确保喷洒到被保护对象后布水均匀，喷头间距应为 1.8～2.4 m；喷头溅水盘与防火分隔设施的水平距离不应大于 0.3 m，与顶板的距离应符合本规范第 7.1.15 条的规定；

4　持续喷水时间不应小于系统设置部位的耐火极限要求。

6.1.6　自动喷水防护冷却系统可采用边墙型洒水喷头。

7.1.15　边墙型洒水喷头溅水盘与顶板和背墙的距离应符合表 7.1.15 的规定。

表 7.1.15　边墙型洒水喷头溅水盘与顶板和背墙的距离（mm）

喷头类型		喷头溅水盘与顶板的距离 S_L（mm）	喷头溅水盘与背墙的距离 S_W（mm）
边墙型标准覆盖面积洒水喷头	直立式	$100{\leqslant}S_L{\leqslant}150$	$50{\leqslant}S_W{\leqslant}100$
	水平式	$150{\leqslant}S_L{\leqslant}300$	—
边墙型扩大覆盖面积洒水喷头	直立式	$100{\leqslant}S_L{\leqslant}150$	$100{\leqslant}S_W{\leqslant}150$
	水平式	$150{\leqslant}S_L{\leqslant}300$	—
边墙型家用喷头		$100{\leqslant}S_L{\leqslant}150$	—

3）图示说明

采用下垂型喷头水平安装方式保护防火玻璃墙	采用水平边墙型喷头下垂安装方式保护防火玻璃墙	采用水平边墙型喷头加装挡水板方式保护防火玻璃墙	喷头安装间距、与顶板的距离、与防火分隔设施的水平距离均不符合要求
图 1.2.57（a）错误做法	图 1.2.57（b）错误做法	图 1.2.57（c）错误做法	图 1.2.57（d）错误做法

喷头安装间距、与顶板的距离、与防火分隔设施的水平距离均符合要求

图 1.2.58　正确做法

问题 10：仓库自动喷水灭火系统的安装不符合要求。

1）问题描述

（1）早期抑制快速响应喷头未依据仓库储物类别、最大净空高度和最大储物高度进行选型，或安装时喷头布置间距不符合要求，出现喷水强度不够、喷头动作开放滞后等问题，甚至造成系统抑制火灾失效的严重事故；［见图 1.2.59（a）］

（2）货架设置实层板或层板通透面积不够，仅在仓库屋面板下设置喷头，未设置货架内置喷头；［见图 1.2.59（b）］

（3）仓库内顶板下的洒水喷头与货架内置洒水喷头共用一根配水管，未分别设置水流指示器；

（4）货架内置喷头配水立管底部未设置排水措施。

2）规范要求

➤ 《自动喷水灭火系统设计规范》（GB 50084—2017）有关规定：

5.0.5　仓库及类似场所采用早期抑制快速响应喷头时，系统的设计基本参数不应低于表 5.0.5 的规定。

表 5.0.5　采用早期抑制快速响应喷头的系统设计基本参数

储物类别	最大净空高度(m)	最大储物高度(m)	喷头流量系数 K	喷头设置方式	喷头最低工作压力(MPa)	喷头最大间距(m)	喷头最小间距(m)	作用面积内开放的喷头数
Ⅰ、Ⅱ级、沥青制品、箱装不发泡塑料	9.0	7.5	202	直立型	0.35	3.7	2.4	12
				下垂型				
			242	直立型	0.25			
				下垂型				
			320	下垂型	0.20			
			363	下垂型	0.15			

（续表）

储物类别	最大净空高度(m)	最大储物高度(m)	喷头流量系数 K	喷头设置方式	喷头最低工作压力(MPa)	喷头最大间距(m)	喷头最小间距(m)	作用面积内开放的喷头数
Ⅰ、Ⅱ级、沥青制品、箱装不发泡塑料	10.5	9.0	202	直立型	0.50	3.0	2.4	12
			202	下垂型	0.50			
			242	直立型	0.35			
			242	下垂型	0.35			
			320	下垂型	0.25			
			363	下垂型	0.20			
	12.0	10.5	202	下垂型	0.50			
			242	下垂型	0.35			
			363	下垂型	0.30			
	13.5	12.0	363	下垂型	0.35			
袋装不发泡塑料	9.0	7.5	202	下垂型	0.50	3.7		
			242	下垂型	0.35			
			363	下垂型	0.25			
	10.5	9.0	363	下垂型	0.35	3.0		
	12.0	10.5	363	下垂型	0.40			
箱装发泡塑料	9.0	7.5	202	直立型	0.35	3.7		
			202	下垂型	0.35			
			242	直立型	0.25			
			242	下垂型	0.25			
			320	下垂型	0.25			
			363	下垂型	0.15			
	12.0	10.5	363	下垂型	0.40	3.0		
袋装发泡塑料	7.5	6.0	202	下垂型	0.50	3.7		
			242	下垂型	0.35			
			363	下垂型	0.20			
	9.0	7.5	202	下垂型	0.70			
			242	下垂型	0.50			
			363	下垂型	0.30			
	12.0	10.5	363	下垂型	0.50	3.0		20

　　5.0.7　设置自动喷水灭火系统的仓库及类似场所，当采用货架储存时应采用钢制货架，并应采用通透层板，且层板中通透部分的面积不应小于层板总面积的50%。当采用木制货架或采用封闭层板货架时，其系统设置应按堆垛储物仓库确定。〔见图 1.2.60(a)〕

　　6.3.2　仓库内顶板下洒水喷头与货架内置洒水喷头应分别设置水流指示器。

　　4.3.2　自动喷水灭火系统应有下列组件、配件和设施：

　　3　应设有泄水阀（或泄水口）、排气阀（或排气口）和排污口。[见图 1.2.60（b）]

3）图示说明

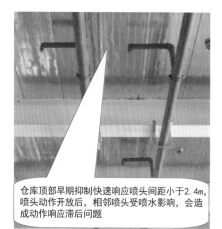

图 1.2.59（a）　错误做法

图 1.2.59（b）　错误做法

图 1.2.60（a）　正确做法

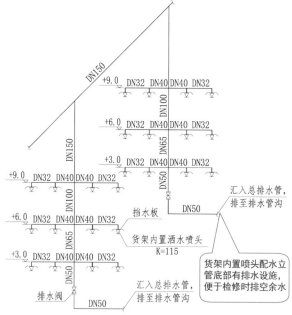

图 1.2.60（b）　正确做法

问题 11：仓库货架内置洒水喷头的设置不符合要求。

1）问题描述

　　（1）货架内置洒水喷头上方的层间隔板未采用实层板；[见图 1.2.61（a）]

　　（2）货架内置洒水喷头的布置间距不符合要求；[见图 1.2.61（b）]

　　（3）仓库顶板下早期抑制快速响应喷头的溅水盘与顶板的距离不符合要求；[见图

1.2.61(c)〕

(4) 货架内置洒水喷头的溅水盘与其下部储物顶面的垂直距离太小;〔见图 1.2.61(d)〕

(5) 货架内置洒水喷头与储物顶部距离较近,未采取防撞措施。

2) 规范要求

➤ 《自动喷水灭火系统设计规范》(GB 50084—2017)有关规定:

5.0.8 货架仓库的最大净空高度或最大储物高度超过本规范第 5.0.5 条的规定时,应设货架内置洒水喷头,且货架内置洒水喷头上方的层间隔板应为实层板。货架内置洒水喷头的设置应符合下列规定:〔见图 1.2.62(a)〕

1 仓库危险级 Ⅰ 级、Ⅱ 级场所应在自地面起每 3.0 m 设置一层货架内置洒水喷头,仓库危险级 Ⅲ 级场所应在自地面起每 1.5~3.0 m 设置一层货架内置洒水喷头,且最高层货架内置洒水喷头与储物顶部的距离不应超过 3.0 m;

2 当采用流量系数等于 80 的标准覆盖面积洒水喷头时,工作压力不应小于 0.20 MPa;当采用流量系数等于 115 的标准覆盖面积洒水喷头时,工作压力不应小于 0.10 MPa;

3 洒水喷头间距不应大于 3 m,且不应小于 2 m。计算货架内开放洒水喷头数量不应小于表 5.0.8 的规定;

4 设置 2 层及以上货架内置洒水喷头时,洒水喷头应交错布置。

表 5.0.8 货架内开放洒水喷头数量

仓库危险级	货架内置洒水喷头的层数		
	1	2	>2
Ⅰ 级	6	12	14
Ⅱ 级	8	14	
Ⅲ 级	10		

注:货架内置洒水喷头超过 2 层时,计算流量应按最顶层 2 层,且每层开放洒水喷头数按本表规定值的 1/2 确定。

6.1.3 湿式系统的洒水喷头选型应符合下列规定:

4 易受碰撞的部位,应采用带保护罩的洒水喷头或吊顶型洒水喷头。〔见图 1.2.62(a)〕

7.1.7 除吊顶型洒水喷头及吊顶下设置的洒水喷头外,直立型、下垂型早期抑制快速响应喷头、特殊应用喷头和家用喷头溅水盘与顶板的距离应符合表 7.1.7 的规定。〔见图 1.2.62(b)〕

表 7.1.7 喷头溅水盘与顶板的距离(mm)

喷头类型		喷头溅水盘与顶板的距离 S_L
早期抑制快速响应喷头	直立型	$100 \leqslant S_L \leqslant 150$
	下垂型	$150 \leqslant S_L \leqslant 360$
特殊应用喷头		$150 \leqslant S_L \leqslant 200$
家用喷头		$25 \leqslant S_L \leqslant 100$

7.1.9 货架内置洒水喷头宜与顶板下洒水喷头交错布置,其溅水盘与上方层板的距离应符合本规范第7.1.6条的规定,与其下部储物顶面的垂直距离不应小于150 mm。[见图1.2.62(c)]

7.1.10 挡水板应为正方形或圆形金属板,其平面面积不宜小于0.12 m²,周围弯边的下沿宜与洒水喷头的溅水盘平齐。除下列情况和相关规范另有规定外,其他场所或部位不应采用挡水板:

　　1 设置货架内置洒水喷头的仓库,当货架内置洒水喷头上方有孔洞、缝隙时,可在洒水喷头的上方设置挡水板;[见图1.2.62(c)]

7.2.1 直立型、下垂型喷头与梁、通风管道等障碍物的距离宜符合表7.2.1的规定。[见图1.2.62(b)]

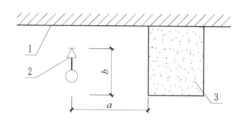

图7.2.1 喷头与梁、通风管道等障碍物的距离

1—顶板;2—直立型喷头;3—梁(或通风管道)

表7.2.1 喷头与梁、通风管道等障碍物的距离(mm)

喷头与梁、通风管道的水平距离 a	喷头溅水盘与梁或通风管道的底面的垂直距离 b		
	标准覆盖面积洒水喷头	扩大覆盖面积洒水喷头、家用喷头	早期抑制快速响应喷头、特殊应用喷头
$a<300$	0	0	0
$300{\leqslant}a<600$	$b{\leqslant}60$	0	$b{\leqslant}40$
$600{\leqslant}a<900$	$b{\leqslant}140$	$b{\leqslant}30$	$b{\leqslant}140$
$900{\leqslant}a<1\,200$	$b{\leqslant}240$	$b{\leqslant}80$	$b{\leqslant}250$
$1\,200{\leqslant}a<1\,500$	$b{\leqslant}350$	$b{\leqslant}130$	$b{\leqslant}380$
$1\,500{\leqslant}a<1\,800$	$b{\leqslant}450$	$b{\leqslant}180$	$b{\leqslant}550$
$1\,800{\leqslant}a<2\,100$	$b{\leqslant}600$	$b{\leqslant}230$	$b{\leqslant}780$
$a>2\,100$	$b{\leqslant}880$	$b{\leqslant}350$	$b{\leqslant}780$

7.2.3 当梁、通风管道、成排布置的管道、桥架等障碍物的宽度大于1.2 m时,其下方应增设喷头(图7.2.3);采用早期抑制快速响应喷头和特殊应用喷头的场所,当障碍物宽度大于0.6 m时,其下方应增设喷头。[见图1.2.62(d)]

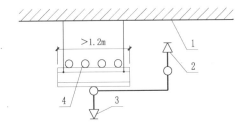

图 7.2.3 障碍物下方增设喷头

1—顶板；2—直立型喷头；3—下垂型喷头；
4—成排布置的管道(或梁、通风管道、桥架等)

3) 图示说明

货架内置喷头上方
未采用实层板分隔

图 1.2.61(a) 错误做法

防撞罩内 2 个货架
内置喷头间距小于2m

图 1.2.61(b) 错误做法

仓库顶部下垂型早期抑制快速响应喷头，
溅水盘与顶板的距离太远，设置挡水板
当集热罩使用，不符合规范要求

图 1.2.61(c) 错误做法

货架内置洒水喷头溅水盘与其下
部储物顶面的垂直距离不足50mm

图 1.2.61(d) 错误做法

货架内置喷
头上方采用
实层板分隔

货架内置喷
头设置了防
撞保护罩

图 1.2.62(a) 正确做法

早期抑制快速响应喷头的溅水盘与顶板
之间的距离符合要求；喷头在梁间布置，
喷头之间以及与梁的距离均符合要求

图 1.2.62(b) 正确做法

货架内置洒水喷头按规定设置挡水板,溅水盘与其下部储物顶面的垂直距离符合要求

图 1.2.62(c)　正确做法

仓库内宽度大于0.6m的风管底部,增设了早期抑制快速响应喷头

图 1.2.62(d)　正确做法

问题 12:雨淋报警阀或预作用报警阀的安装不符合要求。

1)问题描述

(1)雨淋报警阀或预作用报警阀的电磁阀入口处未安装过滤器,水中杂质会影响电磁阀的启闭;

(2)与其他报警阀并联安装的雨淋报警阀或预作用报警阀,其控制腔进水管路的入口处未安装止回阀,当报警阀入口水压产生波动时,可能引起其他雨淋报警阀或预作用报警阀的误动作;

(3)雨淋报警阀或预作用报警阀组的复位阀,在系统正常运行时设在常开状态,造成报警阀复位功能失效,甚至还会导致报警阀无法正常开启,无法供水灭火;[见图 1.2.63(a)]

(4)预作用报警阀组未安装空气维持装置。[见图 1.2.63(b)]

2)规范要求

➤ 《自动喷水灭火系统设计规范》(GB 50084—2017)有关规定:

6.2.5　雨淋报警阀组的电磁阀,其入口应设过滤器。并联设置雨淋报警阀组的雨淋系统,其雨淋报警阀控制腔的入口应设止回阀。[见图 1.2.64]

3)应对措施

(1)雨淋报警阀或预作用报警阀组的复位阀,在系统正常运行时应设在常闭状态,确保报警阀在供水灭火后的复位功能;

(2)预作用报警阀组应按规范要求设置空气维持装置,以保证预作用系统能够正常运行。

4) 图示说明

图 1.2.63(a) 错误做法   图 1.2.63(b) 错误做法

图 1.2.64 正确做法

问题 13：报警阀组的安装不符合要求。

1) 问题描述

(1) 安装在喷淋保护现场的报警阀组，未设置防护围栏和警示标志，容易被碰撞甚至损坏；[见图 1.2.65(a)]

(2) 报警阀组的安装高度太低或太高，操作不方便；[见图 1.2.65(b)]

(3) 报警阀安装部位的室内地面未设置排水设施；[见图 1.2.65(c)]

(4) 报警阀进出口的控制阀采用普通涡轮蝶阀，且未设置锁定阀位的锁具。[见图 1.2.65(d)]

2) 规范要求

➤ 《自动喷水灭火系统设计规范》(GB 50084—2017)有关规定：

6.2.6　报警阀组宜设在安全及易于操作的地点,报警阀距地面的高度宜为 1.2 m。设置报警阀组的部位应设有排水设施。[见图 1.2.66(a)]

6.2.7　连接报警阀进出口的控制阀应采用信号阀。当不采用信号阀时,控制阀应设锁定阀位的锁具。[见图 1.2.66(b)]

➤ 《自动喷水灭火系统施工及验收规范》(GB 50261—2017)规定:

5.3.1　报警阀组的安装应在供水管网试压、冲洗合格后进行。安装时应先安装水源控制阀、报警阀,然后进行报警阀辅助管道的连接。水源控制阀、报警阀与配水干管的连接,应使水流方向一致。报警阀组安装的位置应符合设计要求;当设计无要求时,报警阀组应安装在便于操作的明显位置,距室内地面高度宜为 1.2 m;两侧与墙的距离不应小于 0.5 m;正面与墙的距离不应小于 1.2 m;报警阀组凸出部位之间的距离不应小于 0.5 m。安装报警阀组的室内地面应有排水设施,排水能力应满足报警阀调试、验收和利用试水阀门泄空系统管道的要求。

3）图示说明

图 1.2.65(a)　错误做法

图 1.2.65(b)　错误做法

图 1.2.65(c)　错误做法

图 1.2.65(d)　错误做法

图 1.2.66(a)　正确做法

图 1.2.66(b)　正确做法

问题 14：环状供水管道上控制阀的安装不符合要求。

1）问题描述

（1）自动喷水灭火系统设置 2 个及以上报警阀组，但未采用环状供水管道；[见图 1.2. 67(a)]

（2）环状供水管道上设置的控制阀采用普通涡轮蝶阀，且未设置锁定阀位的锁具。[见图 1.2.67(b)]

2）规范要求

➢《自动喷水灭火系统设计规范》(GB 50084—2017)有关规定：

10.1.4　当自动喷水灭火系统中设有 2 个及以上报警阀组时，报警阀组前应设环状供水管道。环状供水管道上设置的控制阀应采用信号阀；当不采用信号阀时，应设锁定阀位的锁具。[见图 1.2.68]

3）图示说明

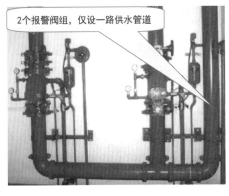

图 1.2.67(a)　错误做法

图 1.2.67(b)　错误做法

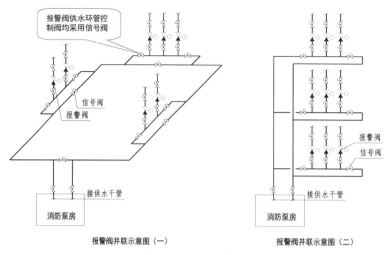

图 1.2.68　正确做法

问题 15：报警阀水力警铃的安装不符合要求。

1）问题描述

　　报警阀水力警铃安装在消防泵房或湿式报警阀室内，不符合规范要求。〔见图 1.2.69（a）（b）〕

2）规范要求

　　➤　《自动喷水灭火系统设计规范》（GB 50084—2017）规定：

　　6.2.8　水力警铃的工作压力不应小于 0.05 MPa，并应符合下列规定：

　　　　1　应设在有人值班的地点附近或公共通道的外墙上；〔见图 1.2.70〕

　　　　2　与报警阀连接的管道，其管径应为 20 mm，总长不宜大于 20 m。

　　➤　《自动喷水灭火系统施工及验收规范》（GB 50261—2017）规定：

　　5.4.4　水力警铃应安装在公共通道或值班室附近的外墙上，且应安装检修测试用的阀门，接水管应用镀锌钢管，当管径为 20 mm 时，其长度不应大于 20 m；安装后水力警铃启动时，警铃声强不应小于 70 dB。

3）图示说明

图 1.2.69(a)　错误做法

图 1.2.69(b)　错误做法

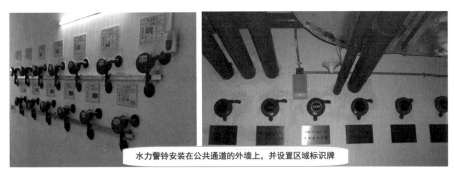

水力警铃安装在公共通道的外墙上,并设置区域标识牌

图 1.2.70 正确做法

问题 16:喷淋末端试水装置的安装不符合要求。

1)问题描述

(1)喷淋末端试水装置未按设计要求安装在系统最不利点洒水喷头处,或其他喷淋分区未按设计要求安装相应的试水阀;

(2)喷淋末端试水装置缺少压力表、表阀或试水接头等组件;[见图 1.2.71(a)]

(3)喷淋末端试水装置未采取孔口出流的方式排入排水管道;[见图 1.2.71(a)]

(4)报警阀组喷淋分区内存在不同流量系数的喷头时,选用流量系数较大的试水接头;

(5)末端试水排水立管管径小于 75 mm;

(6)末端试水装置和试水阀安装在隐蔽或空间狭窄的部位,压力表表盘未正对操作面,且未设置喷淋分区标识,不方便检查和试验。[见图 1.2.71(a)(b)]

2)规范要求

➤ 《自动喷水灭火系统设计规范》(GB 50084—2017)有关规定:

6.5.1 每个报警阀组控制的最不利点洒水喷头处应设末端试水装置,其他防火分区、楼层均应设直径为 25 mm 的试水阀。

6.5.2 末端试水装置应由试水阀、压力表以及试水接头组成。试水接头出水口的流量系数,应等同于同楼层或防火分区内的最小流量系数洒水喷头。末端试水装置的出水,应采取孔口出流的方式排入排水管道,排水立管宜设伸顶通气管,且管径不应小于 75 mm。[见图 1.2.72]

6.5.3 末端试水装置和试水阀应有标识,距地面的高度宜为 1.5 m,并应采取不被他用的措施。

➤ 《自动喷水灭火系统施工及验收规范》(GB 50261—2017)有关规定:

5.4.5 末端试水装置和试水阀的安装位置应便于检查、试验,并应有相应排水能力的排水设施。

3) 图示说明

喷淋末端试水装置未安装出水接头，未采取孔口出流的排水方式，压力表未安装检修阀，压力表表盘未正对操作面

图 1.2.71(a)　错误做法

喷淋末端试水装置安装空间狭窄，阀门操作不方便，且未设置喷淋分区标识

图 1.2.71(b)　错误做法

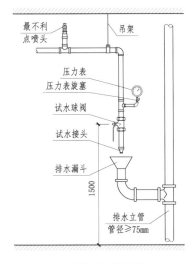

末端试水装置安装示意图

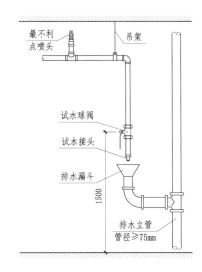

试水阀安装示意图

[注释]
1　末端试水装置应设置在每个报警阀组控制的最不利点洒水喷头处，设置在其他防火分区或楼层的试水阀，宜安装在该喷淋分区最不利点附近或次不利点处；
2　试水接头出水口的流量系数 K，应等同于同楼层或防火分区内的最小流量系数洒水喷头的 K 值；
3　末端试水装置的出水，应采取孔口出流的方式排入排水管道；
4　末端试水装置和试水阀应有标识，并应采取不被他用的措施。

图 1.2.72　正确做法

问题 17：排气阀的安装不符合要求。

1) 问题描述

（1）湿式系统排气阀未安装在配水干管顶部；

（2）干式系统或预作用系统快速排气阀未安装在配水管的末端；

（3）干式系统或预作用系统有压充气管道的快速排气阀入口前未设置电动阀；

（4）水平安装的电动排气阀组，未设置固定支架，系统管网排气过程中产生的振动，会造成管路接口泄漏。〔见图 1.2.73〕

2）规范要求

➤ 《自动喷水灭火系统设计规范》（GB 50084—2017）规定：

4.3.2 自动喷水灭火系统应有下列组件、配件和设施：

3 应设有泄水阀（或泄水口）、排气阀（或排气口）和排污口；

4 干式系统和预作用系统的配水管道应设快速排气阀。有压充气管道的快速排气阀入口前应设电动阀。

➤ 《自动喷水灭火系统施工及验收规范》（GB 50261—2017）有关规定：

5.1.15 管道支架、吊架、防晃支架的安装应符合下列要求：

1 管道应固定牢固；管道支架或吊架之间的距离不应大于表 5.1.15-1～表 5.1.15-5 的规定。

表 5.1.15-1 镀锌钢管道、涂覆钢管道支架或吊架之间的距离

公称直径(mm)	25	32	40	50	70	80	100	125	150	200	250	300
距离(m)	3.5	4.0	4.5	5.0	6.0	6.0	6.5	7.0	8.0	9.5	11.0	12.0

表 5.1.1-2 不锈钢管道的支架或吊架之间的距离

公称直径 DN(mm)	25	32	40	50～100	150～300
水平管(m)	1.8	2.0	2.2	2.5	3.5
立管(m)	2.2	2.5	2.8	3.0	4.0

注：1 在距离各管件或阀门 100 mm 以内应采用管卡牢固固定，特别在干管变支管处。
2 阀门等组件应加设承重支架。

5.4.7 排气阀的安装应在系统管网试压和冲洗合格后进行；排气阀应安装在配水干管顶部、配水管的末端，且应确保无渗漏。

3）图示说明

电动排气阀支管上未设置支、吊架固定

图 1.2.73 错误做法

问题 18：架空消防管道的标识不符合要求。

1）问题描述

（1）架空消防管道未刷红色油漆或未涂红色环圈标志；［见图 1.2.74(a)］

（2）架空消防管道未注明管道名称及无水流方向标识。［见图 1.2.74(b)］

2）规范要求

➢《消防给水及消火栓系统技术规范》(GB 50974—2014)规定：

12.3.24 架空管道外应刷红色油漆或涂红色环圈标志，并应注明管道名称和水流方向标识。红色环圈标志，宽度不应小于 20 mm，间隔不宜大于 4 m，在一个独立的单元内环圈不宜少于 2 处。［见图 1.2.75］

3）图示说明

 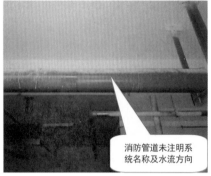

图 1.2.74(a) 错误做法　　　　图 1.2.74(b) 错误做法

图 1.2.75 正确做法

问题 19：大型餐饮场所烹饪操作间自动灭火装置的设置不符合要求。

1）问题描述

（1）餐厅建筑面积大于 1 000 m² 的餐饮场所，其烹饪操作间的排油烟罩及烹饪部位未设置自动灭火装置；

（2）烹饪操作间的排油烟罩及烹饪部位自动灭火装置，未设置燃气或燃油管道紧急切断阀联动控制功能。

2）规范要求

➤ 《建筑设计防火规范》(GB 50016—2014〈2018 年版〉)规定：

8.3.11 餐厅建筑面积大于 1 000 m² 的餐馆或食堂,其烹饪操作间的排油烟罩及烹饪部位应设置自动灭火装置,并应在燃气或燃油管道上设置与自动灭火装置联动的自动切断装置。[见图 1.2.76(a)(b)(c)]

3）图示说明

排油烟罩及烹饪部位按规范要求设置了自动灭火装置

图 1.2.76(a) 正确做法

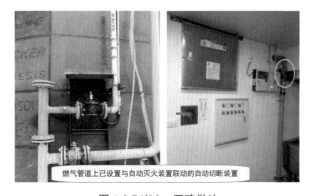

燃气管道上已设置与自动灭火装置联动的自动切断装置

图 1.2.76(b) 正确做法

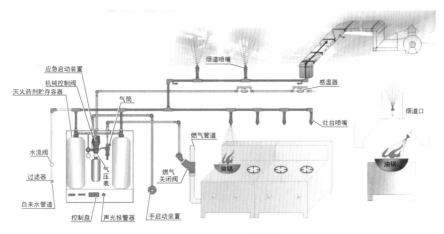

图 1.2.76(c) 正确做法

第三节　细水雾灭火系统

问题 1：细水雾喷头与带电设备的安全距离不符合要求。

1）问题描述

　　细水雾喷头与无绝缘带电设备的安全距离不符合要求。

2）规范要求

　　➢《细水雾灭火系统技术规范》(GB 50898—2013)规定：

　　3.2.5　喷头与无绝缘带电设备的最小距离不应小于表 3.2.5 的规定。［见图 1.2.77］

表 3.2.5　喷头与无绝缘带电设备的最小距离

带电设备额定电压等级 V(kV)	最小距离(m)
110<V≤220	2.2
35<V≤110	1.1
V≤35	0.5

3）图示说明

细水雾喷头与无绝缘带电设备的安全距离符合要求

图 1.2.77　正确做法

问题 2：高压细水雾灭火系统的管道、管件材质不符合要求。

1）问题描述

　　最大工作压力不小于 3.5 MPa 的高压细水雾灭火系统，工程中选用 216 或 304 等材质的不锈钢管道和管件，其耐腐蚀性能不符合要求。

2）规范要求

　　➢《细水雾灭火系统技术规范》(GB 50898—2013)规定：

　　3.3.10　系统管道应采用冷拔法制造的奥氏体不锈钢钢管，或其他耐腐蚀和耐压性能相当的金属管道。管道的材质和性能应符合现行国家标准《流体输送用不锈钢无缝钢管》GB/T 14976 和《流体输送用不锈钢焊接钢管》GB/T 12771 的有关规定。

系统最大工作压力不小于 3.50 MPa 时,应采用符合现行国家标准《不锈钢和耐热钢牌号及化学成分》GB/T 20878 中规定牌号为 022Cr17Ni12Mo2 的奥氏体不锈钢无缝钢管,或其他耐腐蚀和耐压性能不低于牌号为 022Cr17Ni12Mo2 的金属管道。

(注:022Cr17Ni12Mo2 牌号不锈钢,数字代号:S31603,又名 316L。)

3.3.11　系统管道连接件的材质应与管道相同。系统管道宜采用专用接头或法兰连接,也可采用氩弧焊焊接。

3)应对措施

施工前对管道及管件的材质、规格、型号、质量等进行检验,确保其符合国家现行有关技术标准和设计要求。

问题 3:全淹没开式系统的防护区数量、容积不符合要求。

1)问题描述

(1)一套全淹没开式系统保护的防护区数量超过 3 个;

(2)泵组式全淹没开式系统单个防护区的容积超过 3 000 m³ 时,未将该防护区分成多个分区进行保护。

2)规范要求

➤ 《细水雾灭火系统技术规范》(GB 50898—2013)规定:

3.4.5　采用全淹没应用方式的开式系统,其防护区数量不应大于 3 个。

单个防护区的容积,对于泵组系统不宜超过 3 000 m³,对于瓶组系统不宜超过 260 m³。当超过单个防护区最大容积时,宜将该防护区分成多个分区进行保护,并应符合下列规定:

1　各分区的容积,对于泵组系统不宜超过 3 000 m³,对于瓶组系统不宜超过 260 m³;

2　当各分区的火灾危险性相同或相近时,系统的设计参数可根据其中容积最大分区的参数确定;

3　当各分区的火灾危险性存在较大差异时,系统的设计参数应分别按各自分区的参数确定。

3)应对措施

当全淹没开式系统保护的防护区数量超过 3 个时,可依据保护区数量、分布情况,增加若干套独立运行的细水雾系统,确保单套细水雾灭火系统的防护区数量不大于 3 个。

当全淹没开式系统单个防护区的容积超过限值时,可依据防护区的规模和火灾危险性等级,合理划分灭火分区,并设置独立的分区控制阀门。

问题 4:局部应用开式系统产品检测的试验数据不符合设计要求。

1)问题描述

采用局部应用方式的开式系统,当保护具有可燃液体火灾危险的场所(如油浸变压器室、柴油发电机房、润滑油站和燃油锅炉房等)时,选用的喷头设计参数超出产品检测报告中相关试验数据限定的范围。

2）规范要求

➤ 《细水雾灭火系统技术规范》(GB 50898—2013)有关规定：

3.4.6　采用局部应用方式的开式系统，当保护具有可燃液体火灾危险的场所时，系统的设计参数应根据产品认证检验时，国家授权的认证检验机构根据现行国家标准《细水雾灭火系统及部件通用技术条件》GB/T 26785认证检验时获得的试验数据确定，且不应超出试验限定的条件。

3.4.10　为确定系统设计参数的实体火灾模拟试验应由国家授权的机构实施，并应符合本规范附录 A 的规定。在工程应用中采用实体模拟实验结果时，应符合下列规定：

1　系统设计喷雾强度不应小于试验所用喷雾强度；

2　喷头最低工作压力不应小于试验测得最不利点喷头的工作压力；

3　喷头布置间距和安装高度分别不应大于试验时的喷头间距和安装高度；

4　喷头的安装角度应与试验安装角度一致。

3）应对措施

施工前应仔细核对施工图中的设计参数要求，产品选型时应确认检测报告相关性能参数是否符合设计要求，若参数不符合，应更换符合要求的产品，或调整设计方案。

问题 5：全淹没开式系统设计流量参数不符合要求。

1）问题描述

当全淹没开式系统保护容积超过 3 000 m³ 的防护区时，通常会将其划分成几个灭火分区进行保护，相互之间没有实质性的防火分隔措施。在实际工程中，经常会出现系统泵组总流量仅能满足最大的一个灭火分区的设计流量要求，不符合规范要求。

2）规范要求

➤ 《细水雾灭火系统技术规范》(GB 50898—2013)规定：

3.4.18　闭式系统的设计流量，应为水力计算最不利的计算面积内所有喷头的流量之和。

一套采用全淹没应用方式保护多个防护区的开式系统，其设计流量应为其中最大一个防护区内喷头的流量之和。当防护区间无耐火构件分隔且相邻时，系统的设计流量应为计算防护区与相邻防护区内的喷头同时开放时的流量之和，并应取其中最大值。

采用局部应用方式的开式系统，其设计流量应为其保护面积内所有喷头的流量之和。

3）应对措施

当全淹没开式系统保护经区域划分的防护区时，一旦火情出现在灭火分区交界处，火灾可能同时向相邻方向蔓延。如果仅按最大灭火分区的设计流量配置系统泵组流量，相邻灭火分区需要同时开启灭火时，系统喷雾强度和总用水量均不满足规范要求，很可能造成灭火失败。

针对这一类系统应用模式，建议分别计算各相邻灭火分区的设计用水量，按照计算灭火分区与相邻灭火分区同时喷放的最不利原则,取流量之和的最大值作为系统泵组总流量的配置依据。

示例如下:

A-1 分区 $Q_1 = 100 \text{ L/min}$	A-2 分区 $Q_2 = 80 \text{ L/min}$	A-3 分区 $Q_3 = 150 \text{ L/min}$	A-4 分区 $Q_4 = 120 \text{ L/min}$

注:A 防护区划分为 4 个灭火分区,A-3 分区设计流量最大,为 150 L/min。按照计算灭火分区与相邻灭火分区同时喷放的最不利原则,相邻分区流量之和的最大值为 $Q_2 + Q_3 + Q_4 = 350$ L/min。因此,系统泵组总流量应不低于 350 L/min。

问题 6:细水雾灭火系统的消防水源设置不符合要求。

1)问题描述

在工程项目中,细水雾供水装置配套的消防水箱容积通常只有 1 立方米左右,储水量远低于灭火系统实际用水量。在灭火系统泵组启动后,需要通过自动补水的方式,向消防水箱补充灭火延续时间内不足的水量。实际工程中自动补水通常只提供一路市政给水管向消防水箱提供水源,甚至有些项目补水管路直接取自建筑内普通生活给水管路,补水水源的可靠性,以及水量、水压均不能得到有效的保障,给消防灭火留下了巨大的安全隐患。

2)规范要求

➢ 《细水雾灭火系统技术规范》(GB 50898—2013)有关规定:

3.4.20　系统储水箱或储水容器的设计所需有效容积应按下式计算:

$$V = Q_s \cdot t \tag{3.4.20}$$

式中:V——储水箱或储水容器的设计所需有效容积(L);

t——系统的设计喷雾时间(min)。

3.4.21　泵组系统储水箱的补水流量不应小于系统设计流量。

3.5.8　泵组系统应至少有一路可靠的自动补水水源,补水水源的水量、水压应满足系统的设计要求。

当水源的水量不能满足设计要求时,泵组系统应设置专用的储水箱,其有效容积应符合本规范第 3.4.20 条的规定。

➢ 《消防给水及消火栓系统技术规范》(GB 50974—2014)规定:

4.3.4　当消防水池采用两路消防供水且在火灾情况下连续补水能满足消防要求时,消防水池的有效容积应根据计算确定,但不应小于 100 m³,当仅设有消火栓系统时不应小于 50 m³。

3)应对措施

依据《消防给水及消火栓系统技术规范》(GB 50974—2014)第 4.3.4 条的规定,消防水箱可以适当减少有效容积的前提条件是火灾情况下能给水箱连续补水,且补水量能够满足消防用水量要求,连续补水可靠性也可以通过设置两路消防补水管路得以保障。

《细水雾灭火系统技术规范》(GB 50898—2013)第 3.5.8 条明确规定,泵组系统应至少有一路可靠的自动补水水源,补水水源的水量、水压应满足系统的设计要求。若在工程中设置一路引自室外市政给水主管或直接取自建筑内普通生活给水管路的补水管,其供水可靠性无法得到有效保障。

为解决细水雾灭火系统消防水箱的储水量问题,可参考以下方案实施:

(1)消防水箱具备施工、安装条件,并能够储存火灾情况下系统全部用水量的,按实际用水量需求设置消防水箱。

(2)现场不具备足够的空间用以安装储存全部用水量的消防水箱,在设置了满足火灾情况下能给水箱连续补水的可靠措施后,可适当减小消防水箱的有效储水量。连续补水的可靠措施包括:

① 设置两路引自室外不同市政给水干管的补水管路,且补水管管径、补水流量、补水压力和水质均能满足要求;

② 设置一路取自建筑物消防水池的补水管路,通过设在消防泵房内的补水泵(2 台,一主一备),向细水雾供水装置的消防水箱增压补水,且补水泵的流量、扬程、补水管管径和水质均能满足要求。

问题 7:泵组系统供水装置的功能不符合要求。

1)问题描述

(1)细水雾供水装置的储水箱液位不显示、高低液位报警功能缺失或不完整;

(2)水泵控制柜(盘)的防护等级低于 IP54;

(3)细水雾泵组的工作状态及其供电状况未上传至消防控制室;

(4)储水箱进水口、出水口或控制阀的过滤器设置不到位,或过滤器的材质、网孔孔径不符合要求。

2)规范要求

➤ 《细水雾灭火系统技术规范》(GB 50898—2013)有关规定:

3.5.4 泵组系统的供水装置宜由储水箱、水泵、水泵控制柜(盘)、安全阀等部件组成,并应符合下列规定:

3 储水箱应具有保证自动补水的装置,并应设置液位显示、高低液位报警装置和溢流、透气及放空装置;

5 水泵控制柜(盘)的防护等级不应低于 IP54;

3.5.7 水泵或其他供水设备应满足系统对流量和工作压力的要求,其工作状态及其供电状况应能在消防值班室进行监视。

3.5.9 在储水箱进水口处应设置过滤器,出水口或控制阀前应设置过滤器,过滤器的设置位置应便于维护、更换和清洗等。

3.5.10 过滤器应符合下列规定:

1 过滤器的材质应为不锈钢、铜合金,或其他耐腐蚀性能不低于不锈钢、铜合金的

材料；

　　2　过滤器的网孔孔径不应大于喷头最小喷孔孔径的 **80%**。

➤ 《消防给水及消火栓系统技术规范》(GB 50974—2014)有关规定：

4.3.9　消防水池的出水、排水和水位应符合下列规定：

　　2　消防水池应设置就地水位显示装置，并应在消防控制中心或值班室等地点设置显示消防水池水位的装置，同时应有最高和最低报警水位；

　　3　消防水池应设置溢流水管和排水设施，并应采用间接排水。

11.0.9　消防水泵控制柜设置在专用消防水泵控制室时，其防护等级不应低于 **IP30**；与消防水泵设置在同一空间时，其防护等级不应低于 **IP55**。

3）应对措施

　　(1) 细水雾供水装置的储水箱建议按照《消防给水及消火栓系统技术规范》(GB 50974—2014)第 4.3.9 条要求，设置就地水位显示装置，并应在消防控制中心或值班室等地点设置显示细水雾储水箱水位的装置，同时应有最高和最低报警水位。

　　(2) 细水雾泵控制柜的防护等级按《消防给水及消火栓系统技术规范》(GB 50974—2014)第 11.0.9 条要求，不应低于 IP55。

　　(3) 细水雾泵组工作状态、供电状况应传送到消防控制室，其工作状态应在消防联动控制器上显示，其供电状况可在消防电源监控主机上显示。

　　(4) 储水箱进水口、出水口或控制阀的过滤器应严格按照规范和设计要求配置安装，建议由设备制造商统一选型和供货，确保产品质量符合要求。

第四节　泡沫灭火系统

问题 1：泡沫-水喷淋系统的泡沫液选型不符合要求。

1）问题描述

　　(1) 地下汽车库、柴油发电机房、燃油锅炉房、油箱间等存在非水溶性可燃液体的场所，设置闭式泡沫-水喷淋系统时采用普通闭式喷头，为非吸气型喷射装置，在工程中泡沫液的选型经常出现以下问题：

　　① 选用 6% 混合比的压力式泡沫比例混合装置，使用 6% 型的蛋白、氟蛋白或水成膜泡沫液；

　　② 选用 3% 混合比的压力式泡沫比例混合装置，使用 3% 型的蛋白或氟蛋白泡沫液。

　　(2) 酒精库、丙酮库、电解液库等存放水溶性可燃液体的仓库，设置泡沫-水喷淋系统时选用普通泡沫液，不具备抗溶性能；

　　(3) 水溶性可燃液体场所设置的泡沫-水喷淋系统，选用 3% 型抗溶水成膜泡沫(AFFF/AR)，泡沫混合液的混合比不满足要求。

2）规范要求

➤《泡沫灭火系统技术标准》（GB 50151—2021）规定：

3.2.2 保护非水溶性液体的泡沫-水喷淋系统、泡沫枪系统、泡沫炮系统泡沫液的选择应符合下列规定：

1 当采用吸气型泡沫产生装置时，可选用3%型氟蛋白、水成膜泡沫液；

2 当采用非吸气型喷射装置时，应选用3%型水成膜泡沫液。

3.2.3 对于水溶性甲、乙、丙类液体及其他对普通泡沫有破坏作用的甲、乙、丙类液体，必须选用抗溶水成膜、抗溶氟蛋白或低黏度抗溶氟蛋白泡沫液。

3）应对措施

（1）非水溶性可燃液体保护场所设置闭式泡沫-水喷淋系统时，普通闭式喷头没有空气吸入口，无法将空气吸入泡沫混合液中并混合产生泡沫，喷射后覆盖在可燃液体表面实现灭火。而水成膜泡沫液经普通喷淋头喷洒后，泡沫析出液能在可燃液体表面产生一层坚韧、牢固的防护膜，从而达到隔离灭火的作用。因此在设计和施工过程中，涉及采用水喷头、水枪、水炮等非吸气型喷射装置进行灭火的工程项目，必须选用3%型水成膜泡沫液作为泡沫灭火系统的灭火剂。

（2）当泡沫灭火系统用于保护酒精库、丙酮库、电解液库等存放水溶性可燃液体的场所时，必须选择抗溶泡沫灭火剂。目前常用的抗溶泡沫是抗溶氟蛋白泡沫（FP/AR）与抗溶水成膜泡沫（AFFF/AR），分6%型与3%型两种。由于3%型抗溶泡沫液黏度相对较高，导致实际工程中抽吸相对困难，为此国家权威机构对3%型和6%型AFFF/AR及3%型低黏度FP/AR开展过混合比适应性试验。试验结果表明，对于6%型AFFF/AR和3%型低黏度FP/AR，混合比均能满足要求；对于3%型AFFF/AR，混合比受黏度影响非常明显。因此，泡沫灭火系统用于保护水溶性可燃液体场所并选用抗溶水成膜泡沫（AFFF/AR）时，建议选择6%型的。

问题2：囊式压力比例混合装置的容积及标识不符合要求。

1）问题描述

（1）囊式压力比例混合装置的泡沫液储罐单罐容积大于5 m³；[见图 1.2.78(a)]

（2）囊式压力比例混合装置的铭牌标识内容不全，缺少泡沫液种类、型号、灌装日期、有效期、充装量、剩余量和内囊使用寿命等信息。[见图 1.2.78(b)]

2）规范要求

➤《泡沫灭火系统技术标准》（GB 50151—2021）规定：

3.4.5 当采用囊式压力比例混合装置时，应符合下列规定：

1 泡沫液储罐的单罐容积不应大于5 m³；

2 内囊应由适宜所储存泡沫液的橡胶制成，且应标明使用寿命。

3.5.3 囊式压力比例混合装置的储罐上应标明泡沫液剩余量。

9.3.10 泡沫液储罐的安装位置和高度应符合设计要求。储罐周围应留有满足检修需要的通道,其宽度不宜小于 0.7 m,且操作面不宜小于 1.5 m;当储罐上的控制阀距地面高度大于 1.8 m 时,应在操作面处设置操作平台或操作凳。储罐上应设置铭牌,并应标识泡沫液种类、型号、出厂日期和灌装日期、有效期及储量等内容,不同种类、不同牌号的泡沫液不得混存。

3) 图示说明

图 1.2.78(a) 错误做法

图 1.2.78(b) 错误做法

问题 3:泡沫液储罐的安装不符合要求。

1) 问题描述

(1) 泡沫液储罐安装在室外,未设置防冻和防晒措施;[见图 1.2.79(a)]

(2) 泡沫混合液的主管道未设置流量检测接口和试验检测口;[见图 1.2.79(a)]

(3) 泡沫液储罐的安装不规范,没有留出足够的操作和检修空间;[见图 1.2.79(b)]

(4) 泡沫液储罐的控制阀未设置启/闭状态标识牌;泡沫液储罐的控制阀距地高度超过 1.8 m,未设置操作平台或操作凳;[见图 1.2.79(c)]

(5) 泡沫比例混合器(装置)供水侧和出泡沫混合液侧的安装方向错误。

2) 规范要求

➤ 《泡沫灭火系统技术标准》(GB 50151—2021)规定:

3.2.7 泡沫液宜储存在干燥通风的房间或敞棚内;储存的环境温度应满足泡沫液使用温度的要求。

3.7.1 系统中所用的控制阀门应有明显的启闭标志。

4.1.7 在固定式系统的泡沫混合液主管道上应留出泡沫混合液流量检测仪器的安装位置;在泡沫混合液管道上应设置试验检测口。

9.3.10 泡沫液储罐的安装位置和高度应符合设计要求。储罐周围应留有满足检修需要的通道,其宽度不宜小于 0.7 m,且操作面不宜小于 1.5 m;当储罐上的控制阀距地面高度大于 1.8 m 时,应在操作面处设置操作平台或操作凳。储罐上应设置铭牌,并应标识泡沫液种类、型号、出厂日期和灌装日期、有效期及储量等内容,不同种类、不同牌号的泡沫液不得混存。

    9.3.14   泡沫比例混合器(装置)的安装应符合下列规定：

    1   泡沫比例混合器(装置)的标注方向应与液流方向一致。

3) 图示说明

图 1.2.79(a)　错误做法

图 1.2.79(b)　错误做法

图 1.2.79(c)　错误做法

问题 4：固定式泡沫灭火系统的响应时间不符合要求。

1) 问题描述

    (1) 固定式泡沫灭火系统自消防水泵启动至泡沫混合液输送到保护区域的时间超过 5 min；

    (2) 泡沫-水雨淋系统启动至各喷头达到设计流量的时间超过 60 s；

    (3) 泡沫-水湿式系统启动至喷泡沫的时间大于 2 min。

2) 规范要求

  ➤ 《泡沫灭火系统技术标准》(GB 50151—2021)规定：

    4.1.11　**固定式系统的设计应满足自泡沫消防水泵启动至泡沫混合液或泡沫输送到保护对象的时间不大于 5 min 的要求。**

    6.2.6   泡沫-水雨淋系统设计时应进行管道水力计算,并应符合下列规定：

    1   自雨淋阀开启至系统各喷头达到设计喷洒流量的时间不得超过 60 s。

6.3.9　泡沫-水湿式系统的设置应符合下列规定:

3　当系统管道充水时,在 8 L/s 的流量下自系统启动至喷泡沫的时间不应大于2 min;

7.1.7　当泡沫比例混合装置设置在泡沫消防泵站内无法满足本标准第 **4.1.11** 条的规定时,应设置泡沫站,且泡沫站的设置应符合下列规定:

1　严禁将泡沫站设置在防火堤内、围堰内、泡沫灭火系统保护区或其他爆炸危险区域内;

2　当泡沫站靠近防火堤设置时,其与各甲、乙、丙类液体储罐罐壁的间距应大于**20 m**,且应具备远程控制功能;

3　当泡沫站设置在室内时,其建筑耐火等级不应低于二级。

3) 应对措施

固定式泡沫灭火系统的响应时间与泡沫混合液输送管道的长度、管径、走向等密切相关,应在设计阶段对管道进行详细的水力计算,计算时系统响应时间应严格按规范要求取值,并适当留有一定的安全系数。当计算后固定式泡沫灭火系统的响应时间无法得到保证时,应调整泡沫灭火装置的安装位置,缩短泡沫混合液输送管道长度,确保响应时间符合规范要求。

施工单位在管道安装过程中不能随意改变管道管径及走向,若确需做变更,应经设计单位进行水力计算复核,确认变更方案可行后方可施工。

问题 5: 闭式泡沫-水喷淋系统的配置不符合要求。

1) 问题描述

地下车库、柴油发电机房、油库等场所设置闭式泡沫-水喷淋系统时,设计的喷水强度和作用面积通常依据《自动喷水灭火系统设计规范》(GB 50084—2017)的要求来取值,即中危险级 II 级喷水强度 8 L/(min·m²),作用面积 160 m²,按此数据设计计算,配置的泡沫比例混合装置的流量为 32 L/s,泡沫液(3％型水成膜)储量 1 000 L 已能够满足设计要求。而《泡沫灭火系统技术标准》(GB 50151—2021)对闭式泡沫-水喷淋系统提出了更高的要求,作用面积应为 465 m²。当保护场所的面积超过 465 m² 时,应按 465 m² 范围内所有闭式喷头同时开启的流量之和作为系统的设计流量,并要确保设计的喷洒强度满足规范要求,因此流量 32 L/s 和容积 1 000 L 的比例混合装置显然不能满足要求。

2) 规范要求

➤ 《泡沫灭火系统技术标准》(GB 50151—2021)有关规定:

6.3.4　闭式泡沫-水喷淋系统的作用面积应符合下列规定:

1　系统的作用面积应为 465 m²;

2　当防护区面积小于 465 m² 时,可按防护区实际面积确定;

3　当试验值不同于本条第 1 款、第 2 款规定时,可采用试验值。

6.3.5　闭式泡沫-水喷淋系统的供给强度不应小于 6.5 L/(min·m²)。

6.3.6 闭式泡沫-水喷淋系统输送的泡沫混合液应在 8 L/s 至最大设计流量范围内达到额定的混合比。

➤《自动喷水灭火系统设计规范》(GB 50084—2017)规定:

5.0.1 民用建筑和厂房采用湿式系统时的设计基本参数不应低于表 5.0.1 的规定。

表 5.0.1 民用建筑和厂房采用湿式系统的设计基本参数

火灾危险等级		最大净空高度 h(m)	喷水强度[L/(min·m²)]	作用面积(m²)
轻危险级		$h \leqslant 8$	4	160
中危险级	Ⅰ级		6	
	Ⅱ级		8	
严重危险级	Ⅰ级		12	260
	Ⅱ级		16	

3) 应对措施

汽油、柴油、煤油等可燃液体火灾,不但热释放速率大,而且会产生大量高温烟气,高温烟气扩散至距火源较远处时还可能启动喷头。因此,开放的喷头数量可能较多,开启喷头的总覆盖面积比着火面积要大,甚至大很多。在这种情况下,如果泡沫比例混合装置流量偏小,势必会影响喷头的实际喷洒强度,可能造成火势进一步蔓延。因此,采用闭式泡沫-水喷淋系统保护可燃液体火灾时,建议按 465 m² 作用面积进行设计计算,配置符合设计要求的泡沫比例混合装置,同时提高消防水池和消防水泵对消防水源的供应保障能力。

问题 6:泡沫-水喷淋系统防护区安全排放或容纳设施不符合要求。

1) 问题描述

建设工程中储存或使用甲、乙、丙类液体的场所,采用泡沫-水喷淋系统保护时,未设置安全排放或容纳设施,造成液体流淌火灾蔓延,泡沫混合液和被保护液体四处流淌,污染周边环境。

2) 规范要求

➤《泡沫灭火系统技术标准》(GB 50151—2021)规定:

6.1.7 泡沫-水喷淋系统的防护区应设置安全排放或容纳设施,且排放或容纳量应按被保护液体最大泄漏量、固定式系统喷洒量以及管枪喷射量之和确定。

➤《建筑设计防火规范》(GB 50016—2014〈2018 年版〉)规定:

3.6.12 甲、乙、丙类液体仓库应设置防止液体流散的设施。遇湿会发生燃烧爆炸的物品仓库应采取防止水浸渍的措施。

3) 应对措施

为防止桶装液体发生爆炸时,在库内地面流淌,应设置防止可燃液体、泡沫混合液、消防水等液体流散的设施,以防止其流散到仓库外,避免造成火势扩大蔓延。防止液体流散可以采用以下做法：

（1）在储存或使用甲、乙、丙类液体的桶装仓库门洞处修筑漫坡，一般高为150～300 mm；[见图 1.2.80]

（2）在仓库门口砌筑高度为150～300 mm的门槛，再在门槛两边填沙土形成漫坡，便于装卸。

（3）在室外设置容量符合总容纳量要求的地下污液收集池进行收纳。

4）图示说明

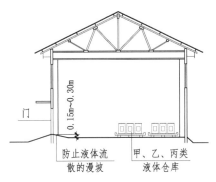

图 1.2.80 正确做法

问题 7：固定式泡沫灭火系统动力源设备的设施不符合要求。

1）问题描述

泡沫-水喷淋系统设置场所的供电负荷为二级和二级以下时，消防供水主备泵全部采用电动泵，不符合要求。

2）规范要求

➤ 《泡沫灭火系统技术标准》(GB 50151—2021)规定：

7.1.3 固定式系统动力源和泡沫消防水泵的设置应符合下列规定：

4 泡沫-水喷淋系统、泡沫喷雾系统、中倍数与高倍数泡沫系统，主用与备用泡沫消防水泵可全部采用由一级供电负荷电机拖动；也可采用由二级供电负荷电机拖动的泡沫消防水泵做主用泵，采用柴油机拖动的泡沫消防水泵做备用泵；

6 四级及以下独立石油库与油品站场、防护面积小于 200 m² 的单个非重要防护区设置的泡沫系统，可采用由二级供电负荷电机拖动的泡沫消防水泵供水，也可采用由柴油机拖动的泡沫消防水泵供水。

3）应对措施

当泡沫-水喷淋系统设置场所不具备一级供电负荷时，采用由二级供电负荷电机拖动的泡沫消防水泵做主用泵，采用柴油机拖动的泡沫消防水泵做备用泵。

问题 8：泡沫-水喷淋系统的联动控制功能不符合要求。

1）问题描述

（1）泡沫-水喷淋系统未设置专用灭火控制装置,由消防联动模块直接控制;

（2）泡沫-水喷淋系统中设置的报警阀压力开关,未设置消防水泵启泵控制线;

（3）泡沫-水雨淋系统中设置的雨淋阀,其电磁阀不具备消防控制室专线直启功能;

（4）可实现电动控制的泡沫灭火装置,其电控阀门不具备消防控制室专线直启功能;

（5）泡沫-水雨淋系统保护区域的探测器设置不符合要求,未采用两只及以上独立的感温火灾探测器或一只感温火灾探测器与一只手动火灾报警按钮的报警信号,作为雨淋阀组开启的联动触发信号。

2）规范要求

➢ 《泡沫灭火系统技术标准》（GB 50151—2021)规定:

6.1.8　为泡沫-水雨淋系统与泡沫-水预作用系统配套设置的火灾探测与联动控制系统,除应符合现行国家标准《火灾自动报警系统设计规范》GB 50116 的有关规定外,尚应符合下列规定:

1　当电控型自动探测及附属装置设置在爆炸危险环境时,应符合现行国家标准《爆炸危险环境电力装置设计规范》GB 50058 的有关规定;

2　设置在腐蚀性气体环境中的探测装置,应由耐腐蚀材料制成或采取防腐蚀保护;

3　当选用带闭式喷头的传动管传递火灾信号时,传动管的长度不应大于 300 m,公称直径 15～25 mm,传动管上的喷头应选用快速响应喷头,且布置间距不宜大于 2.5 m。

➢ 《火灾自动报警系统设计规范》（GB 50116—2013)有关规定:

4.2.3　雨淋系统的联动控制设计,应符合下列规定:

1　联动控制方式,应由同一报警区域内两只及以上独立的感温火灾探测器或一只感温火灾探测器与一只手动火灾报警按钮的报警信号,作为雨淋阀组开启的联动触发信号。应由消防联动控制器控制雨淋阀组的开启。

2　手动控制方式,应将雨淋消防泵控制箱(柜)的启动和停止按钮、雨淋阀组的启动和停止按钮,用专用线路直接连接至设置在消防控制室内的消防联动控制器的手动控制盘,直接手动控制雨淋消防泵的启动、停止及雨淋阀组的开启。

3　水流指示器,压力开关,雨淋阀组、雨淋消防泵的启动和停止的动作信号应反馈至消防联动控制器。

4.4.1　气体灭火系统、泡沫灭火系统应分别由专用的气体灭火控制器、泡沫灭火控制器控制。

4.4.3　气体灭火控制器、泡沫灭火控制器不直接连接火灾探测器时,气体灭火系统、泡沫灭火系统的自动控制方式应符合下列规定:

1　气体灭火系统、泡沫灭火系统的联动触发信号应由火灾报警控制器或消防联动控制器发出。

　　2　气体灭火系统、泡沫灭火系统的联动触发信号和联动控制均应符合本规范第 4. 4.2 条的规定。

3）应对措施

　　针对泡沫-水喷淋系统未设置专用灭火控制装置，由消防联动模块直接控制问题的应对措施：

　　在一些工程建设项目中，泡沫-水喷淋系统没有设置自动控制功能，通常需要通过人工手动操作方式启动灭火系统，这不但延长了系统响应的时间，增加了灭火的难度，而且对于较复杂的灭火系统还会出现人为操作失误，耽误泡沫灭火系统及时启动的情况。因此，建议设置泡沫-水喷淋系统的场所，同时配套设置火灾探测报警和消防联动控制系统，实现灭火系统自动、手动和机械应急启动的功能。

第五节　消防炮灭火系统

问题 1：自动跟踪定位射流灭火系统的应用场所不符合要求。

1）问题描述

　　非 A 类可燃物场所采用自动跟踪定位射流灭火系统进行消防保护。［见图 1.2.81（a）（b）］

2）规范要求

➤　《自动跟踪定位射流灭火系统技术标准》（GB 51427—2021）有关规定：

　　3.1.1　自动跟踪定位射流灭火系统可用于扑救民用建筑和丙类生产车间、丙类库房中，火灾类别为 A 类的下列场所：

　　1　净空高度大于 12 m 的高大空间场所；

　　2　净空高度大于 8 m 且不大于 12 m，难以设置自动喷水灭火系统的高大空间场所。

　　3.1.2　自动跟踪定位射流灭火系统不应用于下列场所：

　　1　经常有明火作业；

　　2　不适宜用水保护；

　　3　存在明显遮挡；

　　4　火灾水平蔓延速度快；

　　5　高架仓库的货架区域；

　　6　火灾危险等级为现行国家标准《自动喷水灭火系统设计规范》GB 50084 规定的严重危险级。

3）图示说明

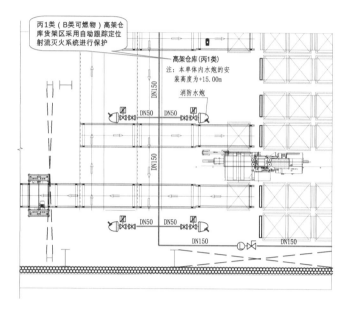

丙1类（B类可燃物）高架仓库货架区采用自动跟踪定位射流灭火系统进行保护

高架仓库（丙1类）
注：本单体内水炮的安装高度为+15.00m

消防水炮

DN150
DN50 DN50
DN150
DN50 DN50
DN150 DN150

图 1.2.81（a）　错误做法

高架仓库货架区采用自动跟踪定位射流灭火系统进行保护

图 1.2.81（b）　错误做法

问题 2：与湿式喷淋系统共用喷淋泵时，消防炮主管的连接方式不正确。

1）问题描述

与湿式喷淋系统共用喷淋泵时，消防炮主管在湿式报警阀后接出。［见图 1.2.82］

2）规范要求

➤ 《自动跟踪定位射流灭火系统技术标准》（GB 51427—2021）规定：

4.5.3　当喷射型自动射流灭火系统或喷洒型自动射流灭火系统与自动喷水灭火系统共用消防水泵及供水管网时，应符合下列规定：

　　1　两个系统同时工作时，系统设计水量、水压及一次灭火用水量应满足两个系统同时使用的要求；

　　2　两个系统不同时工作时，系统设计水量、水压及一次灭火用水量应满足较大一个系统使用的要求；

　　3　两个系统应能正常运行，互不影响。

➤ 《大空间智能型主动喷水灭火系统技术规程》（CECS 263：2009）规定：

6.4.3　大空间智能型主动喷水灭火系统与其他自动喷水灭火系统合用一套供水系统时，应独立设置水流指示器，且应在其他自动喷水灭火系统湿式报警阀或雨淋阀前将管道分开。［见图 1.2.83］

3）图示说明

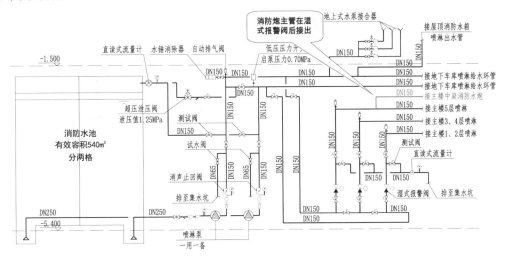

图1.2.82 错误做法

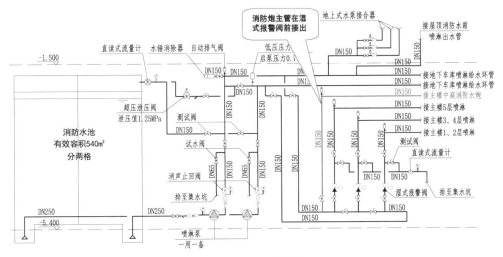

图1.2.83 正确做法

问题3：消防炮的供水支管上未设置手动控制阀。

1）问题描述

消防炮的供水支管上未设置具有信号反馈的手动控制阀。［见图1.2.84］

2）规范要求

➢ 《自动跟踪定位射流灭火系统技术标准》(GB 51427—2021)规定：

4.4.3 每台自动消防炮或喷射型自动射流灭火装置、每组喷洒型自动射流灭火装置的供水支管上应设置自动控制阀和具有信号反馈的手动控制阀，自动控制阀应设置在靠近灭火装置进口的部位。［见图1.2.85］

159

3）图示说明

图 1.2.84 错误做法   图 1.2.85 正确做法

问题 4：消防炮的支、吊架设置不当或无支、吊架。

1）问题描述

消防炮的支、吊架设置不当或无支、吊架，消防炮的安装将会不牢固，影响喷水或喷泡沫混合液时的射流定位。［**见图** 1.2.86］

2）规范要求

➢《自动跟踪定位射流灭火系统技术标准》(GB 51427—2021)规定：

4.3.3 灭火装置安装的设计应符合下列规定：

2 固定支架或安装平台应能满足灭火装置的喷射、喷洒反作用力要求，结构设计应能满足灭火装置正常使用的要求。

➢《大空间智能型主动喷水灭火系统技术规程》(CECS263：2009)规定：

14.3.8 管道支架、吊架、防晃支架的安装应符合下列要求：

7 当管子的公称直径大于或等于 50 mm 时，每段配水支管、配水管及配水干管设置的防晃支架不应少于 1 个，且防晃支架的间距不宜大于 15 m；当管道改变方向时，应增设防晃支架。［**见图** 1.2.87］

3）图示说明

图 1.2.86 错误做法   图 1.2.87 正确做法

问题 5：消防炮的安装方向错误。

1）问题描述

消防炮的安装方向错误，无法保证探测和射水定位的准确性。［**见图** 1.2.88］

2）规范要求

➢《大空间智能型主动喷水灭火系统技术规程》(CECS 263：2009)规定：

14.8.6　大空间灭火装置的进水管应与地平面保持垂直。［**见图** 1.2.89］

注：消防炮安装方式一般分吊装（接口法兰方向与地面水平，则进水管与地平面保持垂直）和座装（接口法兰方向垂直于地面，则进水管与地平面保持水平）；消防炮的正确安装方式为吊装，即接口法兰方向与地面水平。

3）图示说明

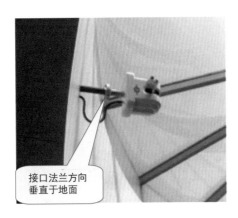
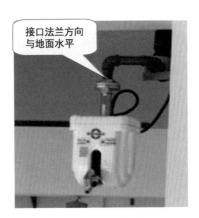

图 1.2.88　错误做法　　　　　　　图 1.2.89　正确做法

问题 6：消防炮的安装形式不符合要求。

1）问题描述

消防炮安装在保护区中央位置时，由于未采用吊装形式，其管道对消防炮部分角度的射流会有遮挡，导致灭火装置无法保证射流能到达被保护区域的任一部位。［**见图** 1.2.90］

2）规范要求

➢《自动跟踪定位射流灭火系统技术标准》(GB 51427—2021)规定：

4.2.1　自动消防炮灭火系统和喷射型自动射流灭火系统应保证至少 2 台灭火装置的射流能到达被保护区域的任一部位。［**见图** 1.2.91］

3）图示说明

图 1.2.90　错误做法

图 1.2.91　正确做法

问题 7：消防炮的线束长度预留不足。

1）问题描述

　　消防炮的线束长度未预留一定余量并合理绑扎牢固,因此消防炮在转动过程中会出现拉扯现象,无法保证水炮正常转动自如,并会发生线皮磨损漏电情况。[见图 1.2.92]

2）规范要求

➤ 《自动跟踪定位射流灭火系统技术标准》(GB 51427—2021)规定：

　　4.3.1　灭火装置应满足相应使用环境和介质的防腐蚀要求,并应符合下列规定：[见图 1.2.93]

　　　　1　自动消防炮和喷射型自动射流灭火装置的俯仰和水平回转角度应满足使用要求。

3）图示说明

图 1.2.92　错误做法

图 1.2.93　正确做法

问题 8：安装在室外的消防炮控制箱未设置防雨措施。

1）问题描述

消防炮的控制箱安装在室外时，未采取加装防雨罩等防护性措施，将无法保证系统的可靠运行。[见图 1.2.94]

2）规范要求

➤ 《自动跟踪定位射流灭火系统技术标准》(GB 51427—2021)规定：

4.3.1　灭火装置应满足相应使用环境和介质的防腐蚀要求。[见图 1.2.95]

3）图示说明

控制箱未采取加装防雨罩等防护性措施

图 1.2.94　错误做法

控制箱已加装防雨罩

图 1.2.95　正确做法

第六节　气体灭火系统

问题 1：防护区启动装置的设置不符合要求。

1）问题描述

容积较大的气体灭火防护区，设置 2 组钢瓶、管网同时喷放，每组设备单独设置启动钢瓶，不符合要求。[见图 1.2.96]

2）规范要求

➤ 《气体灭火系统设计规范》(GB 50370—2005)规定：

3.1.10　同一防护区，当设计两套或三套管网时，集流管可分别设置，系统启动装置必须共用。各管网上喷头流量均应按同一灭火设计浓度、同一喷放时间进行设计。[见图 1.2.97]

3）图示说明

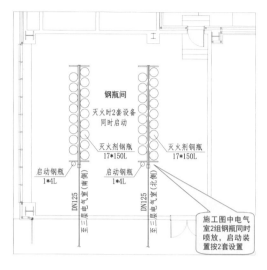

图 1.2.96 错误做法

图 1.2.97 正确做法

问题 2：灭火剂输送管道管件的安装不符合要求。

1）问题描述

灭火剂输送管道采用四通分流，造成实际分流与设计计算差异较大。[见图 1.2.98]

2）规范要求

➢ 《气体灭火系统设计规范》（GB 50370—2005）规定：

管网上不应采用四通管件进行分流。[见图 1.2.99]

3）图示说明

采用四通分流

图 1.2.98 错误做法

采用三通水平分流

图 1.2.99 正确做法

问题 3：气体喷头的选型、安装不符合要求。

1）问题描述

（1）施工中为避让其他专业设备和管线，随意调整气体灭火管网的布置、走向、标高和喷头的安装位置，造成灭火剂喷放不均匀或喷放时间延长，影响灭火；

（2）施工单位采购的气体灭火系统喷嘴型号与设计不符，未按设计要求安装指定规格代号的喷头，导致灭火剂喷放不均匀或喷放时间延长，影响灭火；

（3）设备制造商所提供的经试验合格的喷头规格系列偏少，因此在深化设计和生产供货时，只能根据现有产品随意选型，造成喷头实际规格代号与理论计算结果出现较大偏差，造成灭火剂喷放不均匀或喷放时间延长，影响灭火；［见图 1.2.100（a）］

（4）选用的气体喷头无规格型号或标注不规范。［见图 1.2.100（b）］

2）规范要求

➤《气体灭火系统设计规范》（GB 50370—2005）有关规定：

3.1.12　喷头的保护高度和保护半径，应符合下列规定：

　　1　最大保护高度不宜大于 6.5 m；

　　2　最小保护高度不应小于 0.3 m；

　　3　喷头安装高度小于 1.5 m 时，保护半径不宜大于 4.5 m；

　　4　喷头安装高度不小于 1.5 m 时，保护半径不应大于 7.5 m。

3.1.13　喷头宜贴近防护区顶面安装，距顶面的最大距离不宜大于 0.5 m。

3.3.18　喷头的实际孔口面积，应经试验确定，喷头规格应符合本规范附录 D 的规定。

3.4.11　喷头的实际孔口面积，应经试验确定，喷头规格应符合本规范附录 D 的规定。

附录 D　喷头规格和等效孔口面积

喷头规格代号	等效孔口面积（cm²）	喷头规格代号	等效孔口面积（cm²）
8	0.316 8	18	1.603
9	0.400 6	20	1.979
10	0.494 8	22	2.395
11	0.598 7	24	2.850
12	0.712 9	26	3.345
14	0.969 7	28	3.879
16	1.267		

注：扩充喷头规格，应以等效孔口的单孔直径 0.793 75 mm 的倍数设置。

4.1.7　喷头应有型号、规格的永久性标识。设置在有粉尘、油雾等防护区的喷头，应有防护装置。［见图 1.2.101］

4.1.8　喷头的布置应满足喷放后气体灭火剂在防护区内均匀分布的要求。当保护对象属可燃液体时，喷头射流方向不应朝向液体表面。

3）应对措施

气体灭火系统喷头的选型和安装，对系统喷放时间和喷放浓度有着直接的影响，特别是内部存在多个隔间或设置了吊顶、地板的保护区，隔断会阻碍灭火剂的流动，每一个空间需要靠计算所得的喷头压力和等效孔口面积来保证各自空间内部的喷放量、喷放压力和喷放时间，并在规定时间内建立起设计要求的灭火浓度。

因此,设计气体灭火系统时必须有详细的压力计算,出具计算书,并根据设计计算数据,在施工图中明确系统管网布置和喷头规格代号。施工单位在设备采购或施工前,应仔细核对产品的规格型号、实际管网布置和施工图的匹配性,若出现比较偏差,应对系统进行深化设计计算,满足规范要求后方可施工。

4) 图示说明

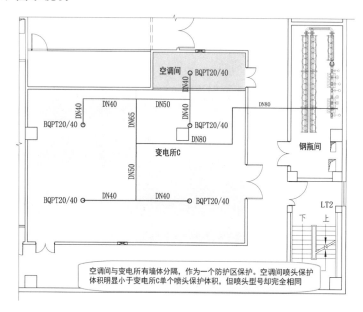

图 1.2.100(a) 错误做法

图 1.2.100(b) 错误做法

图 1.2.101 正确做法

问题 4:预制灭火系统的设置不符合要求。

1) 问题描述

(1) 防护区设置的预制灭火系统装置超过 10 台;[见图 1.2.102(a)]

(2) 设置多台预制灭火装置的保护区,气体灭火控制盘启动时输出电流无法保证同时开启各灭火装置,只能采用分时脉冲方式依次启动各台灭火装置,造成延时启动。[见图

1.2.102(b)〕

2）规范要求

➢ 《气体灭火系统设计规范》(GB 50370—2005)有关规定：

3.1.14 一个防护区设置的预制灭火系统,其装置数量不宜超过 10 台。

3.1.15 同一防护区内的预制灭火系统装置多于 1 台时,必须能同时启动,其动作响应时差不得大于 2 s。

3）应对措施

当防护区容积较大,预制灭火系统装置数量较多时,尽量选用灭火剂充装规格较大的灭火装置,以减少装置的总数量;如果保护区面积大于 500 m²,或容积大于 1 600 m³,建议采用管网灭火系统。

保护区设置多台预制灭火装置,气体灭火控制盘启动的输出电流不够时,建议采用增加外部电源的方式,保证各装置同时启动。

4）图示说明

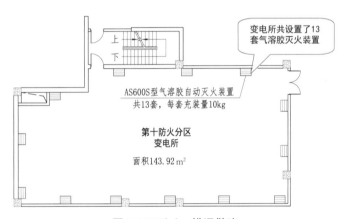

图 1.2.102(a) 错误做法

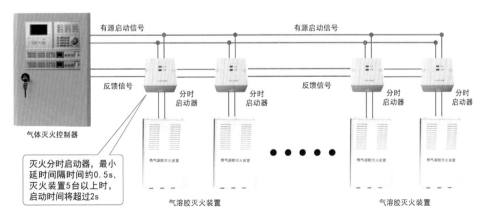

图 1.2.102(b) 错误做法

问题5：气体灭火防护区泄压口的设置不符合要求。

1）问题描述

（1）设置气体灭火系统的防护区，施工中未按规范和设计要求设置泄压口；

（2）七氟丙烷、二氧化碳等灭火系统的泄压口安装高度不符合要求；

（3）泄压口的安装方向错误，不能向防护区外泄压，或泄压口的门板翻转方向有风管、桥架、管道等障碍物遮挡，无法完全开启；[见图 1.2.103（a）（b）]

（4）防护区存在外墙的，泄压口未设在外墙上；

（5）泄压口安装后，其边框与墙洞之间的缝隙处，防火封堵措施不到位。[见图 1.2.103（c）]

2）规范要求

➤ 《气体灭火系统设计规范》（GB 50370—2005）有关规定：

3.2.7　防护区应设置泄压口，七氟丙烷灭火系统的泄压口应位于防护区净高的 2/3 以上。[见图 1.2.104（a）]

3.2.8　防护区设置的泄压口，宜设在外墙上。泄压口面积按相应气体灭火系统设计规定计算。[见图 1.2.104（b）]

3）应对措施

（1）设置气体灭火系统的防护区，应按规范和设计要求安装泄压口，并选择泄压有效面积符合设计参数要求的泄压口。

（2）灭火剂密度比空气密度大的七氟丙烷、二氧化碳等灭火系统，喷放后为防止灭火剂从泄压口泄漏，造成灭火浓度降低，施工中应确保泄压口底边高于防护区室内净高的 2/3。对于灭火剂密度与空气密度接近的 IG541、IG100 等惰性气体灭火系统，虽然泄压口的安装高度没有具体规定，但从安全角度考虑，建议泄压口底边也按高于防护区室内净高的 2/3 考虑。

（3）泄压口安装前，建议施工单位先和其他专业沟通确认泄压口的安装位置，确保其安装后能完全开启，也不影响其他专业的正常施工；安装前要看清泄压的正反方向，防止装反。

（4）《气体灭火系统设计规范》（GB 50370—2005）第 3.2.8 条的条文解释已明确防护区存在外墙的，就应该设在外墙上；防护区不存在外墙的，可考虑设在与走廊相隔的内墙上。若泄压口设在室内走廊或相邻房间隔墙上，防护区灭火剂喷放后超压泄放，会将火灾环境下的高温、有毒、有害气体排向室内场所，对相邻区域的防火安全和人员疏散安全带来威胁。部分安装在走廊隔墙上，向走廊吊顶内等封闭空间泄压的场所，会造成泄压后废气不容易排除的问题。因此，建议严格按照规范要求安装泄压口。

（5）气体灭火防护区虽然对围护结构、门窗、吊顶的耐火极限要求不高，但考虑到设置气体灭火系统的房间大部分都比较重要，在建筑防火方面通常对墙体等建筑构件的耐火等级有比较高的要求，因此防护区隔墙上的泄压口安装后，其边框与墙洞之间的缝隙处，防火封堵措施需要做到位。

4）图示说明

图 1.2.103(a)　错误做法　　　　图 1.2.103(b)　错误做法　　　　图 1.2.103(c)　错误做法

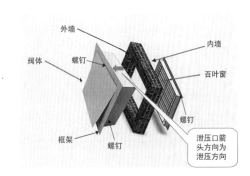

图 1.2.104(a)　正确做法　　　　　　图 1.2.104(b)　正确做法

问题6：气体灭火防护区的联动控制不符合要求。

1）问题描述

（1）气体灭火防护区的外墙上设置了常开通风口,但通风口未设置联动关闭装置,导致气体灭火喷放前无法自动关闭;[**见图 1.2.105**]

（2）当气体灭火控制器与消防控制室火灾报警联动控制主机属于不同品牌产品,且对气体灭火防护区相关的开口封闭装置、通风机械和防火阀等设备的联动控制由火灾报警联动控制主机负责时,因控制器之间的通信障碍,导致紧急情况下手动按下气体灭火控制器上的启动按钮或防护区门外设置的紧急启动按钮后,无法在气体灭火剂喷放前联动关闭或停止该防护区内相关的开口封闭装置、通风机械和防火阀等设备,影响灭火。

（3）当气体灭火防护区的火灾探测报警和联动控制均由气体灭火控制器负责时,因气体灭火控制器和消防控制室火灾报警联动控制主机之间未进行通信,导致火灾报警联动控制主机无法获取气体灭火系统火灾报警信号和联动控制、启动、喷放各阶段的反馈信号。

2）规范要求

➤ 《气体灭火系统设计规范》(GB 50370—2005)有关规定:

3.2.9 喷放灭火剂前,防护区内除泄压口外的开口应能自行关闭。

5.0.6 气体灭火系统的操作与控制,应包括对开口封闭装置、通风机械和防火阀等设备的联动操作与控制。

➤ 《火灾自动报警系统设计规范》(GB 50116—2013)有关规定:

4.4.2 气体灭火控制器、泡沫灭火控制器直接连接火灾探测器时，气体灭火系统、泡沫灭火系统的自动控制方式应符合下列规定：

3 联动控制信号应包括下列内容：

1）关闭防护区域的送（排）风机及送（排）风阀门；

2）停止通风和空气调节系统及关闭设置在该防护区域的电动防火阀；

3）联动控制防护区域开口封闭装置的启动，包括关闭防护区域的门、窗。

4.4.3 气体灭火控制器、泡沫灭火控制器不直接连接火灾探测器时，气体灭火系统、泡沫灭火系统的自动控制方式应符合下列规定：

1 气体灭火系统、泡沫灭火系统的联动触发信号应由火灾报警控制器或消防联动控制器发出。

2 气体灭火系统、泡沫灭火系统的联动触发信号和联动控制均应符合本规范第4.4.2条的规定。

4.4.4 气体灭火系统、泡沫灭火系统的手动控制方式应符合下列规定：

1 在防护区疏散出口的门外应设置气体灭火装置、泡沫灭火装置的手动启动和停止按钮，手动启动按钮按下时，气体灭火控制器、泡沫灭火控制器应执行符合本规范第4.4.2条第3款和第5款规定的联动操作；手动停止按钮按下时，气体灭火控制器、泡沫灭火控制器应停止正在执行的联动操作。

2 气体灭火控制器、泡沫灭火控制器上应设置对应于不同防护区的手动启动和停止按钮，手动启动按钮按下时，气体灭火控制器、泡沫灭火控制器应执行符合本规范第4.4.2条第3款和第5款规定的联动操作；手动停止按钮按下时，气体灭火控制器、泡沫灭火控制器应停止正在执行的联动操作。

4.4.5 气体灭火装置、泡沫灭火装置启动及喷放各阶段的联动控制及系统的反馈信号，应反馈至消防联动控制器。系统的联动反馈信号应包括下列内容：

1 气体灭火控制器、泡沫灭火控制器直接连接的火灾探测器的报警信号。

2 选择阀的动作信号。

3 压力开关的动作信号。

3）应对措施

(1) 当气体防护区设有通风换气口或可开启的窗扇时，建议选择常闭换气口，窗扇平时应处于关闭状态；如通风口或窗扇平时处于常开状态，应选择带电动执行机构的产品，灭火剂喷放前由相应的控制器联动关闭。

(2) 当气体灭火控制器与消防控制室火灾报警联动控制器品牌不一致时，为了避免控制器之间因通信障碍而导致联动控制功能失效，可选用以下解决方案之一：

① 灭火前需关闭或停止的送（排）风机、风阀、空调通风系统、电动防火阀、门、窗等，可由消防控制室火灾报警联动控制器进行联动控制。气体灭火控制器接收到消防控制室火灾报警联动控制器发出的联动触发信号后，仅对保护区气体灭火电磁阀、压力开关、火灾声光警报器、气体释放警报器进行联动控制。火灾报警联动控制器和气体灭火控制器可通过开放通信协议的方式或通过设置信号模块和控制模块的方式进行指令、信号之间的传输转换。

② 灭火前需关闭或停止的送（排）风机、风阀、空调通风系统、电动防火阀、门、窗等，可

由气体灭火控制器进行联动控制,联动触发信号由消防控制室火灾报警控制器或消防联动控制器发出。气体灭火控制器再将以上需联动的控制设备状态信号以及《火灾自动报警系统设计规范》(GB 50116—2013)4.4.5 条要求的反馈信号反馈至火灾报警联动控制器。火灾报警联动控制器和气体灭火控制器可通过开放通信协议的方式或通过设置信号模块和控制模块的方式进行指令、信号之间的传输转换。

(3)任何情况下,气体灭火控制器都应和消防控制室火灾报警联动控制主机建立通信联系,确保气体灭火系统火灾报警和各阶段联动控制功能的完整性、有效性,以及气体灭火系统实时工作状态信号反馈的及时性。

4)图示说明

气体灭火防护区的外墙设置了常开通风口,且未设置联动关闭装置

图 1.2.105 错误做法

问题 7:气体灭火防护区的实际喷放浓度不符合要求。

1)问题描述

采用组合分配系统保护的防护区,未校核各防护区的实际喷放浓度,造成防护区实际喷放浓度大于灭火设计浓度的 1.1 倍,甚至大于有毒性反应浓度(LOAEL 浓度)。[见图1.2.106]

2)规范要求

➤《气体灭火系统设计规范》(GB 50370—2005)有关规定:

3.3.6 防护区实际应用的浓度不应大于灭火设计浓度的 1.1 倍。

6.0.7 有人工作防护区的灭火设计浓度或实际使用浓度,不应大于有毒性反应浓度(LOAEL 浓度),该值应符合本规范附录 G 的规定。

表 G-1 七氟丙烷和 IG541 的 NOAEL、LOAEL 浓度

项 目	七氟丙烷	IG541
NOAEL 浓度	9.0%	43%
LOAEL 浓度	10.5%	52%

3）应对措施

气体灭火系统防护区实际喷放浓度过高，对人员安全会产生直接的影响，特别是通常有人工作的防护区，实际喷放浓度要严格控制在规范规定的 LOAEL 浓度以内。施工单位在深化设计或设备选型时，要结合现场防护区实际尺寸，仔细复核每个防护区的实际喷放浓度，确保系统安全可靠。

4）图示说明

序号	楼层	防护区名称	面积 (m^2)	高度 （m）	体积 （m^3）	设计浓度 （%）	喷放时间 （s）	灭火剂设计用量 （kg）	灭火剂充装量 （kg/瓶）	灭火剂钢瓶数量 （只）	灭火剂钢瓶规格 （L）	灭火剂实际用量 （kg）	实际喷放浓度 （%）	实际喷放浓度/设计浓度	泄压口面积 （m^2）
1	1F	电池室	63.00	5.60	352.80	9	10	254.39	82.0	4		328.0	11.19	1.24	0.140
2	1F	配电间	45.40	5.60	254.24	9	10	183.32	82.0	3		246.0	11.59	1.29	0.105
3	1F	运营商机房 A	19.21	5.60	107.58	8	8	68.20	82.0	1		82.0	9.36	1.17	0.044
4	1F	运营商机房 B	26.60	5.60	148.96	8	8	94.44	82.0	2	90	164.0	12.98	1.62	0.088
5	2F	电池室 A	81.00	5.50	445.50	9	10	321.23	82.0	4		328.0	9.07	1.01	0.140
6	2F	电池室 B	81.00	5.50	445.50	9	10	321.23	82.0	4		328.0	9.07	1.01	0.140
7	3F	电池室 A	81.00	5.50	445.50	9	10	321.23	82.0	4		328.0	9.07	1.01	0.140
8	3F	电池室 B	81.00	5.50	445.50	9	10	321.23	82.0	4		328.0	9.07	1.01	0.140

注：七氟丙烷灭火系统计算表中1~4区实际喷放浓度均大于设计浓度的1.1倍，其中1、2、4区实际喷放浓度大于有毒性反应浓度（LOAEL浓度）10.5%，不符合要求。

图 1.2.106　错误做法

问题8：气体灭火防护区的设置不符合要求。

1）问题描述

（1）工程中为节约成本，控制组合分配系统防护区数量不超过8个，人为将2个或2个以上相邻却完全独立、封闭的气体防护空间合并成一个区域进行保护；[见图 1.2.107（a）]

（2）单个气体防护区面积或容积超出规范限值太多，不符合要求；

（3）气体防护区建筑结构耐火极限和耐压强度不符合要求；

（4）气体防护区疏散门设置不符合要求；[见图 1.2.107（b）（c）]

（5）地下防护和无窗或设固定窗扇的地上防护区，未设置机械排风装置，或排风阀、防火阀、排风口、手动控制装置等设置不符合要求。[见图 1.2.107（d）]

2）规范要求

➢ 《气体灭火系统设计规范》(GB 50370—2005)有关规定：

3.2.4　防护区划分应符合下列规定：

1　防护区宜以单个封闭空间划分；同一区间的吊顶层和地板下需同时保护时，可合为一个防护区；

2　采用管网灭火系统时，一个防护区的面积不宜大于 800 m^2，且容积不宜大于 3 600 m^3；

3 采用预制灭火系统时,一个防护区的面积不宜大于 500 m²,且容积不宜大于 1 600 m³。

3.2.5 防护区围护结构及门窗的耐火极限均不宜低于 0.5 h;吊顶的耐火极限不宜低于 0.25 h。

3.2.6 防护区围护结构承受内压的允许压强,不宜低于 1 200 Pa。

6.0.1 防护区应有保证人员在 30 s 内疏散完毕的通道和出口。

6.0.3 防护区的门应向疏散方向开启,并能自行关闭;用于疏散的门必须能从防护区内打开。[见图 1.2.108(a)]

6.0.4 灭火后的防护区应通风换气,地下防护区和无窗或设固定窗扇的地上防护区,应设置机械排风装置,排风口宜设在防护区的下部并应直通室外。通信机房、电子计算机房等场所的通风换气次数应不少于每小时 **5 次**。[见图 1.2.108(b)]

➢ 《低压配电设计规范》(GB 50054—2011)规定:

4.2.4 成排布置的配电屏,其长度超过 6 m 时,屏后的通道应设 2 个出口,并宜布置在通道的两端;当两出口之间的距离超过 15 m 时,其间尚应增加出口。

3) 图示说明

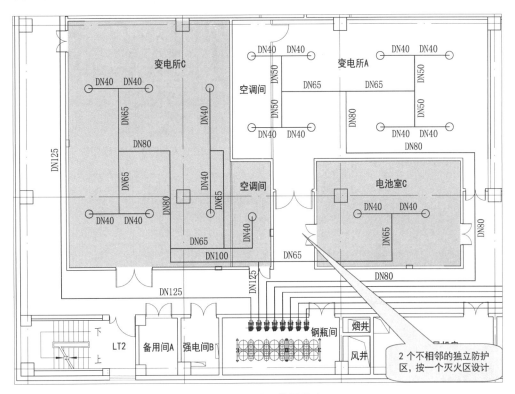

图 1.2.107(a) 错误做法

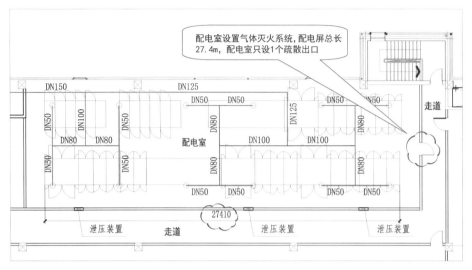

图 1.2.107(b)　错误做法

图 1.2.107(c)　错误做法

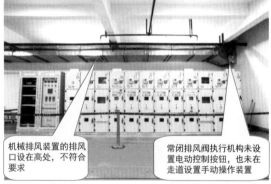

图 1.2.107(d)　错误做法

图 1.2.108(a)　正确做法

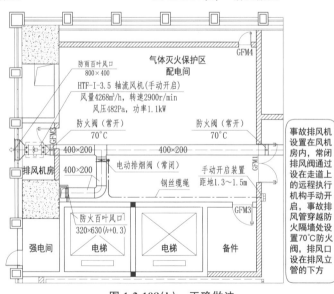

图 1.2.108(b)　正确做法

问题 9：气体灭火系统的储瓶间设置不符合要求。

1）问题描述

（1）管网灭火系统的储存装置未设在专用的储瓶间内，安装在防护区内或其他场所；储瓶间建筑物耐火极限不满足要求；[见图 1.2.109(a)(b)]

（2）储瓶间没有直接通向室外或疏散走道的门，或疏散门向内开启；

（3）储瓶间的钢瓶操作面距墙面或两操作面之间的距离太小，影响操作；[见图 1.2.109(c)]

（4）没有窗户的储瓶间，未设置机械排风装置，或设置了机械排风装置，但排风口设置不符合要求。[见图 1.2.109(d)(e)]

2）规范要求

➤ 《气体灭火系统设计规范》(GB 50370—2005)有关规定：

4.1.1 储存装置应符合下列规定：

4 管网灭火系统的储存装置宜设在专用储瓶间内。储瓶间宜靠近防护区，并应符合建筑物耐火等级不低于二级的有关规定及有关压力容器存放的规定，且应有直接通向室外或疏散走道的出口。储瓶间和设置预制灭火系统的防护区的环境温度应为−10~50℃；[见图 1.2.110(a)]

5 储存装置的布置，应便于操作、维修及避免阳光照射。操作面距墙面或两操作面之间的距离，不宜小于 1.0 m，且不应小于储存容器外径的 1.5 倍。[见图 1.2.110(b)]

6.0.5 储瓶间的门应向外开启，储瓶间内应设应急照明；储瓶间应有良好的通风条件，地下储瓶间应设机械排风装置，排风口应设在下部，可通过排风管排出室外。[见图 1.2.110(c)]

3）图示说明

图 1.2.109(a)

错误做法

图 1.2.109(b)

错误做法

图 1.2.109(c)

错误做法

图 1.2.109(d) 错误做法　　　　　图 1.2.109(e) 错误做法

图 1.2.110(a) 正确做法　　图 1.2.110(b) 正确做法　　图 1.2.110(c) 正确做法

问题 10：气体灭火系统储存装置设置不符合要求。

1）问题描述

（1）选择阀、驱动气瓶反向安装，选择阀的操作手柄在背面，启动瓶压力表朝向背面，不方便操作；［见图 1.2.111(a)］

（2）选择阀、驱动气瓶未设置区域标志；灭火剂钢瓶、驱动气瓶的容器阀和选择阀的手动控制与应急操作部位缺少警示标志和铅封；［见图 1.2.111(b)］

（3）灭火剂钢瓶或驱动气瓶压力表显示不正常；［见图 1.2.111(c)］

（4）灭火系统设备泄压装置的安装位置靠近应急操作部位。［见图 1.2.111(d)］

2）规范要求

➤《气体灭火系统设计规范》(GB 50370—2005)有关规定：

4.1.6　组合分配系统中的每个防护区应设置控制灭火剂流向的选择阀，其公称直径应与该防护区灭火系统的主管道公称直径相等。

选择阀的位置应靠近储存容器且便于操作。选择阀应设有标明其工作防护区的永久性铭牌。［见图 1.2.112(a)］

6.0.9　灭火系统的手动控制与应急操作应有防止误操作的警示显示与措施。［见

图1.2.112(b)]

➤《气体灭火系统施工及验收规范》(GB 50263—2007)有关规定：

5.2.2 灭火剂储存装置安装后,泄压装置的泄压方向不应朝向操作面。低压二氧化碳灭火系统的安全阀应通过专用的泄压管接到室外。

5.2.7 集流管上的泄压装置的泄压方向不应朝向操作面。[见图 1.2.112(c)]

5.3.1 选择阀操作手柄应安装在操作面一侧,当安装高度超过 1.7 m 时应采取便于操作的措施。

5.3.4 选择阀上应设置标明防护区域或保护对象名称或编号的永久性标志牌,并应便于观察。

3) 图示说明

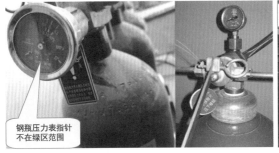

图 1.2.111(a) 错误做法　　　　　　图 1.2.111(b) 错误做法

图 1.2.111(c) 错误做法　　　　　　图 1.2.111(d) 错误做法

图 1.2.112(a) 正确做法　　　图 1.2.112(b) 正确做法　　　图 1.2.112(c) 正确做法

问题 11：气体灭火系统驱动装置的设置不符合要求。

1）问题描述

（1）电磁驱动装置驱动器的电气连接线安装不规范；［见图 1.2.113(a)］

（2）气动驱动装置启动管道的安装固定不符合要求，组合分配系统启动管道中用于控制开启钢瓶数量的气体单向阀方向装反，造成灭火剂钢瓶开启数量错误；

（3）设置驱动气瓶的气体灭火系统，驱动气体控制管路上未安装低泄高封阀；

（4）灭火剂钢瓶或启动钢瓶阀门的安全防护机构未拆除。［见图 1.2.113(b)］

2）规范要求

➤《气体灭火系统施工及验收规范》(GB 50263—2007)有关规定：

5.4.3 电磁驱动装置驱动器的电气连接线应沿固定灭火剂储存容器的支、框架或墙面固定。［见图 1.2.114(a)］

5.4.4 气动驱动装置的安装应符合下列规定：

1 驱动气瓶的支、框架或箱体应固定牢靠，并做防腐处理。

2 驱动气瓶上应有标明驱动介质名称、对应防护区或保护对象名称或编号的永久性标志，并应便于观察。［见图 1.2.114(b)］

5.4.5 气动驱动装置的管道安装应符合下列规定：

1 管道布置应符合设计要求。

2 竖直管道应在其始端和终端设防晃支架或采用管卡固定。

3 水平管道应采用管卡固定。管卡的间距不宜大于 0.6 m。转弯处应增设 1 个管卡。［见图 1.2.114(c)］

5.4.6 气动驱动装置的管道安装后应做气压严密性试验，并合格。

7.3.6 驱动气瓶和选择阀的机械应急手动操作处，均应有标明对应防护区或保护对象名称的永久标志。

驱动气瓶的机械应急操作装置均应设安全销并加铅封，现场手动启动按钮应有防护罩。［见图 1.2.114(d)］

➤《气体灭火系统及部件》(GB 25972—2010)

5.17.1 低泄高封阀设置要求

驱动气体控制管路上应安装低泄高封阀。［见图 1.2.114(d)］

3）图示说明

图 1.2.113(a) 错误做法

图 1.2.113(b) 错误做法

启动瓶电磁阀和压力开关控制线穿
金属软管保护，并沿金属线槽敷设

图 1.2.114(a)　正确做法

选择阀、驱动气瓶区域标志牌已设置

图 1.2.114(b)　正确做法

启动管道采用支
架和管卡固定

图 1.2.114(c)　正确做法

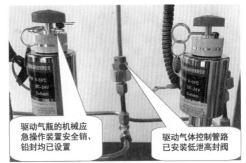

驱动气瓶的机械应
急操作装置安全销、
铅封均已设置

驱动气体控制管路
已安装低泄高封阀

图 1.2.114(d)　正确做法

问题 12：气体灭火系统管材、管道的连接件选型不符合要求。

1）问题描述

（1）气体灭火系统选用的无缝钢管壁厚未按系统类别进行选型，导致管道壁厚不符合系统设计要求；

（2）气体灭火系统管道连接件公称工作压力不符合系统最大工作压力要求；［见图 1.2.115(a)］

（3）气体灭火系统的管道、管接件未采取内外热浸镀锌防腐处理，或镀锌层厚度不够；

（4）法兰密封垫或紧固件不符合要求。［见图 1.2.115(b)］

2）规范要求

➤ 《气体灭火系统设计规范》(GB 50370—2005)有关规定：

4.1.9　管道及管道附件应符合下列规定：

1　输送气体灭火剂的管道应采用无缝钢管。其质量应符合现行国家标准《输送流体用无缝钢管》GB/T 8163、《高压锅炉用无缝钢管》GB 5310 等的规定。无缝钢管内外应进行防腐处理，防腐处理宜采用符合环保要求的方式；［见图 1.2.116(a)］

4　管道的连接，当公称直径小于或等于 80 mm 时，宜采用螺纹连接；大于 80 mm 时，宜采用法兰连接。钢制管道附件应内外防腐处理，防腐处理宜采用符合环保要求的方式。使用在腐蚀性较大的环境里，应采用不锈钢的管道附件。

4.1.10 系统组件与管道的公称工作压力,不应小于在最高环境温度下所承受的工作压力。

➤ 《气体灭火系统施工及验收规范》(GB 50263—2007)有关规定:

4.2.1 管材、管道连接件的品种、规格、性能等应符合相应产品标准和设计要求。[见图 1.2.116(b)(c)(d)]

E.1.1 水压强度试验压力应按下列规定取值:

1 对高压二氧化碳灭火系统,应取 15.0 MPa;对低压二氧化碳灭火系统,应取 4.0 MPa。

2 对 IG 541 混合气体灭火系统,应取 13.0 MPa。

3 对卤代烷 1301 灭火系统和七氟丙烷灭火系统,应取 1.5 倍系统最大工作压力,系统最大工作压力可按表 E 取值。

表 E 系统储存压力、最大工作压力

系统类别	最大充装密度(kg/m³)	储存压力(MPa)	最大工作压力(MPa)(50℃时)
混合气体(IG541) 灭火系统	—	15.0	17.2
	—	20.0	23.2
七氟丙烷 灭火系统	1 150	2.5	4.2
	1 120	4.2	6.7
	1 000	5.6	7.2

➤ 《气体消防系统选用、安装与建筑灭火器配置》(07S207)

9.3.1 气体灭火剂输送管道应采用无缝钢管。其质量应符合现行国家标准《输送流体用无缝钢管》GB/T 8163、《高压锅炉用无缝钢管》GB 5310 等的规定。无缝钢管内外壁应采取热浸镀锌等防腐措施。镀层应均匀、平滑,其厚度不宜小于 15 μm。

气体灭火系统灭火剂输送管道规格

公称直径 DN(mm)	灭火剂输送管道规格 外径×壁厚(mm)						
	七氟丙烷		三氟甲烷	IG-541 IG-100	高、低压 CO₂ 封闭端管道	高压 CO₂ 开口端管道	低压 CO₂ 开口端管道
	2.5 MPa	4.2 MPa	5.6 MPa				
15	22×3		22×4		22×4		22×3
20	27×3.5		27×4		27×4		27×3
25	34×4.5		34×4.5		34×4.5		34×3.5
32	42×4.5		42×5		42×5		42×3.5
40	48×4.5		48×5		48×5		48×3.5
50	60×5		60×5.5		60×5.5		60×4
65	76×5		76×7		76×7		76×5
80	89×5	89×5.5	89×7.5		89×7.5		89×5.5
90	—		—		102×8		102×6
100	114×5.5	114×6	114×8.5		114×8.5		114×6
125	—	140×6	140×9.5		140×9.5		140×6.5
150	—	168×7	168×11		168×11		168×7
200	—	—	—		219×12		

3）应对措施

（1）气体灭火系统设计与施工选用的无缝钢管规格及壁厚，建议根据系统类别，参照图集《气体消防系统选用、安装与建筑灭火器配置》(07S207) 第 9.3.1 条"气体灭火系统灭火剂输送管道规格"表进行选型，选用 20♯内外壁热浸镀锌无缝钢管，镀锌层厚度不小于 15 μm。

（2）气体灭火系统选用的管道及连接件公称工作压力等级，应根据《气体灭火系统施工及验收规范》(GB 50263—2007) 第 E.1.1 条和表 E 规定的系统最大工作压力来确定。

（3）气体灭火系统管件可参照《锻制承插焊和螺纹管件》(GB/T 14383—2021) 和《钢制对焊管件 类型与参数》(GB/T 12459—2017) 进行选型；公称直径大于 80 mm 的弯头、三通、变径等管件，可选用钢制对焊无缝管件与法兰进行焊接，焊缝探伤检测合格后（最大工作压力大于或者等于 10 MPa 时需要）经热浸镀锌防腐处理，方可使用。

（4）气体灭火系统法兰可参照《钢制管法兰 第 1 部分：PN 系列》(GB/T 9124.1—2019) 进行选型，压力等级不低于系统最大工作压力。法兰密封垫可参照《缠绕式垫片 管法兰用垫片尺寸》(GB/T 4622.2—2008) 和《钢制管法兰用金属环垫 尺寸》(GB/T 9128—2003)，选择耐压等级较高的带内环形缠绕式垫片或金属环垫等。法兰紧固件建议参照《等长双头螺柱 B 级》(GB/T 901—1988) 选用机械性能 8.8 级以上高强度双头螺柱，参照《2 型六角螺母》(GB/T 6175—2016) 选用机械性能 10 级以上高强度六角螺母。

4）图示说明

图 1.2.115(a) 错误做法

图 1.2.115(b) 错误做法

图 1.2.116(a) 正确做法

图 1.2.116(b) 正确做法

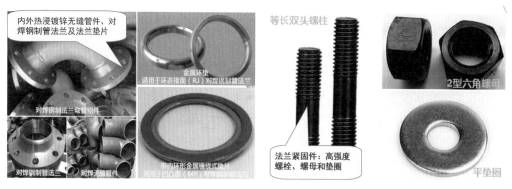

图 1.2.116(c)　正确做法　　　　　图 1.2.116(d)　正确做法

问题 13：气体灭火系统管网的安装不符合要求。

1) 问题描述

（1）内外热浸镀锌无缝钢管采用焊接方式连接,造成管道、管件内部镀锌层被破坏,无法进行二次防腐处理;［见图 1.2.117(a)］

（2）安装在有爆炸危险和变电、配电场所的管网,未采取防静电接地措施;

（3）螺纹连接管道安装后的螺纹根部外露螺纹过长,不符合要求;［见图 1.2.117(b)］

（4）法兰螺栓不符合标准要求,凸出螺母的长度偏长;［见图 1.2.117(c)］

（5）管道穿过墙壁、楼板处套管规格偏小,穿楼板套管的长度未高出地板 50 mm;

（6）管道穿越建筑物的变形缝时设置的柔性管段压力等级不符合要求。

2) 规范要求

➤ 《气体灭火系统设计规范》(GB 50370—2005)有关规定:

4.1.9　管道及管道附件应符合下列规定:

　　4　管道的连接,当公称直径小于或等于 80 mm 时,宜采用螺纹连接;大于 80 mm 时,宜采用法兰连接。钢制管道附件应内外防腐处理,防腐处理宜采用符合环保要求的方式。使用在腐蚀性较大的环境里,应采用不锈钢的管道附件。

　　6.0.6　经过有爆炸危险和变电、配电场所的管网,以及布设在以上场所的金属箱体等,应设防静电接地。［见图 1.2.118(a)］

➤ 《气体灭火系统施工及验收规范》(GB 50263—2007)有关规定:

5.5.1　灭火剂输送管道连接应符合下列规定:

　　1　采用螺纹连接时,管材宜采用机械切割;螺纹不得有缺纹、断纹等现象;螺纹连接的密封材料应均匀附着在管道的螺纹部分,拧紧螺纹时,不得将填料挤入管道内;安装后的螺纹根部应有 2～3 条外露螺纹;连接后,应将连接处外部清理干净并做好防腐处理。［见图 1.2.118(b)］

　　2　采用法兰连接时,衬垫不得凸入管内,其外边缘宜接近螺栓,不得放双垫或偏垫。连接法兰的螺栓,直径和长度应符合标准,拧紧后,凸出螺母的长度不应大于螺杆直径的

1/2且保证有不少于2条外露螺纹。[见图1.2.118(c)]

　　3　已经防腐处理的无缝钢管不宜采用焊接连接,与选择阀等个别连接部位需采用法兰焊接连接时,应对被焊接损坏的防腐层进行二次防腐处理。

　　5.5.2　管道穿过墙壁、楼板处应安装套管。套管公称直径比管道公称直径至少应大2级,穿墙套管长度应与墙厚相等,穿楼板套管长度应高出地板50 mm。管道与套管间的空隙应采用防火封堵材料填塞密实。当管道穿越建筑物的变形缝时,应设置柔性管段。[见图1.2.118(d)(e)]

3) 图示说明

图1.2.117(a)　错误做法　　　　图1.2.117(b)　错误做法　　　　图1.2.117(c)　错误做法

图1.2.118(a)　正确做法　　　　图1.2.118(b)　正确做法　　　　图1.2.118(c)　正确做法

图1.2.118(d)　正确做法　　　　　图1.2.118(e)　正确做法

问题 14：气体灭火系统管道的支、吊架安装不符合要求。

1）问题描述

气体灭火系统管道未采用防晃支架固定。[见图 1.2.119(a)(b)(c)]

2）规范要求

➢ 《气体灭火系统施工及验收规范》(GB 50263—2007)规定：

5.5.3 管道支、吊架的安装应符合下列规定：

1 管道应固定牢靠，管道支、吊架的最大间距应符合表 5.5.3 的规定。

表 5.5.3 支、吊架之间最大间距

DN(mm)	15	20	25	32	40	50	65	80	100	150
最大间距(m)	1.5	1.8	2.1	2.4	2.7	3.0	3.4	3.7	4.3	5.2

2 管道末端应采用防晃支架固定，支架与末端喷嘴间的距离不应大于 500 mm。

3 公称直径大于或等于 50 mm 的主干管道，垂直方向和水平方向至少应各安装 1 个防晃支架，当穿过建筑物楼层时，每层应设 1 个防晃支架。当水平管道改变方向时，应增设防晃支架。[见图 1.2.120]

3）图示说明

图 1.2.119(a) 错误做法　　图 1.2.119(b) 错误做法　　图 1.2.119(c) 错误做法

图 1.2.120 正确做法

问题 15：气体灭火系统探测器及控制装置等的设置不符合要求。

1）问题描述

（1）气体防护区设置的感温探测器灵敏度低于一级；

（2）气体防护区灭火设计浓度或实际喷放浓度大于无毒性反应浓度（NOAEL 浓度）时，未设置手动与自动控制的转换装置及其状态显示装置；［**见图** 1.2.121（a）］

（3）气体灭火控制系统独立设置时，未将火灾报警、灭火动作、手动与自动转换、防火门（窗）、防火阀、通风空调等设备的运行状态和系统设备故障等信息传送到消防控制室火灾报警联动控制主机上；

（4）气体灭火控制器主电源连接不符合消防电源要求。［**见图** 1.2.121（b）］

2）规范要求

➤《气体灭火系统设计规范》（GB 50370—2005）有关规定：

5.0.1　采用气体灭火系统的防护区，应设置火灾自动报警系统，其设计应符合现行国家标准《火灾自动报警系统设计规范》GB 50116 的规定，并应选用灵敏度级别高的火灾探测器。［**见图** 1.2.122（a）］

5.0.2　管网灭火系统应设自动控制、手动控制和机械应急操作三种启动方式。预制灭火系统应设自动控制和手动控制两种启动方式。

5.0.3　采用自动控制启动方式时，根据人员安全撤离防护区的需要，应有不大于 30 s 的可控延迟喷射；对于平时无人工作的防护区，可设置为无延迟的喷射。

5.0.4　灭火设计浓度或实际使用浓度大于无毒性反应浓度（NOAEL 浓度）的防护区和采用热气溶胶预制灭火系统的防护区，应设手动与自动控制的转换装置。当人员进入防护区时，应能将灭火系统转换为手动控制方式；当人员离开时，应能恢复为自动控制方式。防护区内外应设手动、自动控制状态的显示装置。［见图 1.2.122（b）］

5.0.5　自动控制装置应在接到两个独立的火灾信号后才能启动。手动控制装置和手动与自动转换装置应设在防护区疏散出口的门外便于操作的地方，安装高度为中心点距地面 1.5 m。机械应急操作装置应设在储瓶间内或防护区疏散出口门外便于操作的地方。

5.0.7　设有消防控制室的场所，各防护区灭火控制系统的有关信息，应传送给消防控制室。［**见图** 1.2.122（c）］

5.0.8　气体灭火系统的电源，应符合国家现行有关消防技术标准的规定；采用气动力源时，应保证系统操作和控制需要的压力和气量。

➤《消防控制室通用技术要求》（GB 25506—2010）规定：

5.3.4　对气体灭火系统的控制和显示应符合下列要求：

a）应能显示系统的手动、自动工作状态及故障状态；

b）应能显示系统的驱动装置的正常工作状态和动作状态，并能显示防护区域中的防火门（窗）、防火阀、通风空调等设备的正常工作状态和动作状态；

c）应能手动控制系统的启、停，并显示延时状态信号、紧急停止信号和管网压力信号。

3）图示说明

图1.2.121（a）　错误做法

图1.2.121（b）　错误做法

图1.2.122（a）　正确做法

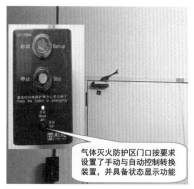

图1.2.122（b）　正确做法

图1.2.122（c）　正确做法

问题16：气体灭火系统操作装置等的安装不符合要求。

1）问题描述

气体灭火手动控制装置、手动与自动转换装置、气体喷放指示灯、火灾声光警报装置、

手动与自动控制状态显示装置等的安装不符合要求。[见图 1.2.123(a)(b)]

2）规范要求

➤ 《气体灭火系统施工及验收规范》(GB 50263—2007)有关规定：

5.8.2　设置在防护区处的手动、自动转换开关应安装在防护区入口便于操作的部位，安装高度为中心点距地(楼)面 1.5 m。

5.8.3　手动启动、停止按钮应安装在防护区入口便于操作的部位，安装高度为中心点距地(楼)面 1.5 m；防护区的声光报警装置安装应符合设计要求，并应安装牢固，不得倾斜。

5.8.4　气体喷放指示灯宜安装在防护区入口的正上方。[见图 1.2.124(a)]

➤ 《火灾自动报警系统施工及验收标准》(GB 50166—2019)有关规定：

3.3.3　控制与显示类设备应与消防电源、备用电源直接连接，不应使用电源插头。主电源应设置明显的永久性标识。[见图 1.2.124(b)]

3.3.16　手动火灾报警按钮、消火栓按钮、防火卷帘手动控制装置、气体灭火系统手动与自动控制转换装置、气体灭火系统现场启动和停止按钮的安装，应符合下列规定：

1　手动火灾报警按钮、防火卷帘手动控制装置、气体灭火系统手动与自动控制转换装置、气体灭火系统现场启动和停止按钮应设置在明显和便于操作的部位，其底边距地(楼)面的高度宜为 1.3～1.5 m，且应设置明显的永久性标识[见图 1.2.124(c)]，消火栓按钮应设置在消火栓箱内，疏散通道设置的防火卷帘两侧均应设置手动控制装置。

3.3.19　消防应急广播扬声器、火灾警报器、喷洒光警报器、气体灭火系统手动与自动控制状态显示装置的安装，应符合下列规定：

2　火灾光警报装置应安装在楼梯口、消防电梯前室、建筑内部拐角等处的明显部位，且不宜与消防应急疏散指示标志灯具安装在同一面墙上，确需安装在同一面墙上时，距离不应小于 1 m；

3　气体灭火系统手动与自动控制状态显示装置应安装在防护区域内的明显部位，喷洒光警报器应安装在防护区域外，且应安装在出口门的上方；

4　采用壁挂方式安装时，底边距地面高度应大于 2.2 m。

3）图示说明

图 1.2.123(a)　错误做法

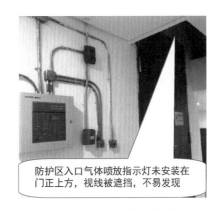
图 1.2.123(b)　错误做法

气体灭火系统手动启动/停止按钮、气体喷
放指示灯、火灾声光报警器的安装符合要求

显示类设备与消防电源直接连接

防护区气体灭火系统名称标志牌、手
动控制与应急操作警示牌均已设置

图 1.2.124(a)　正确做法　　　图 1.2.124(b)　正确做法　　　图 1.2.124(c)　正确做法

问题 17：气体灭火系统的安全设施不符合要求。

1）问题描述

（1）气体防护区内的疏散通道及出口，未设置应急照明与疏散指示标志；[见图 1.2.125 (a)]

（2）储瓶间内未设置应急照明；[见图 1.2.125(b)]

（3）防护区门口未设置气体灭火系统名称的永久性标志牌；[见图 1.2.125(c)]

（4）气体灭火控制器、手动启动/停止按钮、手动与自动控制转换装置等可执行手动控制操作的部位，未设置防止误操作的安全警示标志；[见图 1.2.125(c)]

（5）灭火系统调试合格正式开通后，驱动气瓶电磁阀保险销未拆除，将导致灭火系统无法正常启动；[见图 1.2.125(d)]

（6）气体灭火控制器或壁挂消防电源装置等设备未进行保护接地。[见图 1.2.125(e)]

2）规范要求

➤ 《气体灭火系统设计规范》(GB 50370—2005)有关规定：

6.0.2　防护区内的疏散通道及出口，应设应急照明与疏散指示标志。防护区内应设火灾声报警器，必要时，可增设闪光报警器。防护区的入口处应设火灾声、光报警器和灭火剂喷放指示灯，以及防护区采用的相应气体灭火系统的永久性标志牌。[见图 1.2.126(a)(b)]

6.0.5　储瓶间的门应向外开启，储瓶间内应设应急照明[见图 1.2.126(c)]；储瓶间应有良好的通风条件，地下储瓶间应设机械排风装置，排风口应设在下部，可通过排风管排出室外。

6.0.9　灭火系统的手动控制与应急操作应有防止误操作的警示显示与措施。[见图 1.2.126(b)(d)]

➤ 《气体灭火系统施工及验收规范》(GB 50263—2007)规定：

7.2.3　储存装置间的位置、通道、耐火等级、应急照明装置、火灾报警控制装置及地下储存装置间机械排风装置应符合设计要求。

➤ 《火灾自动报警系统施工及验收标准》(GB 50166—2019)有关规定：

3.3.5　控制与显示类设备的接地应牢固,并应设置明显的永久性标识。[见图 1.2.126
(e)]

3.4.1　系统接地及专用接地线的安装应满足设计要求。

3.4.2　交流供电和 36 V 以上直流供电的消防用电设备的金属外壳应有接地保护,其
接地线应与电气保护接地干线(PE)相连接。

3) 图示说明

气体灭火保护区内仅设置普通照明灯
具,未设置应急照明及疏散指示标志

图 1.2.125(a)　错误做法

储瓶间仅设置普通照明
灯具,未设置应急照明

图 1.2.125(b)　错误做法

防护区门口未设置气体灭火系统名称的永
久性标志牌、手动控制装置安全警示标志

图 1.2.125(c)　错误做法

灭火系统开通运行后,电
磁阀下侧保险销未拆除

图 1.2.125(d)　错误做法

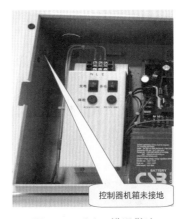

控制器机箱未接地

图 1.2.125(e)　错误做法

气体防护区内已设置火灾声报警器、
应急照明和疏散指示标志

图 1.2.126(a)　正确做法

防护区气体灭火系统的名称
标志牌、手动控制与应急操
作警示牌均已设置

图 1.2.126(b)　正确做法

储瓶间已设置应急照明

图 1.2.126(c)　正确做法

图 1.2.126(d) 正确做法   图 1.2.126(e) 正确做法

问题 18：热气溶胶灭火装置的安装不符合要求。

1）问题描述

热气溶胶灭火系统装置与其他物品的距离太近，不符合要求。［见图 1.2.127］

2）规范要求

➤ 《气体灭火系统设计规范》(GB 50370—2005)有关规定：

3.1.18 热气溶胶预制灭火系统装置的喷口宜高于防护区地面 2.0 m。

6.0.10 热气溶胶灭火系统装置的喷口前 1.0 m 内，装置的背面、侧面、顶部 0.2 m 内不应设置或存放设备、器具等。［见图 1.2.128］

3）图示说明

图 1.2.127 错误做法   图 1.2.128 正确做法

第七节 干粉灭火系统

问题 1：防护区开口设在底面。

1）问题描述

防护区开口设在底面，不符合规范要求。

2）规范要求

➤ 《干粉灭火系统设计规范》(GB 50347—2004)规定：

3.1.2 采用全淹没灭火系统的防护区，应符合下列规定：

1 喷放干粉时不能自动关闭的防护区开口，其总面积不应大于该防护区总内表面积的 15％，且开口不应设在底面。

问题 2：一个防护区内的预制灭火装置设置数量不符合规范要求。

1）问题描述

一个防护区内的预制灭火装置设置超过 4 套，不符合规范要求。

2）规范要求

➤ 《干粉灭火系统设计规范》(GB 50347—2004)规定：

3.4.3 一个防护区或保护对象所用预制灭火装置最多不得超过 4 套，并应同时启动，其动作响应时间差不得大于 2 s。

问题 3：选择阀未采用快开型阀门。

1）问题描述

选择阀未采用快开型阀门，不符合规范要求。

2）规范要求

➤ 《干粉灭火系统设计规范》(GB 50347—2004)规定：

5.2.2 选择阀应采用快开型阀门，其公称直径应与连接管道的公称直径相等。

问题 4：选择阀的打开滞后于容器阀。

1）问题描述

选择阀的打开滞后于容器阀，不符合规范要求。

2）规范要求

➤ 《干粉灭火系统设计规范》(GB 50347—2004)规定：

5.2.4 系统启动时，选择阀应在输出容器阀动作之前打开。

问题 5：灭火系统主管道上未设置压力信号器或流量信号器。

1）问题描述

灭火系统主管道上未设置压力信号器或流量信号器，不符合规范要求。

2）规范要求

➤ 《干粉灭火系统设计规范》(GB 50347—2004)规定：

5.3.4 在通向防护区或保护对象的灭火系统主管道上，应设置压力信号器或流量信号器。

问题 6：干粉灭火系统的延时时间小于干粉储存容器的增压时间。

1）问题描述

干粉灭火系统的延时时间调得过短，小于干粉储存容器的增压时间。

2）规范要求

➤ 《干粉灭火系统设计规范》(GB 50347—2004)规定：

6.0.2 设有火灾自动报警系统时，灭火系统的自动控制应在收到两个独立火灾探测信号后才能启动，并应延迟喷放，延迟时间不应大于 30 s，且不得小于干粉储存容器的增压时间。

问题 7：启用紧急停止装置后，手动启动装置不能再次启动。

1）问题描述

启用紧急停止装置后，手动启动装置不能再次启动。

2）规范要求

➤ 《干粉灭火系统设计规范》(GB 50347—2004)规定：

6.0.4 在紧靠手动启动装置的部位应设置手动紧急停止装置，其安装高度应与手动启动装置相同。手动紧急停止装置应确保灭火系统能在启动后和喷放灭火剂前的延迟阶段中止。在使用手动紧急停止装置后，应保证手动启动装置可以再次启动。

第八节 建筑灭火器

问题 1：客房数在 50 间以上的酒店的公共活动用房灭火器配置级别不符合要求。

1）问题描述

客房数在 50 间以上的酒店，其公共活动用房、多功能厅、厨房部位的灭火器配置级别为 MFZ/ABC4，不符合要求。[见图 1.2.129]

2）规范要求

➤ 《建筑灭火器配置设计规范》(GB 50140—2005)规定：

6.2.1 A 类火灾场所灭火器的最低配置基准应符合表 6.2.1 的规定。

表 6.2.1 A 类火灾场所灭火器的最低配置基准

危险等级	严重危险级	中危险级	轻危险级
单具灭火器最小配置灭火级别	3A	2A	1A
单位灭火级别最大保护面积（m²/A）	50	75	100

表 A.0.1 手提式灭火器类型、规格和灭火级别

灭火器类型	灭火剂充装置（规格）		灭火器类型规格代码（型号）	灭火级别	
	L	kg		A 类	B 类
干粉（磷酸铵盐）	—	1	MF/ABC1	1A	21B
	—	2	MF/ABC2	1A	21B
	—	3	MF/ABC3	2A	34B
	—	4	MF/ABC4	2A	55B
	—	5	MF/ABC5	3A	89B
	—	6	MF/ABC6	3A	89B
	—	8	MF/ABC8	4A	144B
	—	10	MF/ABC10	6A	144B

表 D 民用建筑灭火器配置场所的危险等级举例

危险等级	举 例
严重危险级	1. 县级及以上的文物保护单位、档案馆、博物馆的库房、展览室、阅览室
	2. 设备贵重或可燃物多的实验室
	3. 广播电台、电视台的演播室、道具间和发射塔楼
	4. 专用电子计算机房
	5. 城镇及以上的邮政信函和包裹分拣房、邮袋库、通信枢纽及其电信机房
	6. 客房数在 50 间以上的旅馆、饭店的公共活动用房、多功能厅、厨房
	7. 体育场（馆）、电影院、剧院、会堂、礼堂的舞台及后台部位
	8. 住院床位在 50 张及以上的医院的手术室、理疗室、透视室、心电图室、药房、住院部、门诊部、病历室
	9. 建筑面积在 2 000 m² 及以上的图书馆、展览馆的珍藏室、阅览室、书库、展览厅
	10. 民用机场的候机厅、安检厅及空管中心、雷达机房
	11. 超高层建筑和一类高层建筑的写字楼、公寓楼
	12. 电影、电视摄影棚
	13. 建筑面积在 1 000 m² 及以上的经营易燃易爆化学物品的商场、商店的库房及铺面
	14. 建筑面积在 200 m² 及以上的公共娱乐场所

3）图示说明

配置灭火器为 MFZ/ABC4

图 1.2.129 错误做法

问题 2：消防控制室等设备间未配置灭火器。

1）问题描述

消防控制室等设备间未配置灭火器。[见图 1.2.130]

2）规范要求

➤ 《建筑设计防火规范》(GB 50016—2014〈2018 年版〉)规定：

8.1.10 高层住宅建筑的公共部位和公共建筑内应设置灭火器，其他住宅建筑的公共部位宜设置灭火器。

3）应对措施

消防控制室等设备间属于公共部位，因此，应按规范配置灭火器。[见图 1.2.131]

4）图示说明

图 1.2.130 错误做法

图 1.2.131 正确做法

问题 3：配置的灭火器已超过报废期限。

1）问题描述

（1）配置的灭火器已超过规范规定的报废期限。[见图 1.2.132(a)]

（2）使用生产年代不明或锈蚀严重的灭火器。[见图 1.2.132(b)]

2）规范要求

➤ 《建筑灭火器配置验收及检查规范》(GB 50444—2008)有关规定：

5.4.3 灭火器出厂时间达到或超过表 5.4.3 规定的报废期限时应报废。

5.4.4 灭火器报废后,应按照等效替代的原则进行更换。

表 5.4.3　灭火器的报废期限

灭火器类型		报废期限(年)
水基型灭火器	手提式水基型灭火器	6
	推车式水基型灭火器	
干粉灭火器	手提式(贮压式)干粉灭火器	10
	手提式(储气瓶式)干粉灭火器	
	推车式(贮压式)干粉灭火器	
	推车式(储气瓶式)干粉灭火器	
洁净气体灭火器	手提式洁净气体灭火器	
	推车式洁净气体灭火器	
二氧化碳灭火器	手提式二氧化碳灭火器	12
	推车式二氧化碳灭火器	

3) 图示说明

图 1.2.132(a)　错误做法

图 1.2.132(b)　错误做法

问题 4: 灭火器未配置灭火器箱等问题。

1) 问题描述

(1) 灭火器未配置灭火器箱,直接放置在湿度较大的地面上,造成灭火器锈蚀。[见图1.2.133(a)]

(2) 灭火器指示标志不规范或无自发光功能。[见图 1.2.133(b)(c)]

2) 规范要求

➤ 《建筑灭火器配置验收及检查规范》(GB 50444—2008)规定:

3.1.1　灭火器的安装设置应包括灭火器、灭火器箱、挂钩、托架和发光指示标志等的安装。[见图 1.2.134]

3.1.4　灭火器的安装设置应稳固,灭火器的铭牌应朝外,灭火器的器头宜向上。

195

3）图示说明

灭火器未配置灭火器箱，容易碰倒；附近地面设有排水口，湿度大，容易造成灭火器锈蚀

图 1.2.133(a) 错误做法

灭火器指示标志做法不规范

图 1.2.133(b) 错误做法

灭火器指示标志无自发光功能

图 1.2.133(c) 错误做法

夜间自发光

灭火器指示标志带自发光功能，设置符合要求

图 1.2.134 正确做法

问题 5：灭火器未按照设计图纸安装设置。

1）问题描述

灭火器未按照设计图纸和安装说明安装设置，且设置在不易发现的地方。［见图 1.2.135(a)(b)(c)］

2）规范要求

➤ 《建筑灭火器配置验收及检查规范》(GB 50444—2008)有关规定：

3.1.2 灭火器的安装设置应按照建筑灭火器配置设计图和安装说明进行，安装设置单位应按照本规范附录 A 的规定编制建筑灭火器配置定位编码表。

3.1.3 灭火器的安装设置应便于取用，且不得影响安全疏散。

3.1.4 灭火器的安装设置应稳固，灭火器的铭牌应朝外，灭火器的器头宜向上。

3）图示说明

灭火器箱被其他物品遮挡，且放置在安全出口边缘，影响人员疏散

图 1.2.135(a) 错误做法

灭火器箱放置在楼梯口，影响人员疏散

图 1.2.135(b) 错误做法

灭火器箱被其他物品遮挡，不容易被发现，也不便于取用

图 1.2.135(c) 错误做法

问题6：集中布置的充电设施区域或电动自行车停放充电场所的灭火器设置不符合要求。

1）问题描述

1）集中布置的充电设施区域，未按"严重危险级"配置灭火器；

2）电动自行车停放充电场所，单具灭火器的灭火级别小于 3A。［见图 1.2.136］

2）规范要求

➢《电动汽车分散充电设施工程技术标准》(GB/T 51313—2018)规定：

6.1.7 集中布置的充电设施区域应按现行国家标准《建筑灭火器配置设计规范》GB 50140 的规定配置灭火器，并宜选用干粉灭火器。

条文说明：电动汽车充电过程火灾风险较大，因此按照"严重危险级"配置灭火器，电动汽车特别是动力电池发生火灾后，灭火器有效扑灭火灾的可能性较小，因此灭火器的配置主要考虑扑救充电设施，因此建议选用干粉灭火器。

➢《电动自行车停放充电场所消防技术规范》(DB32/T 3904—2020)规定：

8.2 消防器材

电动自行车停放充电场所应配置灭火器，灭火器配置的危险等级可按中危险级确定，单具灭火器的灭火级别应不小于 3A，灭火器宜采用能适用于 A、E 类火灾的灭火器，灭火器配置应符合 GB 50140 的规定。

3）图示说明

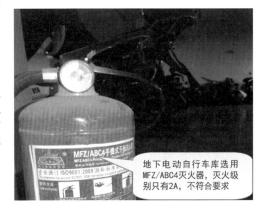

地下电动自行车库选用 MFZ/ABC4 灭火器，灭火级别只有2A，不符合要求

图 1.2.136 错误做法

第三章　电气专业

电气专业由消防供配电设施、火灾自动报警系统和应急照明及疏散指示系统组成。消防供配电设施是保障在火灾条件下的电能连续供给的设施,对保障建筑消防用电设备的供电可靠性是非常重要的。火灾自动报警系统是设置在建(构)筑物中,用以实现火灾早期探测和报警、向各类消防设备发出控制信号,进而实现预定消防功能的一种自动消防设施,对早期发现和通报火灾,及时通知人员疏散并进行灭火,以及预防和减少人员伤亡、控制火灾损失等方面起着至关重要的作用。应急照明及疏散指示系统是为人员疏散和发生火灾时仍需工作的场所提供照明和疏散指示的系统,对应急疏散和救援有着重要作用。

本章主要介绍了电气专业中的消防供配电设施、火灾自动报警系统和应急照明及疏散指示系统的设计、施工和验收中存在的质量通病,以及规范的正确应用和应对措施。

第一节　消防供配电设施

问题1:消防用电设备未在最末一级配电箱处设置自动切换装置。

1) 问题描述

消防控制室、消防水泵房、防烟和排烟风机房的消防用电设备及消防电梯的供电,未在其配电线路的最末一级配电箱处设置双电源自动切换装置。[见图 1.3.1]

2) 规范要求

➤ 《建筑设计防火规范》(GB 50016—2014〈2018 年版〉)规定:

10.1.8 消防控制室、消防水泵房、防烟和排烟风机房的消防用电设备及消防电梯等的供电,应在其配电线路的最末一级配电箱处设置自动切换装置。[见图 1.3.2]

注: 本条规定的最末一级配电箱:对于消防控制室、消防水泵房、防烟和排烟风机房的消防用电设备及消防电梯等,为上述消防设备或消防设备室处的最末级配电箱;对于其他消防设备用电,如防火卷帘、消防应急照明和疏散指示标志等,为这些用电设备所在防火分区的配电箱。

3) 图示说明

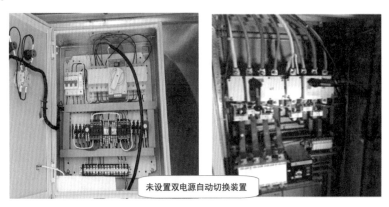

图 1.3.1 错误做法

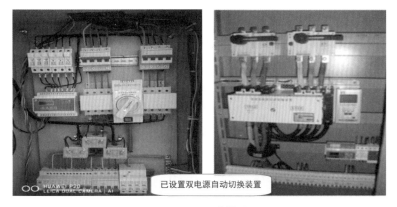

图 1.3.2 正确做法

问题 2：消防配电线缆敷设的防火保护措施不符合要求。

1) 问题描述

消防配电线缆明敷时未穿管(或已穿管但非金属管)保护[见**图** 1.3.3(a)]；金属导管或封闭式金属槽盒未采取防火保护措施(采用矿物绝缘类不燃性电缆除外)[见**图** 1.3.3(b)(c)]；暗敷在不燃性结构层内时保护层厚度未达到 30 mm 要求。

2) 规范要求

➤ 《建筑设计防火规范》(GB 50016—2014〈2018 年版〉)规定：

10.1.10 消防配电线路应满足火灾时连续供电的需要,其敷设应符合下列规定：

1 明敷时(包括敷设在吊顶内),应穿金属导管或采用封闭式金属槽盒保护,金属导管或封闭式金属槽盒应采取防火保护措施[见**图** 1.3.4]；当采用阻燃或耐火电缆并敷设在电缆井、沟内时,可不穿金属导管或采用封闭式金属槽盒保护；当采用矿物绝缘类不燃性电缆时,可直接明敷。

2 暗敷时,应穿管并应敷设在不燃性结构内且保护层厚度不应小于 **30 mm**。

3）图示说明

图 1.3.3(a) 错误做法　　　图 1.3.3(b) 错误做法　　　图 1.3.3(c) 错误做法

图 1.3.4　正确做法

问题 3：火灾自动报警系统的配电线路与传输线路设置在室外时，未埋地敷设。

1）问题描述

火灾自动报警系统的配电线路与传输线路设置在室外时，未埋地敷设，不符合规范要求。［见图 1.3.5］

2）规范要求

➢《火灾自动报警系统设计规范》(GB 50116—2013)规定：

11.1.3　火灾自动报警系统的供电线路和传输线路设置在室外时，应埋地敷设。

3）图示说明

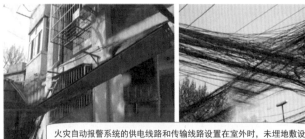

图 1.3.5　错误做法

问题4：按一级负荷供电的消防电源设置不符合规范要求。

1）问题描述

（1）消防系统供电未采用双重电源；[见图 1.3.6(a)]

（2）一级负荷供配电系统已施工完毕，但供电部门还没有正式送电；

（3）项目供配电系统未施工调试完毕，暂时无法达到消防用电的负荷等级要求。[见图 1.3.6(b)]

2）规范要求

➢《供配电系统设计规范》(GB 50052—2009)规定：

3.0.2 一级负荷应由双重电源供电，当一电源发生故障时，另一电源不应同时受到损坏。[见图 1.3.7(a)]

注：一级负荷电源来自两个不同发电厂或来自两个区域变电站（电压一般在 35 kV 及以上）；电源来自一个区域变电站的，另一个应设置自备发电设备。

3）应对措施

一级负荷供电的建设项目应按照规范要求解决好上述消防供配电系统存在的问题，做好消防电源的设置和正常供电，确保消防验收顺利通过。[见图 1.3.7(b)]

4）图示说明

图 1.3.6(a) 错误做法

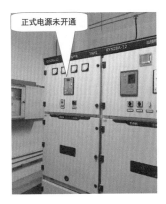

图 1.3.6(b) 错误做法

图 1.3.7(a) 正确做法

图 1.3.7(b) 正确做法

第二节　火灾自动报警系统

问题1：短路隔离器未设置或设置不符合规范要求。

1）问题描述

　　系统总线上未设置短路隔离器；短路隔离器保护的设备的总数超过32点；树形结构系统的总线短路隔离器未并连接于报警总线和电源线上。

2）规范要求

➤ 《火灾自动报警系统设计规范》（GB50116—2013）规定：

　　3.1.6 系统总线上应设置总线短路隔离器，每只总线短路隔离器保护的火灾探测器、手动火灾报警按钮和模块等消防设备的总数不应超过32点；总线穿越防火分区时，应在穿越处设置总线短路隔离器。[见图1.3.8]

3）图示说明

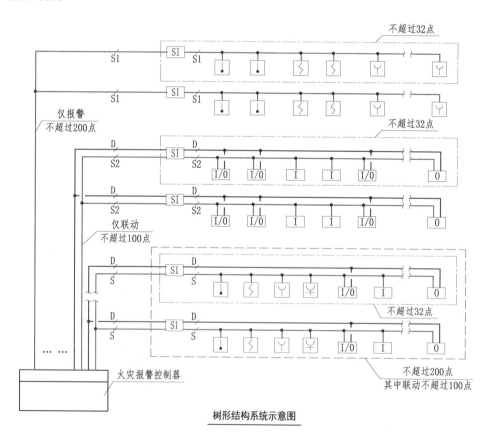

树形结构系统示意图

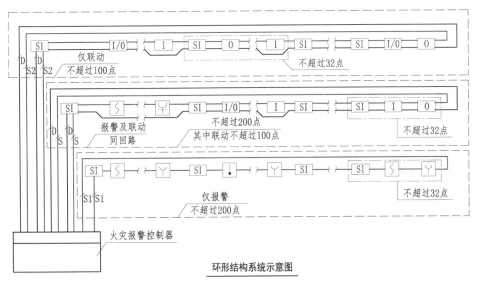

环形结构系统示意图

图 1.3.8　正确做法

问题 2：消防控制室内消防设备的布置及安装不符合规范要求。

1）问题描述

消防控制室内消防设备的布置拥挤、叠加，未有明显间隔；设备安装在轻质墙上时未采取加固措施；设备底边高出地（楼）面距离不足等。[**见图** 1.3.9]

2）规范要求

➤ 《火灾自动报警系统设计规范》(GB 50116—2013)有关规定：

3.4.8　消防控制室内设备的布置应符合下列规定：[**见图** 1.3.10]

1　设备面盘前的操作距离，单列布置时不应小于 1.5 m；双列布置时不应小于 2 m。

2　在值班人员经常工作的一面，设备面盘至墙的距离不应小于 3 m。

3　设备面盘后的维修距离不宜小于 1 m。

4　设备面盘的排列长度大于 4 m 时，其两端应设置宽度不小于 1 m 的通道。

5　与建筑其他弱电系统合用的消防控制室内，消防设备应集中设置，并应与其他设备间有明显间隔。

6.1.3　火灾报警控制器和消防联动控制器安装在墙上时，其主显示屏高度宜为1.5～1.8 m，其靠近门轴的侧面距墙不应小于 0.5 m，正面操作距离不应小于 1.2 m。

➤ 《火灾自动报警系统施工及验收标准》(GB 50166—2019)有关规定：

3.3.1　火灾报警控制器、消防联动控制器、火灾显示盘、控制中心监控设备、家用火灾报警控制器、消防电话总机、可燃气体报警控制器、电气火灾监控设备、防火门监控器、消防设备电源监控器、消防控制室图形显示装置、传输设备、消防应急广播控制装置等控制与显示类设备的安装应符合下列规定：

　　1　应安装牢固,不应倾斜;

　　2　安装在轻质墙上时,应采取加固措施;

　　3　落地安装时,其底边宜高出地(楼)面 100～200 mm。

3) 应对措施

　　(1) 设计人员应根据消防设备的布置规划与建筑设计专业充分沟通,预留足够的消防控制室面积;

　　(2) 应根据选用的产品按相关规范标准进行二次深化设计,做出详细、准确的消防控制室设备布置大样图,施工单位应严格按照设计图纸及规范施工。

4) 图示说明

图 1.3.9　错误做法

图 1.3.10　正确做法

问题 3:防火门监控系统门磁故障或无信号反馈等。

1) 问题描述

　　防火门监控系统门磁开关安装间距过大[**见图** 1.3.11(a)];按规范规定的具有信号反馈功能的防火门无开启、关闭及故障状态信号反馈和控制功能[**见图** 1.3.11(b)]。

2) 规范要求

　　➢ 《建筑设计防火规范》(GB 50016—2014〈2018 年版〉)有关规定:

　　6.4.10　疏散走道在防火分区处应设置常开甲级防火门。

　　6.5.1　防火门的设置应符合下列规定:

　　1　设置在建筑内经常有人通行处的防火门宜采用常开防火门。常开防火门应能在火灾时自行关闭,并应具有信号反馈的功能。

　　➢ 《火灾自动报警系统设计规范》(GB 50116—2013)规定:

　　4.6.1　防火门系统的联动控制设计,应符合下列规定:

　　1　应由常开防火门所在防火分区内的两只独立的火灾探测器或一只火灾探测器与一只手动火灾报警按钮的报警信号,作为常开防火门关闭的联动触发信号,联动触发信号应由火灾报警控制器或消防联动控制器发出，并应由消防联动控制器或防火门监控器联动控制防火门关闭〔见图 1.3.12(a)〕。

　　2　疏散通道上各防火门的开启、关闭及故障状态信号应反馈至防火门监控器。〔见图 1.3.12(b)〕

3）图示说明

图 1.3.11(a)　错误做法

图 1.3.11(b)　错误做法

图 1.3.12(a)　正确做法

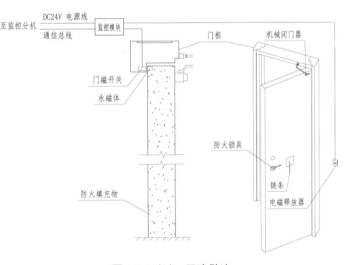

图 1.3.12(b)　正确做法

问题 4：用于疏散通道上防火卷帘联动控制的感温探测器设置不符合规范要求。

1）问题描述

　　用在疏散通道上防火卷帘的任一侧离卷帘纵深 0.5～5 m 内未设置或只设置一只感温探测器，其二步降未能通过专用的感温火灾探测器的报警信号联动控制防火卷帘下降到楼板面。

2）规范要求

➤《火灾自动报警系统设计规范》(GB 50116—2013)规定：

　　4.6.3　疏散通道上设置的防火卷帘的联动控制设计，应符合下列规定：

1 联动控制方式,防火分区内任两只独立的感烟火灾探测器或任一只专门用于联动防火卷帘的感烟火灾探测器的报警信号应联动控制防火卷帘下降至距楼板面 1.8 m 处;任一只专门用于联动防火卷帘的感温火灾探测器的报警信号应联动控制防火卷帘下降到楼板面;在卷帘的任一侧距卷帘纵深 0.5～5 m 内应设置不少于 2 只专门用于联动防火卷帘的感温火灾探测器。[见图 1.3.13]

注: 卷帘的任一侧离卷帘纵深 0.5～5 m 内设置不少于 2 只专门用于联动防火卷帘的感温火灾探测器,是为了保障防火卷帘在火势蔓延到防护卷帘前及时动作,也是为了防止单只探测器由于偶发故障而不能动作。

3) 图示说明

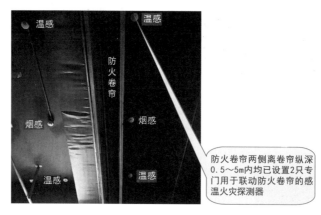

图 1.3.13　正确做法

问题 5:声光报警器与消防广播不能交替循环播放。

1) 问题描述

声光报警器与消防广播不能交替循环播放。火灾时,先鸣警报装置,高分贝的啸叫会刺激人的神经使人立刻警觉,然后再播放广播通知疏散,如此循环进行效果更好。

2) 规范要求

➢《火灾自动报警系统设计规范》(GB 50116—2013)规定:

4.8.6　火灾声警报器单次发出火灾警报时间宜为 8～20 s,同时设有消防应急广播时,火灾声警报应与消防应急广播交替循环播放。

问题 6:探测器设置未考虑梁的影响因素。

1) 问题描述

在有梁的顶棚上设置点型火灾探测器时,安装探测器未考虑梁的影响;当梁突出顶棚的高度超过 600 mm 时,被梁隔断的每个梁间区域未设置探测器。[见图 1.3.14]

2) 规范要求

➢《火灾自动报警系统设计规范》(GB 50116—2013)规定:

6.2.3 在有梁的顶棚上设置点型感烟火灾探测器、感温火灾探测器时,应符合下列规定:

1 当梁突出顶棚的高度小于 200 mm 时,可不计梁对探测器保护面积的影响。

2 当梁突出顶棚的高度为 200～600 mm 时,应按本规范附录 F、附录 G 确定梁对探测器保护面积的影响和一只探测器能够保护的梁间区域的数量。

3 当梁突出顶棚的高度超过 600 mm 时,被梁隔断的每个梁间区域应至少设置一只探测器。

3) 图示说明

图 1.3.14 错误做法

问题 7: 点型探测器的设置不符合规范要求。

1) 问题描述

点型探测器与照明灯间距过小[见图 1.3.15(a)];点型探测器至墙壁的水平距离小于 0.5 m[见图 1.3.15(b)];点型探测器距空调送风口边的水平距离小于 1.5 m[见图 1.3.15(c)]。

2) 规范要求

➤ 《火灾自动报警系统设计规范》(GB 50116—2013)有关规定:

6.2.4 在宽度小于 3 m 的内走道顶棚上设置点型探测器时,宜居中布置。感温火灾探测器的安装间距不应超过 10 m;感烟火灾探测器的安装间距不应超过 15 m;探测器至端墙的距离,不应大于探测器安装间距的 1/2。

6.2.5 点型探测器至墙壁、梁边的水平距离,不应小于 0.5 m。

6.2.6 点型探测器周围 0.5 m 内,不应有遮挡物。[见图 1.3.16(a)]

6.2.7 房间被书架、设备或隔断等分隔,其顶部至顶棚或梁的距离小于房间净高的 5% 时,每个被隔开的部分应至少安装一只点型探测器。

6.2.8 点型探测器至空调送风口边的水平距离不应小于 1.5 m,并宜接近回风口安装。探测器至多孔送风顶棚孔口的水平距离不应小于 0.5 m。[见图 1.3.16(b)]

3）图示说明

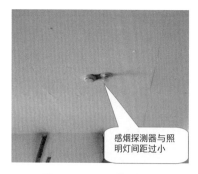

图 1.3.15(a) 错误做法

图 1.3.15(b) 错误做法

图 1.3.15(c) 错误做法

图 1.3.16(a) 正确做法

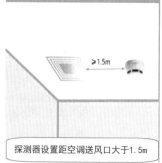

图 1.3.16(b) 正确做法

问题 8：感烟火灾探测器在格栅吊顶场所的设置不规范。

1）问题描述

格栅吊顶处的感烟火灾探测器没有根据格栅镂空面积与总面积的比例情况进行设置。
［见图 1.3.17(a)(b)］

2）规范要求

➤ 《火灾自动报警系统设计规范》(GB 50116—2013)规定：

6.2.18 感烟火灾探测器在格栅吊顶场所的设置,应符合下列规定：

1 镂空面积与总面积的比例不大于 15% 时,探测器应设置在吊顶下方。

2 镂空面积与总面积的比例大于 30% 时,探测器应设置在吊顶上方。

3 镂空面积与总面积的比例为 15%～30% 时,探测器的设置部位应根据实际试验结果确定。

4 探测器设置在吊顶上方且火警确认灯无法观察时,应在吊顶下方设置火警确认灯。

5 地铁站台等有活塞风影响的场所,镂空面积与总面积的比例为 30%～70% 时,探测器宜同时设置在吊顶上方和下方。

3）应对措施

镂空面积与总面积的比例为 15%～30%,且探测器应设置部位无确定的实际试验结

果支持时,探测宜同时设置在吊顶上方和下方。[**见图** 1.3.18(a)(b)]

4) 图示说明

格栅吊顶镂空面积与总面积的比例不大于15%时,探测器未设置在吊顶下方

图 1.3.17(a) 错误做法

格栅吊顶镂空面积与总面积的比例大于30%时,探测器未设置在吊顶上方

图 1.3.17(b) 错误做法

格栅吊顶镂空面积与总面积的比例不大于15%时,探测器设置在吊顶下方

格栅吊顶镂空面积与总面积的比例大于30%时,探测器设置在吊顶上方

图 1.3.18(a) 正确做法

序号	镂空面积与总面积的比例	感烟探测器设置位置
1	≤15%	格栅吊顶　　　吊顶
2	>30%	格栅吊顶　(b)　(a)　吊顶　火警确认灯
3	15%~30%	应根据实际试验结果确定
4	30%~70% 注:有活塞风影响的场所。	格栅吊顶　　　吊顶

[注释]
1 表中总面积为一个场所吊顶的全面积,镂空面积为格栅吊顶镂空面积。
2 探测器设在吊顶上方时宜设置在格栅吊顶镂空面积的上方,见左表序号2图中(b)。
3 当感烟火灾探测器在吊顶上方设置无法观察到火警确认灯时,应在吊顶下方设置火警确认灯,见左表序号2图中(a)。
4 当感烟火灾探测器在格栅吊顶镂空面积上方安装,可以观察到火警确认灯时,不需在格栅吊顶下方设置火警确认灯,见左表序号2图中(b)。
5 地铁站台的活塞风为:当列车在站台中运行时,空气被列车带动而顺着列车运行前进的方向流动,所形成的风称为活塞风。

图 1.3.18(b) 正确做法

问题9：消防电梯前室未设置火灾光警报器。

1）问题描述

消防电梯前室未设置火灾光警报器，发生火灾时，将会影响人员疏散和灭火救援。［见图 1.3.19］

2）规范要求

➤《火灾自动报警系统设计规范》(GB 50116—2013)规定：

6.5.1 火灾光警报器应设置在每个楼层的楼梯口、消防电梯前室、建筑内部拐角等处的明显部位，且不宜与安全出口指示标志灯具设置在同一面墙上。

3）图示说明

消防电梯前室未设置火灾光警报器

图 1.3.19 错误做法

问题10：消防水泵房、发电机房、消防值班室等未设置消防专用电话分机。

1）问题描述

消防水泵房、发电机房、消防值班室、灭火控制系统操作装置处等未设置消防专用电话分机。［见图 1.3.20］

2）规范要求

➤《火灾自动报警系统设计规范》(GB 50116—2013)规定：

6.7.4 电话分机或电话插孔的设置，应符合下列规定：

1 消防水泵房、发电机房、配变电室、计算机网络机房、主要通风和空调机房、防排烟机房、灭火控制系统操作装置处或控制室、企业消防站、消防值班室、总调度室、消防电梯机房及其他与消防联动控制有关的且经常有人值班的机房应设置消防专用电话分机。消防专用电话分机，应固定安装在明显且便于使用的部位，并应有区别于普通电话的标识。［见图 1.3.21］

3) 图示说明

  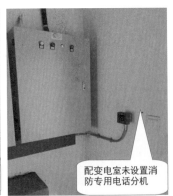

图 1.3.20　错误做法

图 1.3.21　正确做法

问题 11：模块设置在配电(控制)柜(箱)内。

1) 问题描述

　　模块设置在配电箱内,由于模块的工作电压通常为 24 V,不应与其他电压等级的设备混装。一旦混装,可能相互产生影响,导致设备不能可靠运行。[见图 1.3.22]

2) 规范要求

➤ 《火灾自动报警系统设计规范》(GB 50116—2013)有关规定:

6.8.1　每个报警区域内的模块宜相对集中设置在本报警区域内的金属模块箱中。

6.8.2　模块严禁设置在配电(控制)柜(箱)内。[见图 1.3.23]

3）图示说明

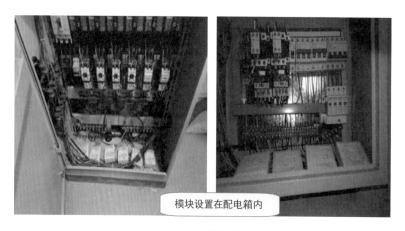

模块设置在配电箱内

图 1.3.22　错误做法

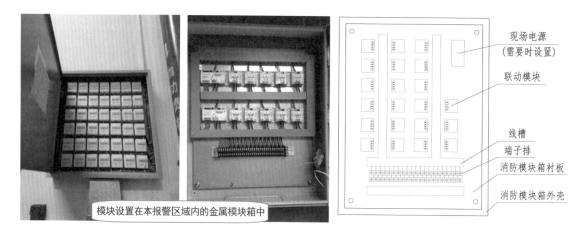

模块设置在本报警区域内的金属模块箱中

现场电源
（需要时设置）

联动模块

线槽

端子排

消防模块箱衬板

消防模块箱外壳

消防箱内部设备示意图

图 1.3.23　正确做法

问题 12：消防模块或模块箱无标识。

1）问题描述

消防模块或模块箱未按规定设置标识，不便于后期消防人员维修查找。[见图 1.3.24]

2）规范要求

➤《火灾自动报警系统设计规范》(GB 50116—2013)有关规定：[见图 1.3.25]

6.8.1　每个报警区域内的模块宜相对集中设置在本报警区域内的金属模块箱中。

6.8.4　未集中设置的模块附近应有尺寸不小于 100 mm×100 mm 的标识。

3）图示说明

图 1.3.24 错误做法

图 1.3.25 正确做法

问题 13：厨房可燃气体探测报警系统未设置火灾声光警报器。

1）问题描述

厨房可燃气体探测报警系统未设置火灾声光警报器，因为可燃气体探测器报警表明保护区域内存在超出正常允许浓度的可燃气体泄漏，启动保护区域的火灾声光警报器可以警示相关人员进行必要的处置。[见图 1.3.26]

2）规范要求

➤ 《火灾自动报警系统设计规范》(GB 50116—2013)有关规定：

8.1.1 可燃气体探测报警系统应由可燃气体报警控制器、可燃气体探测器和火灾声光警报器等组成。

8.1.5 可燃气体报警控制器发出报警信号时，应能启动保护区域的火灾声光警报器。

3）应对措施

可选用集声、光警报和显示可燃气体浓度功能于一体的厨房可燃气体探测器。

4）图示说明

图 1.3.26 错误做法

问题14：火灾自动报警系统设备的主电源供电回路设置了剩余电流动作保护或过负荷保护装置。

1）问题描述

火灾自动报警系统设备的主电源供电回路设置了剩余电流动作保护或过负荷保护装置。剩余电流动作保护和过负荷保护装置一旦报警会自动切断设备主电源，导致火灾自动报警系统无法正常运行。[见图 1.3.27]

2）规范要求

➤ 《火灾自动报警系统设计规范》（GB 50116—2013）规定：

10.1.4 火灾自动报警系统主电源不应设置剩余电流动作保护和过负荷保护装置。

3）应对措施

施工单位应根据施工图和规范要求，在配电回路中安装单磁式断路器等无自动切断功能的断路器。

4）图示说明

图 1.3.27 错误做法

问题15：不同的线路穿在同一管内或强弱电线路敷设在同一桥架内等。

1）问题描述

将不同系统、不同电压等级、不同电流类别的线路穿在同一管内或槽盒的同一槽孔内[见图 1.3.28(a)]；将强弱电线路敷设在同一桥架内，且无分隔设施[见图 1.3.28(b)]。

2）规范要求

➤ 《火灾自动报警系统施工及验收标准》（GB 50166—2019）规定：

3.2.12 系统应单独布线，除设计要求以外，系统不同回路、不同电压等级和交流与直流的线路，不应布在同一管内或槽盒的同一槽孔内。

➤ 《火灾自动报警系统设计规范》（GB 50116—2013）规定：

11.2.5 不同电压等级的线缆不应穿入同一根保护管内，当合用同一线槽时，线槽内应有隔板分隔。[见图 1.3.29]

3）图示说明

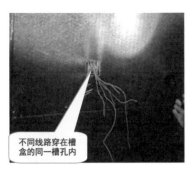

图 1.3.28(a)　错误做法

图 1.3.28(b)　错误做法

图 1.3.29　正确做法

问题 16：可弯曲金属电气导管的长度不符合规范要求。

1）问题描述

　　可弯曲金属电气导管的长度超过 2 m，不符合规范要求。

2）规范要求

　　➤《火灾自动报警系统施工及验收标准》(GB 50166—2019)规定：

　　3.2.14　从接线盒、槽盒等处引到探测器底座、控制设备、扬声器的线路，当采用可弯曲金属电气导管保护时，其长度不应大于 2 m。[见图 1.3.30]

3）图示说明

图 1.3.30　正确做法

问题 17：火灾自动报警联动控制系统的传输线路保护方式不符合要求。

1）问题描述

　　火灾自动报警联动系统的传输线路采用塑料线槽明敷。[见图 1.3.31]

2）规范要求

　　➤《火灾自动报警系统设计规范》(GB 50116—2013)有关规定：

11.2.1 火灾自动报警系统的传输线路应采用金属管、可挠(金属)电气导管、B1级以上的刚性塑料管或封闭式线槽保护。

11.2.2 火灾自动报警系统的供电线路、消防联动控制线路应采用耐火铜芯电线电缆，报警总线、消防应急广播和消防专用电话等传输线路应采用阻燃或阻燃耐火电线电缆。

11.2.3 线路暗敷设时,应采用金属管、可挠(金属)电气导管或B1级以上的刚性塑料管保护,并应敷设在不燃烧体的结构层内,且保护层厚度不宜小于30 mm;线路明敷设时,应采用金属管、可挠(金属)电气导管或金属封闭线槽保护。矿物绝缘类不燃性电缆可直接明敷。

➤ 《火灾自动报警系统设计规范》图示(14X505-1)P72页：

采用阻燃耐火电线电缆的供电线路、消防联动控制线路和采用阻燃电线电缆的传输线路明敷时,其保护管或线槽可**不做防火保护措施**。

当报警总线回路上带有控制模块时,该报警总线传输线路应按消防联动控制线路的要求采用耐火铜芯电线电缆。

3）图示说明

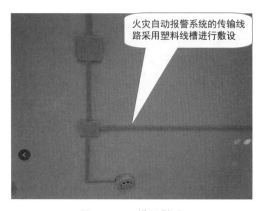

图 1.3.31 错误做法

问题 18：火灾报警控制器线缆未标明编号等。

1）问题描述

引入火灾报警控制器的引入线缆未绑扎成束,未标明编号,不便于消防人员进行故障检查和维修。[见图 1.3.32]

2）规范要求

➤ 《火灾自动报警系统施工及验收标准》(GB 50166—2019)规定：

3.3.2 控制与显示类设备的引入线缆应符合下列规定：[见图 1.3.33]

1 配线应整齐,不宜交叉,并应固定牢靠；

2 线缆芯线的端部均应标明编号,并应与设计文件一致,字迹应清晰且不易褪色；

5 线缆应绑扎成束。

3）图示说明

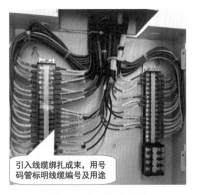

图 1.3.32　错误做法　　　　　　图 1.3.33　正确做法

问题 19：控制器的主电源采用插头连接。

1）问题描述

　　控制器的主电源采用插头连接，不利于消防设备的安全运行，用户有可能经常拔掉插头作为他用，造成控制器主电源断电。[见图 1.3.34]

2）规范要求

　　➤《火灾自动报警系统施工及验收标准》（GB 50166—2019）规定：

　　3.3.3　控制与显示类设备应与消防电源、备用电源直接连接，不应使用电源插头。

3）图示说明

图 1.3.34　错误做法

问题 20：火灾光警报装置的设置不符合规范要求。

1）问题描述

　　火灾光警报装置与消防应急疏散指示标志灯具安装在同一面墙上，且距离小于 1 m。[见图 1.3.35]

2）规范要求

➤ 《火灾自动报警系统施工及验收标准》（GB 50166—2019）规定：

3.3.19 消防应急广播扬声器、火灾警报器、喷洒光警报器、气体灭火系统手动与自动控制状态显示装置的安装，应符合下列规定：

2 火灾光警报装置应安装在楼梯口、消防电梯前室、建筑内部拐角等处的明显部位，且不宜与消防应急疏散指示标志灯具安装在同一面墙上，确需安装在同一面墙上时，距离不应小于 1 m。［见图 1.3.36］

3）图示说明

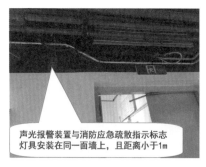

图 1.3.35 错误做法

图 1.3.36 正确做法

问题 21：消防用电设备的金属外壳未设接地保护或设置不符合要求。

1）问题描述

交流供电和 36 V 以上直流供电的消防用电设备的金属外壳未设接地保护或设置不符合规范要求。［见图 1.3.37］

2）规范要求

➤ 《火灾自动报警系统施工及验收标准》（GB 50166—2019）规定：

3.4.2 交流供电和 36 V 以上直流供电的消防用电设备的金属外壳应有接地保护，其接地线应与电气保护接地干线（PE）相连接。［见图 1.3.38］

3）图示说明

图 1.3.37 错误做法

图 1.3.38 正确做法

问题 22：消防控制室未设置图形显示装置，或设置但不能接收相关信号等。

1）问题描述

消防控制室未设置图形显示装置或图形显示装置不能接收火警信号、联动信号和故障信号。［见图 1.3.39］

2）规范要求

➤ 《火灾自动报警系统施工及验收标准》(GB 50166—2019)规定：

4.1.4 消防控制室图形显示装置的消防设备运行状态显示功能应符合下列规定：［见图 1.3.40］

1 消防控制室图形显示装置应接收并显示火灾报警控制器发送的火灾报警信息、故障信息、隔离信息、屏蔽信息和监管信息；

2 消防控制室图形显示装置应接收并显示消防联动控制器发送的联动控制信息、受控设备的动作反馈信息；

3 消防控制室图形显示装置显示的信息应与控制器的显示信息一致。

3）图示说明

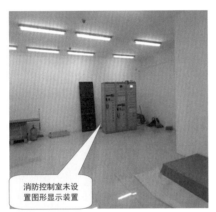 

图 1.3.39 错误做法

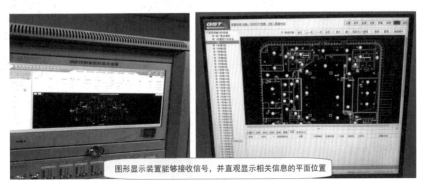

图 1.3.40 正确做法

第三节 应急照明及疏散指示系统

问题1：保持视觉连续的方向标志灯等不符合规范要求。

1）问题描述

疏散通道地面上设置的灯光型疏散指示标志未指向安全出口[见图 1.3.41]；疏散指示灯在火灾情况下指示方向不准确；保持视觉连续的方向标志灯未设置在疏散走道地面的中心位置。

2）规范要求

➢《消防应急照明和疏散指示系统技术标准》(GB 51309—2018)有关规定：

3.1.4 条文解释：(3)根据建、构筑物的疏散预案确定该疏散单元的疏散指示方案。对于具有一种疏散预案的场所，按照各疏散路径的流向确定该场所各疏散走道、通道上设置的指示疏散方向的消防应急标志灯具(以下简称"方向标志灯")箭头指示方向；对于具有两种及以上疏散预案的场所，首先按照不同疏散预案对应的各疏散路径的流向确定该场所各疏散走道、通道上设置的方向标志灯的指示箭头方向；同时，按照不同疏散预案对应的疏散出口变更情况，确定各疏散出口设置的指示出口消防应急标志灯具(以下简称"出口标志灯")的工作状态，即预先分配的疏散出口不能再用于疏散时，该出口设置的出口标志灯"出口指示标志"的光源应熄灭、"禁止入内"指示标志的光源应点亮。

3.2.9 方向标志灯的设置应符合下列规定：

3 保持视觉连续的方向标志灯应符合下列规定：[见图 1.3.42]

　　1）应设置在疏散走道、疏散通道地面的中心位置；

　　2）灯具的设置间距不应大于 3 m。

3）图示说明

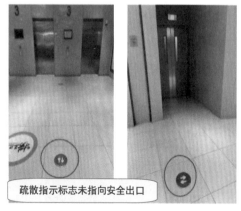

图 1.3.41 错误做法

图 1.3.42 正确做法

问题2：配电室、消防控制室等发生火灾仍需工作、值守区域，未设置应急照明灯或备用照明。

1）问题描述

配电室、消防控制室、消防水泵房、自备发电机房等发生火灾仍需工作、值守区域未设置应急照明灯或备用照明，此类场所的消防应急照明和消防备用照明不能互相替代。［**见图** 1.3.43］

2）规范要求

➢ 《消防应急照明和疏散指示系统技术标准》(GB 51309—2018)有关规定：

3.2.5 表3.2.5［照明灯的部位或场所及其地面水平最低照度表］Ⅳ-8款规定，配电室、消防控制室、消防水泵房、自备发电机房等发生火灾时仍需工作、值守的区域，消防应急照明灯具地面水平最低照度不应低于1.0 lx。［**见图** 1.3.44］

3.8.1 避难间(层)及配电室、消防控制室、消防水泵房、自备发电机房等发生火灾时仍需工作、值守的区域应同时设置备用照明、疏散照明和疏散指示标志。

➢ 《建筑设计防火规范》(GB 50016—2014〈2018年版〉)规定：

10.3.3 消防控制室、消防水泵房、自备发电机房、配电室、防排烟机房以及发生火灾时仍需正常工作的消防设备房应设置备用照明，其作业面的最低照度不应低于正常照明的照度。

3）图示说明

消防控制室未设置应急照明灯和备用照明

图1.3.43 错误做法

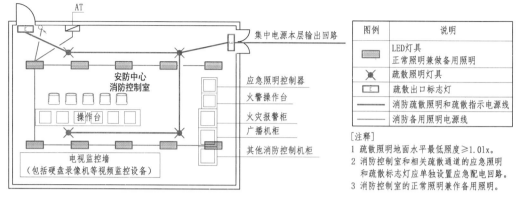

图 1.3.44　正确做法

问题 3：疏散走道灯光疏散指示标志的设置不符合要求。

1）问题描述

1）有维护结构的疏散走道,灯光疏散指示标志未设在走道两侧距地面 1 m 以下的墙面、柱上;［**见图** 1.3.45(a)］

2）疏散走道转角区未设置灯光疏散指示标志或标志灯与转角处边墙的距离大于 1 m;［**见图** 1.3.45(b)］

3）安全出口或疏散门在疏散走道侧边时,疏散走道上方未设置指向安全出口或疏散门的方向标志灯;［**见图** 1.3.45(c)］

4）疏散走道灯光疏散指示标志未设置或布置间距不符合要求。［**见图** 1.3.45(d)］

2）规范要求

➤ 《建筑设计防火规范》(GB 50016—2014〈2018 年版〉)规定:

10.3.5　公共建筑、建筑高度大于 54 m 的住宅建筑、高层厂房(库房)和甲、乙、丙类单、多层厂房,应设置灯光疏散指示标志,并应符合下列规定:

1　应设置在安全出口和人员密集的场所的疏散门的正上方;［**见图** 1.3.46(a)］

2　应设置在疏散走道及其转角处距地面高度 1.0 m 以下的墙面或地面上［**见图** 1.3.46(a)］。灯光疏散指示标志的间距不应大于 20 m;对于袋形走道,不应大于 10 m;在走道转角区,不应大于 1.0 m［**见图** 1.3.46(b)］。

➤ 《消防应急照明和疏散指示系统技术标准》(GB 51309—2018)规定:

3.2.9　方向标志灯的设置应符合下列规定:

1　有维护结构的疏散走道、楼梯应符合下列规定:

1)应设置在走道、楼梯两侧距地面、梯面高度 1 m 以下的墙面、柱面上;［**见图** 1.3.46(a)］

2)当安全出口或疏散门在疏散走道侧边时,应在疏散走道上方增设指向安全出口或疏散门的方向标志灯;［**见图** 1.3.46(c)］

　　3）方向标志灯的标志面与疏散方向垂直时，灯具的设置间距不应大于 20 m；方向标志灯的标志面与疏散方向平行时，灯具的设置间距不应大于 10 m。[见图 1.3.46(d)]

　　2　展览厅、商店、候车(船)室、民航候机厅、营业厅等开敞空间场所的疏散通道应符合下列规定：

　　1）当疏散通道两侧设置了墙、柱等结构时，方向标志灯应设置在距地面高度 1 m以下的墙面、柱面上；当疏散通道两侧无墙、柱等结构时，方向标志灯应设置在疏散通道的上方。

　　2）方向标志灯的标志面与疏散方向垂直时，特大型或大型方向标志灯的设置间距不应大于 30 m，中型或小型方向标志灯的设置间距不应大于 20 m；方向标志灯的标志面与疏散方向平行时，特大型或大型方向标志灯的设置间距不应大于 15 m，中型或小型方向标志灯的设置间距不应大于 10 m。

3）图示说明

图 1.3.45(a)　错误做法

图 1.3.45(b)　错误做法

图 1.3.45(c)　错误做法

图 1.3.45(d)　错误做法

图 1.3.46(a) 正确做法

图 1.3.46(b) 正确做法

图 1.3.46(c) 正确做法

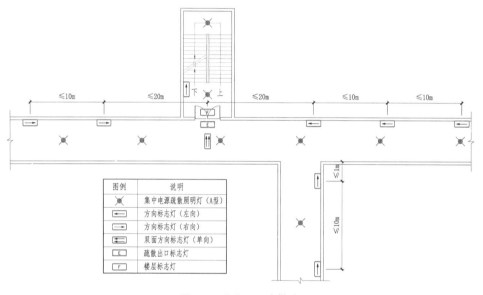

图 1.3.46(d) 正确做法

问题 4：楼梯间内灯光疏散指示标志的设置不符合要求。

1）问题描述

（1）疏散楼梯间未设置灯光疏散指示标志，或灯光疏散指示标志未设在楼梯侧面距地面 1 m 以下的墙面、柱面上；[见图 1.3.47(a)]

（2）楼梯间未设置楼层标志灯，或楼层标志灯设置不符合要求。[见图 1.3.47(b)]

2）规范要求

➢《消防应急照明和疏散指示系统技术标准》(GB 51309—2018)有关规定：

3.2.9 方向标志灯的设置应符合下列规定：

1 有维护结构的疏散走道、楼梯应符合下列规定：

1）应设置在走道、楼梯两侧距地面、梯面高度 1 m 以下的墙面、柱面上；[见图 1.3.48(a)]

3.2.10 楼梯间每层应设置指示该楼层的标志灯(以下简称"楼层标志灯")。

4.5.12 楼层标志灯应安装在楼梯间内朝向楼梯的正面墙上,标志灯底边距地面的高度宜为 2.2～2.5 m。[见图 1.3.48(b)]

3) 图示说明

图 1.3.47(a) 错误做法

图 1.3.47(b) 错误做法

图 1.3.48(a) 正确做法

图 1.3.48(b) 正确做法

问题 5:建筑大型空间或场所的应急照明灯具被风管遮挡。

1) 问题描述

建筑大型空间或场所的应急照明灯具被风管遮挡,将会导致应急照明视觉不连续,失去应急引导作用。[见图 1.3.49]

2) 规范要求

➤ 《消防应急照明和疏散指示系统技术标准》(GB 51309—2018)规定:

4.5.2 灯具安装后不应对人员正常通行产生影响,灯具周围应无遮挡物,并应保证灯

具上的各种状态指示灯易于观察。[见图 1.3.50]

3) 图示说明

图 1.3.49　错误做法　　　　　　　　图 1.3.50　正确做法

问题 6：人员密集场所的疏散出口、安全出口附近未设多信息复合标志灯。

1) 问题描述

　　人员密集场所的疏散出口、安全出口附近未设多信息复合标志灯,致使位于人员密集场所的人员未能快速识别疏散出口、安全出口的位置和方位,未能了解自己所处的楼层。

2) 规范要求

　　➢ 《消防应急照明和疏散指示系统技术标准》(GB 51309—2018)规定：

　　3.2.11　密集场所疏散出口、安全出口附近应增设多信息复合标志灯具。[见图 1.3.51]

3) 图示说明

图 1.3.51　正确做法

第四章 暖通空调专业

通风空调是工程建设项目中不可或缺的重要组成部分,其对合理利用资源、节约能源、保护环境,有着十分重要的意义。建筑防烟排烟系统属于通风空调系统的一种,其在火灾中为人员安全疏散和消防救援发挥着非常重要的作用。建筑物中存在着较多的可燃物,这些可燃物在燃烧过程中,会产生大量的热和有毒烟气,同时要消耗大量的氧气。烟气中含有的一氧化碳、二氧化碳、氟化氢、氯化氢等多种有毒有害成分,会对人体伤害极大,致死率高;高温缺氧也会对人体造成很大危害;烟气有遮光作用,致使能见度下降,这些因素将会给人员疏散和消防救援活动带来很大的困难。因此,合理设置防烟排烟系统,并规范系统的设计、施工和验收,确保工程质量和系统有效性,可以最大限度地保障建筑内人员的安全疏散和消防救援的顺利展开。

本章主要介绍了暖通空调专业中的通风和空调系统、防烟排烟系统在设计、施工和验收中存在的质量通病,以及规范的正确应用和应对措施。

第一节 供暖、通风和空气调节系统

问题 1：防火阀暗装时，未在安装部位设置检修口。

1）问题描述

防火阀暗装时,未在安装部位设置方便维修的检修口。

2）规范要求

➢ 《建筑设计防火规范》(GB 50016—2014〈2018 年版〉)规定:

9.3.13 防火阀的设置应符合下列规定:

2 防火阀暗装时,应在安装部位设置方便维护的检修口。[**见图 1.4.1**]

3）图示说明

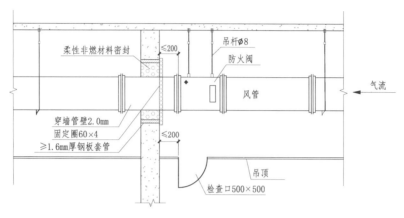

图 1.4.1　正确做法

问题 2：风管穿过防火隔墙、楼板和防火墙时，穿越处风管上的防火阀、排烟防火阀两侧各 2 m 范围内的风管耐火极限不满足规范要求。

1）问题描述

风管穿过防火隔墙、楼板和防火墙时，穿越处风管上的防火阀、排烟防火阀两侧各 2 m 范围内的风管未采用耐火风管，或风管外壁未采取防火保护措施，不能满足图纸和规范要求的耐火极限。［见图 1.4.2］

2）规范要求

➤ 《建筑设计防火规范》（GB 50016—2014〈2018 年版〉）规定：

6.3.5 风管穿过防火隔墙、楼板和防火墙时，穿越处风管上的防火阀、排烟防火阀两侧各 **2.0 m** 范围内的风管应采用耐火风管或风管外壁应采取防火保护措施，且耐火极限不应低于该防火分隔体的耐火极限。［见图 1.4.3］

3）图示说明

图 1.4.2　错误做法

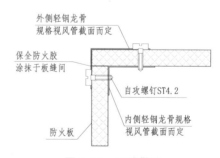

图 1.4.3　正确做法

问题 3：防排烟系统的风机与风管采用柔性短管连接，不符合规范要求。

1）问题描述

防排烟系统独立设置时，风机与风管采用柔性短管连接，不符合规范要求。[**见图** 1.4.4]

2）规范要求

➤《通风与空调工程施工质量验收规范》(GB 50243—2016)规定：

5.2.7 条文说明：防排烟系统作为独立系统时，风机与风管应采用直接连接，不应加设柔性短管[**见图** 1.4.5]。只有在排烟与排风共用风管系统，或其他特殊情况时应加设柔性短管。该柔性短管应满足排烟系统运行的要求，即在当高温 280℃下持续安全运行 30 min 及以上的不燃材料。

3）图示说明

图 1.4.4　错误做法

图 1.4.5　正确做法

第二节　防排烟系统

问题 1：排烟风机未设置在专用机房内等。

1）问题描述

除屋顶型排烟机外，其他排烟风机未设置在专用机房内[**见图** 1.4.6(a)]；排烟机房内未设置自动喷水灭火系统[**见图** 1.4.6(b)]。

2）规范要求

➤《建筑防烟排烟系统技术标准》(GB 51251—2017)有关规定：

3.3.5 机械加压送风风机宜采用轴流风机或中、低压离心风机，其设置应符合下列规定：

5 送风机应设置在专用机房内，送风机房并应符合现行国家标准《建筑设计防火规范》GB 50016 的规定。

4.4.5　排烟风机应设置在专用机房内,并应符合本标准第3.3.5条第5款的规定,且风机两侧应有600 mm以上的空间[见图1.4.7(a)]。对于排烟系统与通风空气调节系统共用的系统,其排烟风机与排风风机的合用机房应符合下列规定:

　　1　机房内应设置自动喷水灭火系统。

➤　《江苏省建设工程消防设计审查验收常见技术难点问题解答》(苏建函消防〔2021〕171号)第四章规定:

受条件限制时加压风机也可设置于室外,但必须设置满足防护(防雨、防晒、四周设有围护结构等)、通风散热及检修要求的防护罩(应有制作大样图及安装图)。[见图1.4.7(b)]

3) 图示说明

图 1.4.6(a)　错误做法

图 1.4.6(b)　错误做法

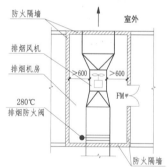

图 1.4.7(a)　正确做法

图 1.4.7(b)　正确做法

问题2：排烟系统各排烟口的风速分配不均，且风速、风量偏差值不符合规范要求。

1）问题描述

（1）排烟系统各排烟口的风速分配不均，未达到设计要求；

（2）排烟系统排烟口的风速、风量不能满足设计及规范要求，偏差值远大于规范规定的10％范围；

（3）在排烟系统测试中，测得系统总风量符合设计要求，而末端排烟口达不到设计排烟量。

2）规范要求

➢ 《建筑防烟排烟技术标准》（GB 51251—2017）有关规定：

4.4.12 排烟口的设置应按本标准第4.6.3条经计算确定，且防烟分区内任一点与最近的排烟口之间的水平距离不应大于30 m。除本标准第4.4.13条规定的情况以外，排烟口的设置尚应符合下列规定：

7 排烟口的风速不宜大于10 m/s。

4.6.1 排烟系统的设计风量不应小于该系统计算风量的1.2倍。

6.3.3 风管应按系统类别进行强度和严密性检验，其强度和严密性应符合设计要求或下列规定：

5 排烟风管应按中压系统风管的规定。

6.3.5 风管（道）系统安装完毕后，应按系统类别进行严密性检验，检验应以主、干管道为主，漏风量应符合设计与本标准第6.3.3条的规定。

检查方法：系统的严密性检验测试按现行国家标准《通风与空调工程施工质量验收规范》GB 50243的有关规定执行。

7.2.7 机械排烟系统风速和风量的调试方法及要求应符合下列规定：

1 应根据设计模式，开启排烟风机和相应的排烟阀或排烟口，调试排烟系统使排烟阀或排烟口处的风速值及排烟量值达到设计要求；

2 开启排烟系统的同时，还应开启补风机和相应的补风口，调试补风系统使补风口处的风速值及补风量值达到设计要求；

3 应测试每个风口风速，核算每个风口的风量及其防烟分区总风量。

8.2.6 机械排烟系统的性能验收方法及要求应符合下列规定：

1 开启任一防烟分区的全部排烟口，风机启动后测试排烟口处的风速，风速、风量应符合设计要求且偏差不大于设计值的10％。

3）应对措施

（1）对于连接多个排烟口的排烟风管，设计文件应明确各排烟口的排烟量及调节措施，以便后期检测排烟效果并验证排烟量数值。

（2）系统调试时施工单位应逐个调校排烟口。风速存在明显异常的，需及时找出原因并消除缺陷，使系统各项参数达到设计要求，确保排烟系统可靠运行。[见图 1.4.8]

4）图示说明

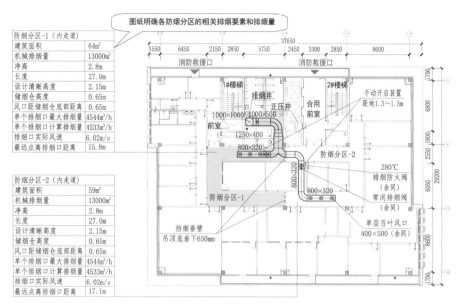

图 1.4.8　正确做法

问题 3：排烟风机采用橡胶减振装置。

1）问题描述

　　排烟风机采用橡胶减振装置，不符合规范要求。［见图 1.4.9］

2）规范要求

　　➤《建筑防烟排烟系统技术标准》（GB 51251—2017）规定：

　　6.5.3　风机应设在混凝土或钢架基础上，且不应设置减振装置；若排烟系统与通风空调系统共用且需要设置减振装置时，不应使用橡胶减振装置。［见图 1.4.10］

3）图示说明

图 1.4.9　错误做法

图 1.4.10　正确做法

问题 4：送风机的进风口与排烟风机的出风口的设置不符合规范要求。

1）问题描述

竖向布管时，送风机的进风口与排烟机的出风口的垂直距离小于 6.0 m。［见图 1.4.11］

2）规范要求

➢ 《建筑防烟排烟系统技术标准》(GB 51251—2017)规定：

3.3.5　机械加压送风风机宜采用轴流风机或中、低压离心风机，其设置应符合下列规定：

3　送风机的进风口不应与排烟风机的出风口设在同一面上。当确有困难时，送风机的进风口与排烟风机的出风口应分开布置，且竖向布置时，送风机的进风口应设置在排烟出口的下方，其两者边缘最小垂直距离不应小于 6.0 m；水平布置时，两者边缘最小水平距离不应小于 20.0 m。［见图 1.4.12］

3）图示说明

图 1.4.11　错误做法

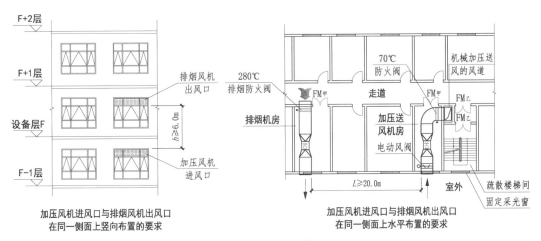

加压风机进风口与排烟风机出风口
在同一侧面上竖向布置的要求

加压风机进风口与排烟风机出风口
在同一侧面上水平布置的要求

图 1.4.12　正确做法

问题5：防烟分区未按要求设置挡烟垂壁。

1）问题描述

防烟分区内排烟系统的场所或部位，未按设计图纸或规范要求设置挡烟垂壁。［**见图** 1.4.13］

2）规范要求

➤《建筑防烟排烟系统技术标准》(GB 51251—2017)规定：

4.2.1　设置排烟系统的场所或部位应采用挡烟垂壁、结构梁及隔墙等划分防烟分区。防烟分区不应跨越防火分区。［**见图** 1.4.14］

3）图示说明

图 1.4.13　错误做法

图 1.4.14　正确做法

问题6：存在孔洞的吊顶场所储烟仓设置问题。

1）问题描述

开孔不均匀或开孔率小于或等于25％时，吊顶内高度计入储烟仓厚度。

2）规范要求

➤《建筑防烟排烟系统技术标准》(GB 51251—2017)规定：

4.2.2　挡烟垂壁等挡烟分隔设施的深度不应小于本标准第4.6.2条规定的储烟仓厚度。对于有吊顶的空间，当吊顶开孔不均匀或开孔率小于或等于25％时，吊顶内空间高度不得计入储烟仓厚度。［**见图** 1.4.15(a)(b)］

3）图示说明

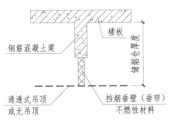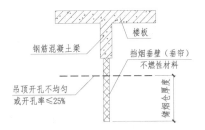

[注释]

1 设置挡烟垂壁（垂帘）是划分防烟分区的主要措施。挡烟垂壁（垂帘）所需高度应根据室内空间所需的清晰高度以及排烟口位置、面积和排烟量等因素确定。

2 储烟仓的厚度应根据GB 51251-2017第4.6.2条的规定计算确定，且不应小于500mm。

无吊顶或有通透式吊顶时，
采用挡烟垂壁分隔防烟分区

图 1.4.15（a）　正确做法

吊顶开孔不均匀或开孔率≤25%时，
采用挡烟垂壁分隔防烟分区

图 1.4.15（b）　正确做法

问题 7：电动挡烟垂壁未设置现场手动开启装置。

1）问题描述

电动挡烟垂壁未设置现场手动开启装置。[**见图** 1.4.16]

2）规范要求

➢ 《建筑防烟排烟系统技术标准》（GB 51251—2017）规定：

5.2.5　活动挡烟垂壁应具有火灾自动报警系统自动启动和现场手动启动功能，当火灾确认后，火灾自动报警系统应在15s内联动相应防烟分区的全部活动挡烟垂壁，60 s以内挡烟垂壁应开启到位。

3）图示说明

图 1.4.16　错误做法

问题 8：自然排烟窗（口）未设置手动开启装置。

1）问题描述

设置在高处不便于直接开启的自然排烟窗（口）未设置手动开启装置。[**见图** 1.4.17]

2）规范要求

➢ 《建筑防烟排烟系统技术标准》（GB 51251—2017）规定：

4.3.6　自然排烟窗（口）应设置手动开启装置，设置在高位不便于直接开启的自然排烟窗（口），应设置距地面高度1.3～1.5 m的手动开启装置[**见图** 1.4.18（a）（b）]。净空高度大于9 m的中庭、建筑面积大于2 000 m²的营业厅、展览厅、多功能厅等场所，尚应设置集中手动开启装置和自动开启设施。

注：手动开启是指通过操作机械装置实现排烟窗的开启，其目的是火灾时，在断电、联动和自动功能失效的状态下，仍然能够通过手动开启装置可靠开启排烟窗，以保证排烟效果。

3）图示说明

图 1.4.17　错误做法

图 1.4.18(a)　正确做法

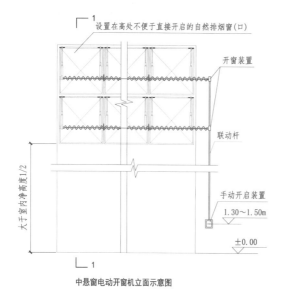

图 1.4.18(b)　正确做法

问题 9：竖井内未按规范要求设置风管。

1）问题描述

土建竖井施工过程中会遗留较多施工孔洞,如不按规范要求设置风管,会漏风过多。[见图 1.4.19]

2）规范要求

➤ 《建筑防烟排烟系统技术标准》(GB 51251—2017)有关规定：

3.3.7 机械加压送风系统应采用管道送风,且不应采用土建风道。[见图 1.4.20]

4.4.7 机械排烟系统应采用管道排烟,且不应采用土建风道。

3）图示说明

图 1.4.19　错误做法

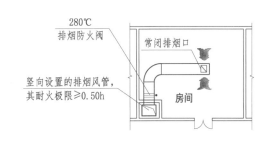

竖向设置的排烟风管
在独立管道井内的平面示意图

图 1.4.20　正确做法

问题 10：280℃排烟防火阀关闭后,不能连锁停止补风机。

1）问题描述

280℃排烟防火阀关闭后,不能连锁停止补风机。当火势增大到一定程度时,会导致280℃排烟防火阀关闭时,只能连锁停止排烟风机,不能连锁停止对应的补风机,因此会造成建筑进入全面燃烧阶段时,补入新鲜的空气,加剧燃烧的激烈程度。[见图 1.4.21]

2）规范要求

➤ 《建筑防烟排烟系统技术标准》(GB 51251—2017)有关规定：

4.5.5 补风系统应与排烟系统联动开启或关闭。

5.2.2 排烟风机、补风机的控制方式应符合下列规定：

5 排烟防火阀在 **280℃** 时应自行关闭,并应连锁关闭排烟风机和补风机。[见图1.4.22]

3）图示说明

补风系统不能与排烟系统联动开启或关闭

图 1.4.21 错误做法

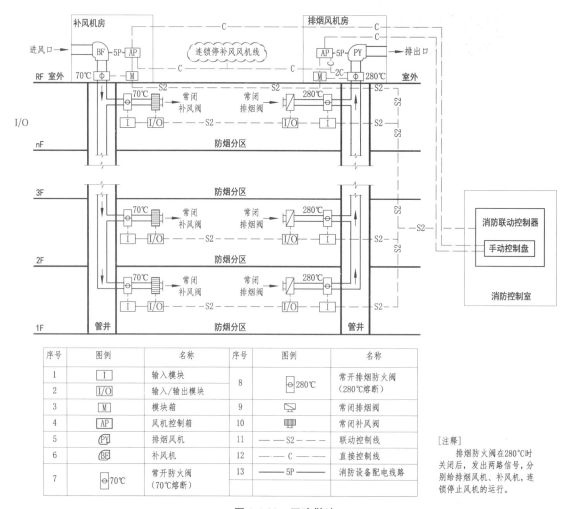

序号	图例	名称	序号	图例	名称
1	I	输入模块	8	⊖280℃	常开排烟防火阀（280℃熔断）
2	I/O	输入/输出模块			
3	M	模块箱	9		常闭排烟阀
4	AP	风机控制箱	10		常闭补风阀
5	PY	排烟风机	11	— S2 —	联动控制线
6	BF	补风机	12	— C —	直接控制线
7	⊖70℃	常开防火阀（70℃熔断）	13	— 5P —	消防设备配电线路

[注释]
排烟防火阀在280℃时关闭后，发出两路信号，分别给排烟风机、补风机，连锁停止风机的运行。

图 1.4.22 正确做法

238

问题 11：设置在吊顶内的排烟管道未进行防火和隔热处理。

1）问题描述

设置在吊顶内的排烟管道未进行防火处理，未采用不燃材料进行隔热，其耐火极限未达到设计或规范要求。

2）规范要求

➤《建筑防烟排烟系统技术标准》（GB 51251—2017）有关规定：

4.4.8 排烟管道的设置和耐火极限应符合下列规定：

4 设置在走道部位吊顶内的排烟管道，以及穿越防火分区的排烟管道，其管道的耐火极限不应小于 1.00 h，但设备用房和汽车库的排烟管道耐火极限可不低于 0.50 h。

4.4.9 当吊顶内有可燃物时，吊顶内的排烟管道应采用不燃材料进行隔热，并应与可燃物保持不小于 150 mm 的距离。［**见图 1.4.23**］

3）图示说明

排烟管道已进行防火处理

吊顶内的排烟管道采用不燃材料进行隔热

图 1.4.23 正确做法

问题 12：排烟防火阀穿越隔墙处距墙面距离过大。

1）问题描述

风管穿越隔墙处设置的排烟防火阀穿越隔墙处距墙面距离大于 200 mm。［**见图 1.4.24**］

2）规范要求

➤《建筑防烟排烟系统技术标准》（GB 51251—2017）规定：

6.4.1 排烟防火阀的安装应符合下列规定：

2 阀门应顺气流方向关闭，防火分区隔墙两侧的排烟防火阀距墙端面不应大于 200 mm。［**见图 1.4.25（a）（b）**］

3）图示说明

排烟防火阀距墙端面大于200mm

排烟防火阀距墙端面大于200mm

图 1.4.24　错误做法

排烟防火阀距墙端面小于200mm

≤ 20厘米

图 1.4.25（a）　正确做法

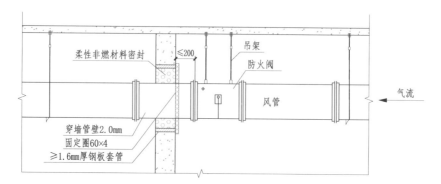

柔性非燃材料密封　≤200　吊架
防火阀
气流
穿墙管壁2.0mm
固定圈60×4
≥1.6mm厚钢板套管
风管

图 1.4.25（b）　正确做法

问题 13：常闭送风口、排烟阀(口)未设置手动驱动装置或设置不符合规范要求。

1）问题描述

（1）设置在顶部的常闭多叶排烟口未设置手动开启装置；〔见图 1.4.26(a)〕

（2）常闭送风口未设置手动驱动装置；〔见图 1.4.26(b)〕

（3）排烟阀远程执行机构手动开启装置未通过钢丝绳与阀体连接，导致不能手动操作。〔见图 1.4.26(c)〕

2）规范要求

➤《建筑防烟排烟系统技术标准》(GB 51251—2017)有关规定：

4.4.12 排烟口的设置尚应符合下列规定：

4 火灾时由火灾自动报警系统联动开启排烟区域的排烟阀或排烟口，应在现场设置手动开启装置。〔见图 1.4.27(a)〕

6.4.3 常闭送风口、排烟阀或排烟口的手动驱动装置应固定安装在明显可见、距楼地面 1.3～1.5 m 之间便于操作的位置，预埋套管不得有死弯及瘪陷，手动驱动装置操作应灵活。〔见图 1.4.27(b)〕

3）图示说明

图 1.4.26(a) 错误做法

图 1.4.26(b) 错误做法

图 1.4.26(c) 错误做法

图 1.4.27(a) 正确做法

图 1.4.27(b) 正确做法

问题 14: 常闭加压送风口开启时, 加压风机不能自动启动。

1) 问题描述

常闭加压送风口开启时, 加压风机不能自动启动, 发生火情时, 将会影响人员的疏散。［见图 1.4.28］

2) 规范要求

➤ 《建筑防烟排烟系统技术标准》(GB 51251—2017)规定:

5.1.2 加压送风机的启动应符合下列规定:

4 系统中任一常闭加压送风口开启时, 加压风机应能自动启动。

3) 应对措施

(1) 检查加压风口开启后火灾自动报警主机是否接收到风口开启的反馈信号;

(2) 如报警主机接收到反馈信号, 则再检查联动程序是否有问题;

(3) 检查控制模块是否有问题;

(4) 检查正压风机二次控制回路及风机电源或电机本身是否有问题。

4) 图示说明

常闭加压送风口开启时, 加压风机不能自动启动

图 1.4.28 错误做法

问题 15: 排烟风机入口处的排烟防火阀未敷设连锁关闭相应排烟风机的线路。

1) 问题描述

排烟风机入口处的排烟防火阀未敷设连锁关闭相应排烟风机的线路, 因此无法实现连锁关闭排烟风机的功能。［见图 1.4.29］

2) 规范要求

➤ 《建筑防烟排烟系统技术标准》(GB 51251—2017)规定:

5.2.2 排烟风机、补风机的控制方式应符合下列规定:

5 排烟防火阀在 280℃时应自行关闭, 并应连锁关闭排烟风机和补风机。［见图 1.4.30］

3) 图示说明

未敷设连锁关闭相应排烟风机的线路

图 1.4.29 错误做法

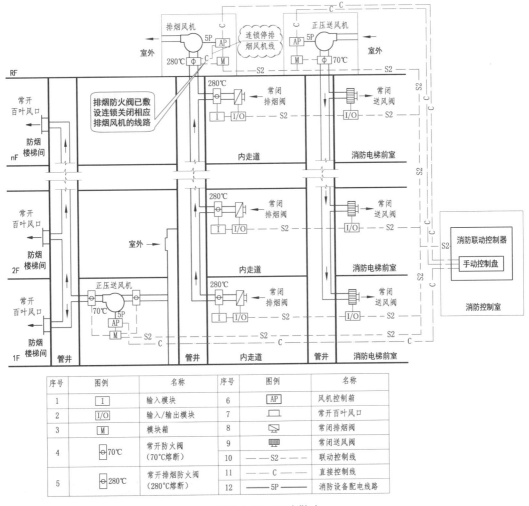

序号	图例	名称	序号	图例	名称
1	I	输入模块	6	AP	风机控制箱
2	I/O	输入/输出模块	7		常开百叶风口
3	M	模块箱	8		常闭排烟阀
4	70℃	常开防火阀（70℃熔断）	9		常闭送风阀
5	280℃	常开排烟防火阀（280℃熔断）	10	——S2——	联动控制线
			11	—— C ——	直接控制线
			12	——5P——	消防设备配电线路

图 1.4.30　正确做法

问题 16：加压送风、排烟机房风机外壳至墙或其他设备的距离不符合规范要求。

1）问题描述

　　加压送风、排烟机房风机外壳至墙或其他设备的距离小于 600 mm。[见图 1.4.31]

2）规范要求

　　➤《建筑防烟排烟系统技术标准》(GB 51251—2017)规定：

　　6.5.2　风机外壳至墙壁或其他设备的距离不应小于 600 mm。

3）图示说明

风机外壳至其他设备的距离小于600mm

图 1.4.31　错误做法

问题 17：排烟防火阀关闭不严或风口百叶的有效面积不足，导致排烟口实测风量达不到设计要求。

1）问题描述

排烟防火阀关闭不严发生漏风现象或风口百叶的有效面积不足，导致排烟口实测风量达不到设计要求。[见图 1.4.32(a)(b)]

2）规范要求

➢ 《建筑防烟排烟系统技术标准》(GB 51251—2017)规定：

6.4.1 排烟防火阀的安装应符合下列规定：

3 手动和电动装置应灵活、可靠，阀门关闭严密。

➢ 《建筑通风和排烟系统用防火阀门》(GB 15930—2007)规定：

6.9.1 关闭可靠性：

防火阀或排烟防火阀经过 50 次开关试验后，各零部件应无明显变形、磨损及其他影响其密封性能的损伤，叶片门能从打开位置灵活可靠地关闭。

3）应对措施

(1)排烟防火阀在安装前，应仔细检查其手动和电动装置，确保动作灵活、可靠，阀门关闭严密。

(2)风口百叶有效面积不满足问题：设计人员应按规范要求进行设计；供货单位应按设计参数要求采购产品；施工单位应对图纸和消防产品进行核对后进行安装。[见图 1.4.33]

4）图示说明

图 1.4.32(a) 错误做法　　　图 1.4.32(b) 错误做法　　　图 1.4.33 正确做法

第五章 **装饰装修专业**

　　随着国家经济建设的发展和人民生活水平的提高,建筑装饰装修业发展很快,建筑装饰装修工程也越来越多。为了保障建筑装饰装修的消防安全,防止和减少建筑物的火灾危害,建筑装饰装修的设计、施工都必须按照规范要求,正确、合理地使用各种装修材料,采用合适的防火技术,积极预防火灾的发生和蔓延,最大限度地减少火灾损失,保障人民生命和国家财产的安全。

　　建筑装饰装修分为室外和室内两部分,室外主要包括外墙保温和外墙装饰;室内主要是指室内墙、吊顶、地面等暴露于室内空间表面的材料或材料组合。对于建筑外部装饰,应使建筑物的外围护结构(基层墙体、屋面板)和保温层、装饰层具有消防规范要求的耐火性能,这是防止火灾发生、蔓延的重要手段。对于室内装饰装修,材料的种类很多,其中有些材料的燃烧性能达不到"不燃材料"的 A 级,因此,在设计、施工中需要依据规范对这类材料的使用加以限制,另外在设计、施工中还必须考虑室内装饰装修的电源、电线、用电设备等是否符合有关消防规范要求等因素。

　　本章通过对建筑外墙保温和装饰防火、建筑内部装饰装修防火的设计、施工和验收中一些常见消防问题的解析,说明了规范的正确做法以及提出解决问题的应对措施。

第一节　建筑保温和外墙装饰防火

问题 1:建筑外墙内的保温系统不符合要求。

1)问题描述

　　(1)对于人员密集场所,用火、燃油、燃气等具有火灾危险性的场所,未采用燃烧性能为 A 级的保温材料;

　　(2)保温系统未采用不燃材料做防护层或防护层的厚度不符合规范要求。

2)规范要求

➤ 《建筑设计防火规范》(GB 50016—2014〈2018 年版〉)规定:

6.7.2　建筑外墙采用内保温系统时,保温系统应符合下列规定:

1 对于人员密集场所,用火、燃油、燃气等具有火灾危险性的场所以及各类建筑内的疏散楼梯间、避难走道、避难间、避难层等场所或部位,应采用燃烧性能为 A 级的保温材料。

2 对于其他场所,应采用低烟、低毒且燃烧性能不低于 B_1 级的保温材料。

3 保温系统应采用不燃材料做防护层。采用燃烧性能为 B_1 级的保温材料时,防护层的厚度不应小于 10 mm。

问题 2:与基层墙体、装饰层之间无空腔的建筑外墙外保温系统不符合要求。

1)问题描述

(1)在住宅建筑中,建筑高度大于 100 m 时未采用燃烧性能为 A 级的保温材料;

(2)在其他建筑中,建筑高度大于 50 m 时未采用燃烧性能为 A 级的保温材料。

2)规范要求

➢ 《建筑设计防火规范》(GB 50016—2014〈2018 年版〉)规定:

6.7.5 与基层墙体、装饰层之间无空腔的建筑外墙外保温系统,其保温材料应符合下列规定:

1 住宅建筑:

1)建筑高度大于 100 m 时,保温材料的燃烧性能应为 A 级;

2)建筑高度大于 27 m,但不大于 100 m 时,保温材料的燃烧性能不应低于 B_1 级;

3)建筑高度不大于 27 m 时,保温材料的燃烧性能不应低于 B_2 级。

2 除住宅建筑和设置人员密集场所的建筑外,其他建筑:

1)建筑高度大于 50 m 时,保温材料的燃烧性能应为 A 级;

2)建筑高度大于 24 m,但不大于 50 m 时,保温材料的燃烧性能不应低于 B_1 级;

3)建筑高度不大于 24 m 时,保温材料的燃烧性能不应低于 B_2 级。

问题 3:建筑高度大于 50 m 的建筑外墙装饰层未采用 A 级材料。

1)问题描述

建筑高度大于 50 m 的建筑外墙装饰层未采用 A 级材料,火灾时往往会从外立面蔓延至多个楼层,造成了严重的火灾危害。

2)规范要求

➢ 《建筑设计防火规范》(GB 50016—2014〈2018 年版〉)规定:

6.7.12 建筑外墙的装饰层应采用燃烧性能为 A 级的材料,但建筑高度不大于 50 m 时,可采用 B_1 级材料。[**见图** 1.5.1]

6.7.12 条文说明:近些年,由于在建筑外墙上采用可燃性装饰材料导致外墙面发生火灾的事故屡次发生,这类火灾往往会从外立面蔓延至多个楼层,造成了严重的火灾危害。因此,本条根据不同的建筑高度及外墙外保温系统的构造情况,对建筑外墙使用的装饰材料的燃烧性能作了必要限制,但该装饰材料不包括建筑外墙表面的饰面涂料。

3）图示说明

图 1.5.1　正确做法

第二节　建筑内部装修防火

问题 1：金属龙骨上安装的 B_1 级纸面石膏板、矿棉吸声板能否作为 A 级材料使用？

1）问题描述

安装在金属龙骨上燃烧性能达到 B_1 级的纸面石膏板、矿棉吸声板，是否能够作为 A 级材料使用？

2）规范要求

➢《建筑内部装修设计防火规范》(GB 50222—2017)规定：

3.0.4　安装在金属龙骨上燃烧性能达到 B_1 级的纸面石膏板、矿棉吸声板，可作为 A 级材料使用。[见图 1.5.2]

3）图示说明

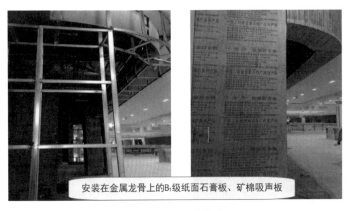

图 1.5.2　正确做法

问题 2：建筑内部装修遮挡了疏散出口。

1）问题描述

使用单位为了美观，装修时在楼层疏散出口前加装装饰暗门，遮挡了安全疏散出口，且装饰暗门未向疏散方向开启，给人员疏散带来了重大安全隐患。［见图 1.5.3］

2）规范要求

➤《建筑设计防火规范》(GB 50016—2014〈2018 年版〉)规定：

6.4.2 封闭楼梯间除应符合本规范第 6.4.1 条的规定外，尚应符合下列规定：

3 高层建筑、人员密集的公共建筑、人员密集的多层丙类厂房、甲、乙类厂房，其封闭楼梯间的门应采用乙级防火门，并应向疏散方向开启；其他建筑，可采用双向弹簧门。

➤《建筑内部装修设计防火规范》(GB 50222—2017)规定：

4.0.1 建筑内部装修不应擅自减少、改动、拆除、遮挡消防设施、疏散指示标志、安全出口、疏散出口、疏散走道和防火分区、防烟分区等。

3）图示说明

图 1.5.3 错误做法

问题 3：疏散楼梯间和前室的顶棚、墙面和地面未采用 A 级装修材料。

1）问题描述

楼梯地面采用环氧地坪漆(B_1 或 B_2 级)，不符合规范要求。［见图 1.5.4］

2）规范要求

➤《建筑内部装修设计防火规范》(GB 50222—2017)规定：

4.0.5 疏散楼梯间和前室的顶棚、墙面和地面均应采用 A 级装修材料。［见图 1.5.5］

3）图示说明

图 1.5.4 错误做法　　　　　　图 1.5.5 正确做法

问题 4：建筑内部装修材料不满足规范要求。

1）问题描述

地下民用建筑的疏散走道和安全出口的门厅墙面采用墙纸；大型观众厅、会议厅墙面使用了非 A 级的装修材料；地下餐厅的墙、地面装修采用非 A 级材料［**见图** 1.5.6(a)］；室内顶面采用乳胶漆［**见图** 1.5.6(b)］。

2）规范要求

➤ 《建筑内部装修设计防火规范》(GB 50222—2017)有关规定：

3.0.2 装修材料按其燃烧性能应划分为四级，并应符合本规范表 3.0.2 的规定。

表 3.0.2 装修材料燃烧性能等级

等级	装修材料燃烧性能	等级	装修材料燃烧性能
A	不燃性	B_2	可燃性
B_1	难燃性	B_3	易燃性

3.0.7 当使用多层装修材料时，各层装修材料的燃烧性能等级均应符合本规范的规定。复合型装修材料的燃烧性能等级应进行整体检测确定。

注：阻燃板的材料燃烧性能等级为 B_1 级，不能用于规定装修材料燃烧性能 A 级的部位。

4.0.4 地上建筑的水平疏散走道和安全出口的门厅，其顶棚应采用 A 级装修材料，其他部位应采用不低于 B_1 级的装修材料；地下民用建筑的疏散走道和安全出口的门厅，其顶棚、墙面和地面均应采用 A 级装修材料。

注：室内装修材料的燃烧性能等级不应低于《建筑内部装修设计防火规范》(GB 50222—2017)表 5.1.1、表 5.2.1、表 5.3.1、表 6.0.1、表 6.0.5 的规定。

5.1.3 除本规范第 4 章规定的场所和本规范表 5.1.1 中序号为 11～13 规定的部位外，当单层、多层民用建筑需做内部装修的空间内装有自动灭火系统时，除顶棚外，其内部装修材料的燃烧性能等级可在本规范表 5.1.1 规定的基础上降低一级；当同时装有火灾自动报警装置和自动灭火系统时，其装修材料的燃烧性能等级可在本规范表 5.1.1 规定的基础上降低一级。

5.2.3 除本规范第 4 章规定的场所和本规范表 5.2.1 中序号为 10～12 规定的部位外，以及大于 400 m^2 的观众厅、会议厅和 100 m 以上的高层民用建筑外，当设有火灾自动报警装置和自动灭火系统时，除顶棚外，其内部装修材料的燃烧性能等级可在本规范表 5.2.1 规定的基础上降低一级。［**见图** 1.5.7］

3）图示说明

图 1.5.6(a)　错误做法

材质一览表

符号	材料编号	种类	材质	颜色	位置	厚度(mm)
01	PT-01	乳胶漆	涂料	白色	一般用途	
02	TL-01	瓷砖	瓷砖		北区扶梯中庭地面	600 * 1 200
03	TL-02	瓷砖	瓷砖		北区扶梯中庭地面	600 * 1 200

图 1.5.6(b)　错误做法

图 1.5.7　正确做法

问题 5：室内无窗房间(储藏间)的墙面、地面未在规定的基础上提高一级。

1）问题描述

　　室内无窗房间(储藏间)，墙面采用乳胶漆或壁纸，地面采用木地板，未在规定的基础上提高一级。［见图 1.5.8］

2）规范要求

　　➤《建筑内部装修设计防火规范》(GB 50222—2017)规定：

4.0.8　无窗房间内部装修材料的燃烧性能等级除 A 级外,应在表 5.1.1、表 5.2.1、表 5.3.1、表 6.0.1、表 6.0.5 规定的基础上提高一级。

3）图示说明

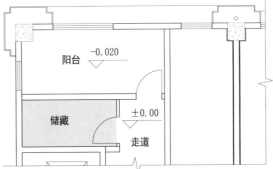

图 1.5.8　错误做法

问题 6：消火栓箱门的颜色与四周的装修材料颜色没有明显区别。

1）问题描述

消火栓箱门的颜色与四周的装修材料颜色没有明显区别;消火栓箱门装饰后未设置发光标志。[见图 1.5.9]

2）规范要求

➢ 《建筑内部装修设计防火规范》(GB 50222—2017)规定:

4.0.2　建筑内部消火栓箱门不应被装饰物遮掩,消火栓箱门四周的装修材料颜色应与消火栓箱门的颜色有明显区别或在消火栓箱门表面设置发光标志。[见图 1.5.10]

3）图示说明

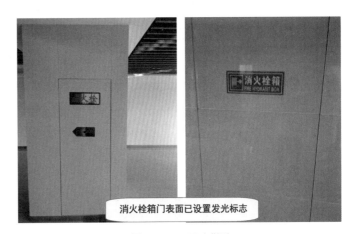

图 1.5.9　错误做法　　　　　　　　　图 1.5.10　正确做法

问题 7：照明灯具及电气设备、线路的高温部位未采用 A 级装修材料。

1）问题描述

照明灯具及电气设备、线路的高温部位未采用 A 级装修材料，或未采取相应的防火保护措施，长期使用将是重大火灾隐患。

2）规范要求

➤ 《建筑设计防火规范》(GB 50016—2014〈2018 年版〉)有关规定：

10.2.4 开关、插座和照明灯具靠近可燃物时，应采取隔热、散热等防火措施。

卤钨灯和额定功率不小于 100 W 的白炽灯泡的吸顶灯、槽灯、嵌入式灯，其引入线应采用瓷管、矿棉等不燃材料作隔热保护。

额定功率不小于 60 W 的白炽灯、卤钨灯、高压钠灯、金属卤化物灯、荧光高压汞灯（包括电感镇流器）等，不应直接安装在可燃物体上或采取其他防火措施。

10.2.5 可燃材料仓库内宜使用低温照明灯具，并应对灯具的发热部件采取隔热等防火措施，不应使用卤钨灯等高温照明灯具。

➤ 《建筑内部装修设计防火规范》(GB 50222—2017)规定：

4.0.16 照明灯具及电气设备、线路的高温部位，当靠近非 A 级装修材料或构件时，应采取隔热、散热等防火保护措施，与窗帘、帷幕、幕布、软包等装修材料的距离不应小于 500 mm；灯饰应采用不低于 B1 级的材料。［见图 1.5.11］

3）图示说明

照明灯的高温部位已采用 A 级装修材料

图 1.5.11 正确做法

问题 8：消防应急照明灯嵌入式安装。

1）问题描述

消防应急（疏散）照明灯以广照型为主，嵌入方式不利于地面水平最低照度的实现，且火灾时烟气上浮最易在嵌入式灯内形成烟窝，影响疏散照度。［见图 1.5.12］

2）规范要求

➤ 《民用建筑电气设计标准》(GB 51348—2019)规定：

13.6.5　消防疏散照明灯及疏散指示标志灯设置应符合下列规定：

1　消防应急（疏散）照明灯应设置在墙面或顶棚上，设置在顶棚上的疏散照明灯不应采用嵌入式安装方式。

3）图示说明

图 1.5.12　错误做法

问题 9：办公室装修改造时擅自取消原有的消防设施。

1）问题描述

办公室装修改造擅自取消原有的喷头、手动报警按钮、感烟火灾探测器、消防应急广播和应急照明及疏散指示等。[见图 1.5.13]

2）规范要求

➤《建筑内部装修设计防火规范》(GB 50222—2017)规定：

4.0.1　建筑内部装修不应擅自减少、改动、拆除、遮挡消防设施、疏散指示标志、安全出口、疏散出口、疏散走道和防火分区、防烟分区等。

3）图示说明

图 1.5.13　错误做法

第二部分 特殊建筑消防常见问题

根据《建设工程消防设计审查验收管理暂行规定》(住房和城乡建设部令第 51 号)的相关规定,总建筑面积大于 1 000 m² 的医院、托儿所、幼儿园和老年人照料设施工程,大型商业综合体,超高层建筑,城市综合管廊工程,轨道交通,危化品厂房和仓库等建设项目为特殊建设工程。这类特殊建设工程的消防设计、施工和验收,除了要遵守建设工程通用的消防技术规范外,由于其自身的一些特点,还必须严格执行相关的专业规范,确保工程质量,使这类特殊建筑的消防设施在发生火情时,能够有效地发挥作用,真正保证其消防安全。

本部分重点介绍了这类特殊建筑消防工程在设计、施工和验收中存在的质量通病,以及规范的正确应用和应对措施。

<table>
<tr><td>第一章</td><td>医院建筑工程</td></tr>
</table>

随着国家综合国力的不断提升,人民生活水平得到了大幅度的提高,其医疗观念在不断变化,医疗服务需求不断增加。同时随着医学科学的发展,医疗模式的转变,建筑技术的提高,医疗建筑总体向大型化、综合化、现代化方向发展,这对医院建筑消防安全提出了更新、更高的要求。

医院是人员高度集中的公共场所,病患众多,行动不便,一旦发生火灾,很难依靠自身力量进行疏散、逃生,极易引发重大人员伤亡事故。随着医疗现代化建设的高速发展,国际一流的高科技医疗设备、仪器、器械不断增多,当发生火灾时,如防控措施不到位,必将带来重大的经济损失。因此,医院建筑(包括门诊楼,急诊楼等)在消防设计、施工和验收过程中,在严格执行消防技术标准要求的同时,还应重点关注医院建筑消防的特殊要求,确保工程质量合格。

问题1:医院门诊楼、急诊室的疏散门净宽度不符合规范要求。

1)问题描述

医院门诊楼、急诊室的疏散门未按人员密集场所疏散门的要求进行设置。

2)规范要求

➢ 《建筑设计防火规范》(GB 50016—2014〈2018年版〉)规定:

5.5.19 人员密集的公共场所、观众厅的疏散门不应设置门槛,其净宽度不应小于1.40 m,且紧靠门口内外各1.40 m范围内不应设置踏步。

人员密集的公共场所的室外疏散通道的净宽度不应小于3.00 m,并应直接通向宽敞地带。

问题2:高层病房楼未在二层及以上的病房楼层设置避难间。

1)问题描述

高层病房楼未在二层及以上的病房楼层和洁净手术部设置避难间。

2) 规范要求

➤ 《建筑设计防火规范》(GB 50016—2014〈2018 年版〉)规定:

5.5.24 高层病房楼应在二层及以上的病房楼层和洁净手术部设置避难间。避难间应符合下列规定:

1 避难间服务的护理单元不应超过 **2** 个,其净面积应按每个护理单元不小于 **25.0 m²** 确定。

2 避难间兼作其他用途时,应保证人员的避难安全,且不得减少可供避难的净面积。

3 应靠近楼梯间,并应采用耐火极限不低于 **2.00 h** 的防火隔墙和甲级防火门与其他部位分隔。

4 应设置消防专线电话和消防应急广播。

5 避难间的入口处应设置明显的指示标志。

6 应设置直接对外的可开启窗口或独立的机械防烟设施,外窗应采用乙级防火窗。

问题 3: 医院的护理单元安全出口的设置不符合规范要求。

1) 问题描述

医院的护理单元未按规范要求设置 2 个不同方向的安全出口。

2) 规范要求

➤ 《综合医院建筑设计规范》(GB 51039—2014)规定:

5.24.3 安全出口应符合下列要求:

1 每个护理单元应有 2 个不同方向的安全出口;

2 尽端式护理单元,或自成一区的治疗用房,其最远一个房间门至外部安全出口的距离和房间内最远一点到房门的距离,均未超过建筑设计防火规范规定时,可设 1 个安全出口。

问题 4: 医院的贵重设备用房、病案室等未设置气体灭火装置。

1) 问题描述

医院的贵重设备用房、病案室和信息中心(网络)机房未按规范要求设置气体灭火装置。

2) 规范要求

➤ 《建筑设计防火规范》(GB 50016—2014〈2018 年版〉)规定:

8.3.9 下列场所应设置自动灭火系统,并宜采用气体灭火系统:

8 其他特殊重要设备室。

➤ 《综合医院建筑设计规范》(GB 51039—2014)规定:

6.7.3 医院的贵重设备用房、病案室和信息中心(网络)机房,应设置气体灭火装置。

问题 5：医院的血液病房、手术室等设置了自动喷水灭火系统。

1）问题描述

　　医院的血液病房、手术室和有创检查的设备机房设置了自动喷水灭火系统。

2）规范要求

　　➤ 《综合医院建筑设计规范》(GB 51039—2014)规定：

　　6.7.4　血液病房、手术室和有创检查的设备机房，不应设置自动灭火系统。

问题 6：室外医用液氧罐与办公室、病房之间防火间距不符合规范要求。

1）问题描述

　　室外医用液氧罐与办公室、病房、公共场所之间的防火间距小于 7.50 m。[**见图 2.1.1**]

2）规范要求

　　➤ 《建筑设计防火规范》(GB 50016—2014〈2018 年版〉)规定：

　　4.3.4　液氧储罐与建筑物、储罐、堆场等的防火间距应符合本规范第 4.3.3 条相应容积湿式氧气储罐防火间距的规定。

　　医疗卫生机构中的医用液氧储罐气源站的液氧储罐应符合下列规定：

　　　　1　单罐容积不应大于 5 m³，总容积不宜大于 20 m³；

　　　　2　相邻储罐之间的距离不应小于最大储罐直径的 0.75 倍；

　　　　3　医用液氧储罐与医疗卫生机构外建筑的防火间距应符合本规范第 4.3.3 条的规定，与医疗卫生机构内的建筑的防火间距应符合现行国家标准《医用气体工程技术规范》GB 50751 的规定。

　　➤ 《综合医院建筑设计规范》(GB 51039—2014)规定：

　　10.2.9　采用液氧供氧方式时，大于 500 L 的液氧罐应放在室外。室外液氧罐与办公室、病房、公共场所及繁华道路的距离应大于 7.50 m。[**见图 2.1.2**]

3）图示说明

图 2.1.1　错误做法

图 2.1.2　正确做法

问题 7：医院制氧站的氧气储罐与机器间之间的联络门的设置不符合规范要求。

1）问题描述

医院制氧站的氧气储罐（氧气汇流排间）与机器间之间的联络门未采用甲级防火门。

2）规范要求

➤ 《综合医院建筑设计规范》(GB 51039—2014)规定：

10.2.8　设置分子筛制氧机组制氧站,应符合下列要求：

1　制氧站宜独立设置或设置在建筑物屋顶；

2　氧气汇流排间与机器间的隔墙耐火极限不应低于 1.5 h,氧气汇流排间与机器间之间的联络门应采用甲级防火门；

3　氧气储罐与机器间的隔墙耐火极限不应低于 1.5 h,氧气储罐与机器间之间的联络门应采用甲级防火门。

第二章	托儿所、幼儿园和老年人照料设施工程

托儿所、幼儿园中的婴幼儿,老年人照料设施内的老弱者等人员行为能力较弱,容易在火灾时造成伤亡。因此,国家特别重视,不但在《建筑设计防火规范》中有多处强调,还特别制定了《托儿所、幼儿园建筑设计规范》等专业规范。所以,对于托儿所、幼儿园和老年人照料设施消防工程的质量通病要积极预防,格外关注。

问题 1:儿童用房设置的楼层不符合规范要求,且未设置独立的安全出口和疏散楼梯。

1)问题描述

托儿所的儿童用房设置在其他民用建筑 5 楼,且未设置独立的安全出口和疏散楼梯。〔见图 2.2.1〕

2)规范要求

➤ 《建筑设计防火规范》(GB50016—2014〈2018 年版〉)规定:

5.4.4 托儿所、幼儿园的儿童用房和儿童游乐厅等儿童活动场所宜设置在独立的建筑内,且不应设置在地下或半地下;当采用一、二级耐火等级的建筑时,不应超过 **3** 层;采用三级耐火等级的建筑时,不应超过 **2** 层;采用四级耐火等级的建筑时,应为单层;确需设置在其他民用建筑内时,应符合下列规定:〔见图 2.2.2〕

  1 设置在一、二级耐火等级的建筑内时,应布置在首层、二层或三层;

  2 设置在三级耐火等级的建筑内时,应布置在首层或二层;

  3 设置在四级耐火等级的建筑内时,应布置在首层;

  4 设置在高层建筑内时,应设置独立的安全出口和疏散楼梯;

  5 设置在单、多层建筑内时,宜设置独立的安全出口和疏散楼梯。

➤ 《托儿所、幼儿园建筑设计规范》(JGJ 39—2016〈2019 修订版〉)规定:

  3.2.2 四个班及以上的托儿所、幼儿园建筑应独立设置。三个班及以下时,可与居住、养老、教育、办公建筑合建,但应符合下列规定:

  2 应设独立的疏散楼梯和安全出口。

3）图示说明

图 2.2.1 错误做法

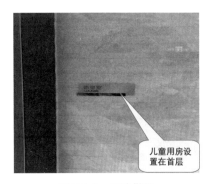

图 2.2.2 正确做法

问题 2：老年人照料设施未设置消防软管卷盘。

1）问题描述

老年人照料设施未设置消防软管卷盘，不符合规范要求。

2）规范要求

➤ 《建筑设计防火规范》（GB 50016—2014〈2018 年版〉）规定：

8.2.4 人员密集的公共建筑、建筑高度大于 100 m 的建筑和建筑面积大于 200 m² 的商业服务网点内应设置消防软管卷盘或轻便消防水龙。高层住宅建筑的户内宜配置轻便消防水龙。

老年人照料设施内应设置与室内供水系统直接连接的消防软管卷盘，消防软管卷盘的设置间距不应大于 30.0 m。

问题 3：幼儿经常通行和安全疏散走道的墙面距地面 2 m 以下设有突出物。

1）问题描述

幼儿经常通行和安全疏散走道的墙面距地面 2 m 以下设有壁柱、管道、鞋（衣、橱）柜、消火栓箱、灭火器、广告牌等突出物。

2）规范要求

➤ 《托儿所、幼儿园建筑设计规范》（JGJ 39—2016〈2019 修订版〉）规定：

4.1.13 幼儿经常通行和安全疏散的走道不应设有台阶，当有高差时，应设置防滑坡道，其坡度不应大于 1∶12。疏散走道的墙面距地面 2 m 以下不应设有壁柱、管道、消火栓箱、灭火器、广告牌等突出物。

问题 4：幼儿生活用房开向疏散走道的门开启方向不符合规范要求。

1）问题描述

幼儿生活用房开向疏散走道的门未向人员疏散方向开启。

2）规范要求

➤ 《托儿所、幼儿园建筑设计规范》（JGJ 39—2016〈2019 修订版〉）规定：

4.1.8　幼儿出入的门应符合下列规定：

　　1　当使用玻璃材料时,应采用安全玻璃;

　　6　生活用房开向疏散走道的门均应向人员疏散方向开启,开启的门扇不应妨碍走道疏散通行。

问题5：老年人照料设施中的起居室未设置应急照明。

1) 问题描述

老年人照料设施中的起居室未设置应急照明,在发生火灾时,不能为老人逃生提供便利。〔见图2.2.3〕

2) 规范要求

➢ 《消防应急照明和疏散指示系统技术标准》(GB 51309—2018)规定：

3.2.5　照明灯应采用多点、均匀布置方式,建、构筑物设置照明灯的部位或场所疏散路径地面水平最低照度应符合表3.2.5的规定。

Ⅰ-2　老人照料设施,地面水平最低照度不应低于10.0 lx。〔见图2.2.4〕

养老院起居室未设置应急照明

图2.2.3　错误做法

3) 图示说明

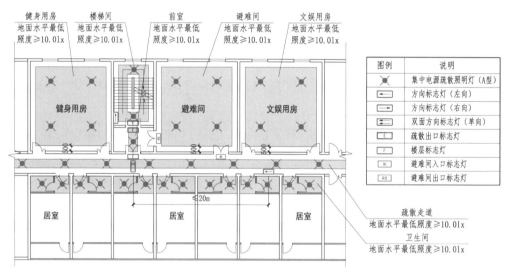

图例	说明
✕	集中电源疏散照明灯(A型)
←	方向标志灯(左向)
→	方向标志灯(右向)
⇄	双面方向标志灯(单向)
E	疏散出口标志灯
F	楼层标志灯
RI	避难间入口标志灯
RO	避难间出口标志灯

照明灯的部位或场所及其地面水平最低照度表

设置部位或场所	地面水平最低照度
Ⅰ-1.病房楼或手术部的避难间; Ⅰ-2.老年人照料设施; Ⅰ-3.人员密集场所、老年人照料设施、病房楼或手术部内的楼梯间、前室或合用前室、避难走道; Ⅰ-4.逃生辅助装置存放处等特殊区域; Ⅰ-5.屋顶直升机停机坪	不应低于10.0 lx

〔注释〕

老年人照料设施照度测量范围：

1.居室过道、卫生间;

2.疏散走道、楼梯间、前室中心线两侧走道宽度的一半;

3.健身用房、避难间、文娱用房四周各缩小500mm的部分。

图2.2.4　正确做法

问题6：老年人照料设施中的电梯未设置防烟措施。

1）问题描述

老年人照料设施中的电梯未设置防烟措施，在发生火灾时电梯井可能会成为加速火势蔓延扩大的通道。

2）规范要求

➤ 《建筑设计防火规范》（GB 50016—2014〈2018 年版〉）规定：

5.5.14　老年人照料设施内的非消防电梯应采取防烟措施，当火灾情况下需用于辅助人员疏散时，该电梯及其设置应符合本规范有关消防电梯及其设置要求。[见图 2.2.5]

3）应对措施

在老年人照料设施项目设计和施工过程中，应尽量避免将电梯井直接设置在人员和可燃物质较多的空间内，要设置在电梯间或公共走道内，并设置候梯厅。候梯厅与公共走道相连部位安装平开门或在顶棚设置高度不小于 500 mm 的挡烟垂壁，以减小火灾和烟气的影响。

4）图示说明

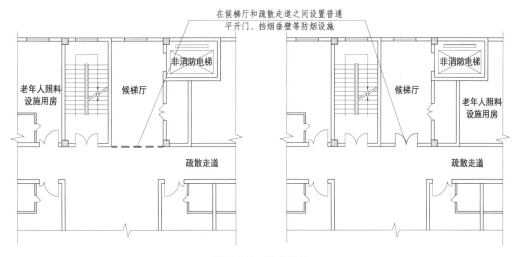

图 2.2.5　正确做法

问题7：老年人照料设施未按规范要求设置避难间。

1）问题描述

在老年人照料设施内，未在二层及以上各层老年人照料设施部分的每座疏散楼梯间的相邻部位设置 1 间避难间。[见图 2.2.6]

2）规范要求

➤ 《建筑设计防火规范》（GB 50016—2014〈2018 年版〉）规定：

5.5.24A　3 层及 3 层以上总建筑面积大于 3 000 m²（包括设置在其他建筑内三层及以

上楼层)的老年人照料设施,应在二层及以上各层老年人照料设施部分的每座疏散楼梯间的相邻部位设置 1 间避难间;当老年人照料设施设置与疏散楼梯或安全出口直接连通的开敞式外廊、与疏散走道直接连通且符合人员避难要求的室外平台等时,可不设置避难间。避难间内可供避难的净面积不应小于 12 m²,避难间可利用疏散楼梯间的前室或消防电梯的前室,其他要求应符合本规范第 5.5.24 条的规定。

3)图示说明

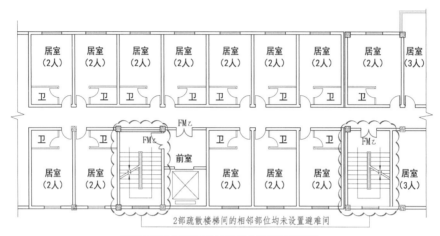

3层及3层以上总建筑面积大于3000㎡(包括设置在其他
建筑内三层及以上楼层)的老年人照料设施　平面示意图

图 2.2.6　错误做法

问题 8:老年人照料设施中的老年人用房未按规定设置火灾声警报装置或消防广播。

1)问题描述

老年人照料设施中的老年人用房未按规定设置火灾声警报装置或消防广播。[见图 2.2.7]

2)规范要求

➤ 《建筑设计防火规范》(GB 50016—2014〈2018 年版〉)规定:

8.4.1 下列建筑或场所应设置火灾自动报警系统:

7 大、中型幼儿园的儿童用房等场所,老年人照料设施,任一层建筑面积大于 **1 500 m²** 或总建筑面积大于 **3 000 m²** 的疗养院的病房楼、旅馆建筑和其他儿童活动场所,不少于 **200** 床位的医院门诊楼、病房楼和手术部等;

注:老年人照料设施中的老年人用房及其公共走道,均应设置火灾探测器和声警报装置或消防广播。

8.4.1 条文说明:本条中的"老年人照料设施中的老年人用房",是指现行行业标准《老年人照料设施建筑设计标准》JGJ 450—2018 规定的老年人生活用房、老年人公共活动用房、康复与医疗用房。

3）图示说明

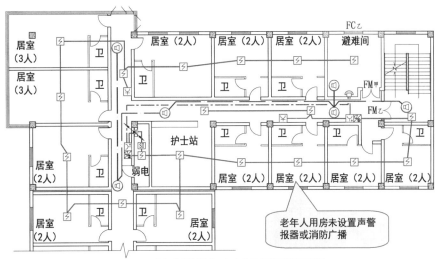

老年人照料设施 火灾自动报警平面示意图

图 2.2.7　错误做法

问题 9：托儿所、幼儿园、老年人照料设施未设置电气火灾监控系统。

1）问题描述

托儿所、幼儿园、养老设施建筑内未按规范要求设置电气火灾监控系统。

2）规范要求

➤ 《民用建筑电气设计标准》(GB 51348—2019)规定：

13.2.2　除现行国家标准《建筑设计防火规范》GB 50016 规定的建筑或场所外，下列民用建筑或场所的非消防负荷的配电回路应设置电气火灾监控系统：

10　幼儿园，中、小学的寄宿宿舍，老年人照料设施。

第三章 大型商业综合体工程

商业综合体是指集购物、住宿、餐饮、娱乐、展览、交通枢纽等两种或两种以上功能于一体的单体建筑和通过地下连片车库、地下连片商业空间、下沉式广场、连廊等方式连接的多栋商业建筑组合体。建筑面积大于5万平方米的商业综合体为大型商业综合体。由于大型商业综合体规模大、功能多、结构复杂、人员密集，所以，其消防设施的设计和施工必须严格执行国家建设消防技术标准的要求。只有采取有效的消防安全管理措施和先进的消防技术手段，才能确保大型商业综合体具备可靠的消防安全条件。

问题1：大型商业综合体地下商业空间或中庭内，设置儿童游乐厅等儿童活动场所。

1）问题描述

大型商业综合体地下商业空间或中庭内，设置儿童游乐厅等儿童活动场所。[见图2.3.1]

2）规范要求

➢《建筑设计防火规范》（GB 50016—2014〈2018年版〉）规定：

5.4.4 托儿所、幼儿园的儿童用房和儿童游乐厅等儿童活动场所宜设置在独立的建筑内，且不应设置在地下或半地下；当采用一、二级耐火等级的建筑时，不应超过3层；采用三级耐火等级的建筑时，不应超过2层；采用四级耐火等级的建筑时，应为单层；确需设置在其他民用建筑内时，应符合下列规定：

1 设置在一、二级耐火等级的建筑内时，应布置在首层、二层或三层。

5.4.4条文说明：本条第1~4款为强制性条文。本条规定中的"儿童活动场所"主要指设置在建筑内的儿童游乐厅、儿童乐园、儿童培训班、早教中心等类似用途的场所。这些场所与其他功能的场所混合建造时，不利于火灾时儿童疏散和灭火救援，应严格控制。

3）图示说明

图 2.3.1　错误做法

问题 2：大型商业综合体的防火分隔采用异形防火卷帘。

1）问题描述

　　大型商业综合体的防火分隔采用侧向、水平封闭式或折叠提升式等异形防火卷帘进行防火分隔，火灾时会影响靠自重自动关闭开口的功能。[**见图** 2.3.2]

2）规范要求

➤ 《关于加强超大城市综合体消防安全工作指导意见》(公消〔2016〕113 号)规定：

　　总建筑面积大于或等于 10 万 m² 以上规模的超大城市综合体(小于 10 万 m² 的城市综合体参照执行)严禁使用侧向或水平封闭式及折叠提升式防火卷帘，防火卷帘应当具备火灾时依靠自重下降自动封闭开口的功能。

➤ 《建筑设计防火规范》(GB 50016—2014〈2018 年版〉)规定：

　　6.5.3　防火分隔部位设置防火卷帘时，应符合下列规定：

　　　　2　防火卷帘应具有火灾时靠自重自动关闭功能。[**见图** 2.3.3]

3）应对措施

　　由于折叠提升式等异型防火卷帘门在发生火灾时会影响靠自重自动关闭开口的功能，达不到规范的防火分隔要求，因此应严禁使用。

4）图示说明

图 2.3.2　错误做法

图 2.3.3　正确做法

问题 3：商场疏散通道及疏散走道的地面上未设置保持视觉连续的疏散指示标志。

1）问题描述

总建筑面积大于规范规定的商场疏散通道及疏散走道的地面上，未设置保持视觉连续的疏散指示标志。［见图 2.3.4］

2）规范要求

➤ 《建筑设计防火规范》（GB 50016—2014〈2018 年版〉）规定：

10.3.6　下列建筑或场所应在疏散走道和主要疏散路径的地面上增设能保持视觉连续的灯光疏散指示标志或蓄光疏散指示标志：

　　2　总建筑面积大于 5 000 m² 的地上商店；

　　3　总建筑面积大于 500 m² 的地下或半地下商店。

➢《消防应急照明和疏散指示系统技术标准》(GB 51309—2018)规定：

3.2.9 方向标志灯的设置应符合下列规定：

 3 保持视觉连续的方向标志灯应符合下列规定：

  1）应设置在疏散走道、疏散通道地面的中心位置；

  2）灯具的设置间距不应大于 3 m。

 4 方向标志灯箭头的指示方向应按照疏散指示方案指向疏散方向，并导向安全出口。

3）图示说明

图 2.3.4 错误做法

问题 4：商业营业厅疏散走道或安全出口的顶棚、墙面装饰物影响安全疏散。

1）问题描述

（1）疏散走道顶棚或墙面采用镜面反光材料进行装饰，影响人员的安全疏散；［见图 2.3.5(a)］

（2）疏散走道、安全出口的顶棚、墙壁（包括疏散门），整体采用同一色调涂刷广告图片、宣传画，使人产生错觉，不易发现安全出口和疏散门。［见图 2.3.5(b)］

2）规范要求

➢《建筑内部装修设计防火规范》(GB 50222—2017)规定：

4.0.3 疏散走道和安全出口的顶棚、墙面不应采用影响人员安全疏散的镜面反光材料。

《机关、团体、企业、事业单位消防安全管理规定》(公安部令第 61 号公布)规定：

第二十一条 单位应当保障疏散通道、安全出口畅通，并设置符合国家规定的消防安全疏散指示标志和应急照明设施，保持防火门、防火卷帘、消防安全疏散指示标志、应急照明、机械排烟送风、火灾事故广播等设施处于正常状态。

严禁下列行为：

（三）在营业、生产、教学、工作等期间将安全出口上锁、遮挡或者将消防安全疏散指示

标志遮挡、覆盖;

（四）其他影响安全疏散的行为。

3）图示说明

图 2.3.5(a)　错误做法

图 2.3.5(b)　错误做法

问题 5：商业综合体超过 8 m 的高大空间场所，喷头选型不符合要求。

1）问题描述

商业综合体内超过 8 m 的中庭、步行街等高大空间场所，选用流量系数 $K=80$ 的闭式喷头进行保护。

2）规范要求

➤ 《自动喷水灭火系统设计规范》（GB 50084—2017）规定：

6.1.1　设置闭式系统的场所，洒水喷头类型和场所的最大净空高度应符合表 6.1.1 的规定。

表 6.1.1　洒水喷头类型和场所净空高度

设置场所		喷头类型			场所净空高度 h(m)
		一只喷头的保护面积	响应时间性能	流量系数 K	
民用建筑	普通场所	标准覆盖面积洒水喷头	快速响应喷头 特殊响应喷头 标准响应喷头	$K \geqslant 80$	$K \leqslant 8$
		扩大覆盖面积洒水喷头	快速响应喷头	$K \geqslant 80$	
	高大空间场所	标准覆盖面积洒水喷头	快速响应喷头	$K \geqslant 115$	$8 < h \leqslant 12$
		非仓库型特殊应用喷头			
		非仓库型特殊应用喷头			$12 < h \leqslant 18$

注：高大空间场所（8 m<h≤18 m）应按规范要求选用大流量系数（$K \geqslant 115$）喷头。［见图 2.3.6］

3）图示说明

图 2.3.6　正确做法

问题 6：大型商业综合体不适合安装自动喷水灭火系统的高大空间场所，未设置自动消防炮灭火系统。

1）问题描述

　　大型商业综合体高大空间场所难以安装自动喷淋灭火系统保护时，未设置自动跟踪定位射流（自动消防炮）灭火系统，会影响整体灭火效果。

2）规范要求

　　➤《自动跟踪定位射流灭火系统技术标准》（GB 51427—2021）规定：

　　3.1.1　自动跟踪定位射流灭火系统可用于扑救民用建筑和丙类生产车间、丙类库房中，火灾类别为 A 类的下列场所：

　　　　1　净空高度大于 12 m 的高大空间场所；［见图 2.3.7(a)(b)］

　　　　2　净空高度大于 8 m 且不大于 12 m，难以设置自动喷水灭火系统的高大空间场所。

　　➤《大空间智能型主动喷水灭火系统技术规程》（CECS 263：2009）规定：

　　3.0.3　凡按照国家有关消防设计规范的要求应设置自动喷水灭火系统，火灾类别为 A 类，但由于空间高度较高，采用其他自动喷水灭火系统难以有效探测、扑灭及控制火灾的大空间场所应设置大空间智能型主动喷水灭火系统。

3）图示说明

图 2.3.7(a)　正确做法　　　　　图 2.3.7(b)　正确做法

第四章　超高层民用建筑工程

建筑高度大于 250 m 的民用建筑火灾危险性较高,一旦发生火灾往往延烧时间长,扑救难度大,其主要承重构件必须具备较高的耐火性能;其电缆井、管道井等竖井的完整性如受到破坏,也将导致火灾在建筑内部迅速蔓延,从而变得难以控制。由于超高层建筑的高度特点,给消防设施的设计、施工、管理和消防救援都带来很大的困难,因此,超高层建筑的消防应立足于建筑内部的消防设施建设和质量的可靠性。智慧消防的应用,将保证实现火灾探测、报警、扑救等自动功能,提高其自防、自救能力,将火险消灭在萌芽状态,这是超高层建筑安全的重要手段和保障。

问题 1: 超高层建筑分区供水时,转输泵未联动接力送水。

1）问题描述

超高层建筑分区供水时,转输泵未联动接力送水,无法保障高区持续的消防用水。

2）规范要求

➤ 《消防给水及消火栓系统技术规范》(GB 50974—2014)规定:

11.0.11　当消防分区供水采用转输消防水泵时,转输水泵宜在消防水泵启动后再启动;当消防给水分区供水采用串联消防水泵时,上区消防水泵宜在下区消防水泵启动后再启动。

3）应对措施

平时转输泵控制柜应处于自动状态;设置在手动状态时,应确保 24 小时有人值守。当高区消防泵启动后,应联动启动相应的转输泵,保障高区消防用水的持续性。

问题 2: 建筑高度大于 250 m 的民用建筑中,水平穿越防火分区或避难区的防烟或排烟管道未采取防护措施。

1）问题描述

建筑高度大于 250 m 的民用建筑中,水平穿越防火分区或避难区的防烟或排烟管道未采取防护措施,无法满足消防耐火极限要求。[**见图** 2.4.1]

2）规范要求

➤ 《建筑高度大于 250 米民用建筑防火设计加强性技术要求》(公消〔2018〕57 号)

规定：

第二十二条 水平穿越防火分区或避难区的防烟或排烟管道、未设置在管井内的加压送风管道或排烟管道、与排烟管道布置在同一管井内的加压送风管道或补风管道,其耐火极限不应低于 1.50 h。

3）应对措施

为了满足规范要求,相应区域的消防排烟管道可采用风管外包岩棉及防火板或涂刷防火涂料等防护措施。[**见图 2.4.2**]

4）图示说明

图 2.4.1 错误做法

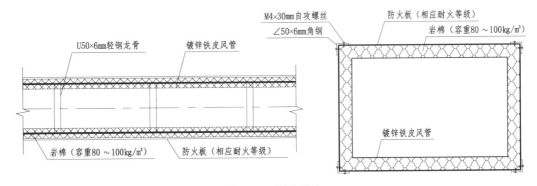

图 2.4.2 正确做法

问题 3：建筑高度大于 250 m 的民用建筑的电缆井、管道井等竖井井壁的耐火极限等不符合规范要求。

1）问题描述

建筑高度大于 250 m 的民用建筑的电缆井、管道井等竖井井壁的耐火极限低于 2.00 h;建筑中的承重钢结构未采用厚涂型钢结构防火涂料等。

2）规范要求

➤ 《建筑高度大于 250 米民用建筑防火设计加强性技术要求》(公消〔2018〕57 号)规定：

第二条 建筑构件的耐火极限除应符合现行国家标准《建筑设计防火规范》GB 50016 的规定外，尚应符合下列规定：

1 承重柱（包括斜撑）、转换梁、结构加强层桁架的耐火极限不应低于 4.00 h；

2 梁以及与梁结构功能类似构件的耐火极限不应低于 3.00 h；

3 楼板和屋顶承重构件的耐火极限不应低于 2.50 h；

4 核心筒外围墙体的耐火极限不应低于 3.00 h；

5 电缆井、管道井等竖井井壁的耐火极限不应低于 2.00 h；

6 房间隔墙的耐火极限不应低于 1.50 h、疏散走道两侧隔墙的耐火极限不应低于 2.00 h；

7 建筑中的承重钢结构，当采用防火涂料保护时，应采用厚涂型钢结构防火涂料。

问题 4：建筑高度大于 250 m 的民用建筑的防火墙、防火隔墙采用防火玻璃墙、防火卷帘等。

1) 问题描述

建筑高度大于 250 m 的民用建筑的防烟楼梯间前室及楼梯间的门未采用甲级防火门；防火墙、防火隔墙采用防火玻璃墙、防火卷帘等。

2) 规范要求

➤ 《建筑高度大于 250 米民用建筑防火设计加强性技术要求》（公消〔2018〕57 号）规定：

第三条 防火分隔应符合下列规定：

1 建筑的核心筒周围应设置环形疏散走道，隔墙上的门窗应采用乙级防火门窗；

2 建筑内的电梯应设置候梯厅；

3 用于扩大前室的门厅（公共大堂），应采用耐火极限不低于 3.00 h 的防火隔墙与周围连通空间分隔，与该门厅（公共大堂）相连通的门窗应采用甲级防火门窗；

4 厨房应采用耐火极限不低于 3.00 h 的防火隔墙和甲级防火门与相邻区域分隔；

5 防烟楼梯间前室及楼梯间的门应采用甲级防火门，酒店客房的门应采用乙级防火门，电缆井和管道井等竖井井壁上的检查门应采用甲级防火门；

6 防火墙、防火隔墙不得采用防火玻璃墙、防火卷帘替代。

问题 5：建筑高度大于 250 m 的民用建筑中，酒店污衣井的开口设置等不符合规范要求。

1) 问题描述

建筑高度大于 250 m 的民用建筑中，酒店污衣井的开口设置在楼梯间内；其房间门未采用甲级防火门。

2) 规范要求

➤ 《建筑高度大于 250 米民用建筑防火设计加强性技术要求》（公消〔2018〕57 号）规定：

第四条　酒店的污衣井开口严禁设置在楼梯间内,应设置在独立的服务间内,该服务间应采用耐火极限不低于 2.00 h 的防火隔墙与其他区域分隔,房间门应采用甲级防火门。

问题 6:建筑高度大于 250 m 的民用建筑周围消防车道的净宽度或净空高度不符合规范要求。

1)问题描述

建筑高度大于 250 m 的民用建筑周围消防车道的净宽度或净空高度小于 4.5 m。

2)规范要求

➤ 《建筑高度大于 250 米民用建筑防火设计加强性技术要求》(公消〔2018〕57 号)规定:

第十条　建筑周围消防车道的净宽度和净空高度均不应小于 4.5 m。

问题 7:建筑高度大于 250 m 的民用建筑的消防车登高操作场地的长度和宽度不符合要求。

1)问题描述

建筑高度大于 250 m 的民用建筑的消防车登高操作场地的长度小于 25 m,宽度小于 15 m;在建筑的第一个和第二个避难层的避难区外墙一侧未对应设置消防车登高操作场地。

2)规范要求

➤ 《建筑高度大于 250 米民用建筑防火设计加强性技术要求》(公消〔2018〕57 号)规定:

第十一条　建筑高层主体消防车登高操作场地应符合下列规定:

1　场地的长度不应小于建筑周长的 1/3 且不应小于一个长边的长度,并应至少布置在两个方向上,每个方向上均应连续布置;

2　在建筑的第一个和第二个避难层的避难区外墙一侧应对应设置消防车登高操作场地;

3　消防车登高操作场地的长度和宽度分别不应小于 25 m 和 15 m。

问题 8:建筑高度大于 250 m 的民用建筑的高位消防水池与减压水箱之间的高差大于 200 m。

1)问题描述

高位消防水池与减压水箱之间及减压水箱之间的高差大于 200 m。

2)规范要求

➤ 《建筑高度大于 250 米民用建筑防火设计加强性技术要求》(公消〔2018〕57 号)规定:

第十四条　室内消防给水系统应采用高位消防水池和地面(地下)消防水池供水。

高位消防水池与减压水箱之间及减压水箱之间的高差不应大于 200 m。

问题 9：建筑高度大于 250 m 的民用建筑的洒水喷头设置等不符合规范要求。

1）问题描述

洒水喷头采用隐蔽型喷头；喷头与玻璃幕墙的水平距离大于 1 m。

2）规范要求

➤ 《建筑高度大于 250 米民用建筑防火设计加强性技术要求》（公消〔2018〕57 号）规定：

第十五条　自动喷水灭火系统应符合下列规定：

1　系统设计参数应按现行国家标准《自动喷水灭火系统设计规范》GB 50084 规定的中危险级 Ⅱ 级确定；

2　洒水喷头应采用快速响应喷头，不应采用隐蔽型喷头；

3　建筑外墙采用玻璃幕墙时，喷头与玻璃幕墙的水平距离不应大于 1 m。

问题 10：建筑高度大于 250 m 的民用建筑的电梯机房、电缆竖井内未设置自动灭火设施。

1）问题描述

建筑高度大于 250 m 的民用建筑的电梯机房、电缆竖井内未设置自动灭火设施。

2）规范要求

➤ 《建筑高度大于 250 米民用建筑防火设计加强性技术要求》（公消〔2018〕57 号）规定：

第十六条　电梯机房、电缆竖井内应设置自动灭火设施。

问题 11：建筑高度大于 250 m 的民用建筑的机械排烟系统等的设置不符合规范要求。

1）问题描述

机械排烟系统与通风空气调节系统合用；在排烟管道穿越环形疏散走道分隔墙体的部位，未设置 280℃ 时能自动关闭的排烟防火阀。

2）规范要求

➤ 《建筑高度大于 250 米民用建筑防火设计加强性技术要求》（公消〔2018〕57 号）规定：

第二十一条　机械排烟系统竖向应按避难层分段设计。沿水平方向布置的机械排烟系统，应按每个防火分区独立设置。机械排烟系统不应与通风空气调节系统合用。

核心筒周围的环形疏散走道应设置独立的防烟分区；在排烟管道穿越环形疏散走道分隔墙体的部位，应设置 280℃ 时能自动关闭的排烟防火阀。

问题 12：建筑高度大于 250 m 的民用建筑的应急电源未采用柴油发电机组等。

1）问题描述

消防用电未按一级负荷中特别重要的负荷供电；应急电源未采用柴油发电机组。

2）规范要求

➢ 《建筑高度大于 250 米民用建筑防火设计加强性技术要求》（公消〔2018〕57 号）规定：

第二十四条　消防用电应按一级负荷中特别重要的负荷供电。应急电源应采用柴油发电机组，柴油发电机组的消防供电回路应采用专用线路连接至专用母线段，连续供电时间不应小于 3.0 h。

第五章　城市综合管廊工程

　　城市综合管廊是指按照统一规划、设计、施工和维护原则，建于城市地下用于敷设城市工程管线的市政公用设施，其在城市建设中的应用越来越广泛。由于地下综合管廊管线多，集成铺设了供水、排水、电力、通信、热力、广电、燃气等市政管线，管廊内的照明、通风、防涝、检修、消防、监控等比地面作业和管理要复杂得多。因此，在城市综合管廊工程设计、施工、验收过程中一定要严格遵守国家有关消防规范，确保综合管廊内的消防设施正常运行。

问题 1：城市综合管廊工程的天然气管道舱及容纳电力电缆的舱室防火分隔设置等不符合规范要求。

1）问题描述

　　天然气管道舱及容纳电力电缆的舱室采用耐火极限低于 3.0 h 的不燃性墙体进行防火分隔；防火分隔处的门未采用甲级防火门。

2）规范要求

➢ 《城市综合管廊工程技术规范》(GB 50838—2015)有关规定：

　　7.1.6　天然气管道舱及容纳电力电缆的舱室应每隔 200 m 采用耐火极限不低于 3.0 h 的不燃性墙体进行防火分隔。防火分隔处的门应采用甲级防火门，管线穿越防火隔断部位应采用阻火包等防火封堵措施进行严密封堵。

　　7.1.7　综合管廊交叉口及各舱室交叉部位应采用耐火极限不低于 3.0 h 的不燃性墙体进行防火分隔，当有人员通行需求时，防火分隔处的门应采用甲级防火门，管线穿越防火隔断部位应采用阻火包等防火封堵措施进行严密封堵。

问题 2：干线综合管廊中容纳电力电缆的舱室等未设置自动灭火系统。

1）问题描述

　　干线综合管廊中容纳电力电缆的舱室、支线综合管廊中容纳 6 根及以上电力电缆的舱室未设置自动灭火系统。

2）规范要求

➤《城市综合管廊工程技术规范》(GB 50838—2015)规定：

7.1.9　干线综合管廊中容纳电力电缆的舱室,支线综合管廊中容纳 6 根及以上电力电缆的舱室应设置自动灭火系统;其他容纳电力电缆的舱室宜设置自动灭火系统。

问题 3：综合管廊内未设置事故后机械排烟设施。

1）问题描述

综合管廊内未设置事故后机械排烟设施。

2）规范要求

➤《城市综合管廊工程技术规范》(GB 50838—2015)规定：

7.2.8　综合管廊内应设置事故后机械排烟设施。

问题 4：干线、支线综合管廊含电力电缆的舱室未设置火灾自动报警系统等。

1）问题描述

干线、支线综合管廊含电力电缆的舱室未设置火灾自动报警系统;电力电缆表层未设置线型感温火灾探测器等。

2）规范要求

➤《城市综合管廊工程技术规范》(GB 50838—2015)规定：

7.5.7　干线、支线综合管廊含电力电缆的舱室应设置火灾自动报警系统,并应符合下列规定：

1　应在电力电缆表层设置线型感温火灾探测器,并应在舱室顶部设置线型光纤感温火灾探测器或感烟火灾探测器;

2　应设置防火门监控系统;

3　设置火灾探测器的场所应设置手动火灾报警按钮和火灾警报器,手动火灾报警按钮处宜设置电话插孔;

4　确认火灾后,防火门监控器应联动关闭常开防火门,消防联动控制器应能联动关闭着火分区及相邻分区通风设备、启动自动灭火系统。

问题 5：城市综合管廊工程的天然气管道舱未设置可燃气体探测报警系统。

1）问题描述

城市综合管廊工程的天然气管道舱未设置可燃气体探测报警系统。

2）规范要求

➤《城市综合管廊工程技术规范》(GB 50838—2015)规定：

7.5.8　天然气管道舱应设置可燃气体探测报警系统。

问题 6：城市综合管廊工程的人员出入口、逃生口等部位未设置带编号的标识。

1) 问题描述

城市综合管廊工程的人员出入口、逃生口等部位未设置带编号的标识。

2) 规范要求

➢ 《城市综合管廊工程技术规范》(GB 50838—2015)规定：

7.7.6 人员出入口、逃生口、管线分支口、灭火器材设置处等部位，应设置带编号的标识。

第六章 轨道交通工程

　　轨道交通是一种大容量、快捷、规模浩大的交通性公共建筑。当车站和区间位于地下时,空间封闭,通道狭长,无法形成天然采光和自然通风与排烟。一旦地铁内发生火灾,由于不良的物理环境,导致人员疏散和灭火救援极为困难。因此,地铁消防必须从防火分区的划分、装修材料的不燃化处理、火灾报警系统、自动灭火系统、防排烟设施、疏散标志和应急照明系统等方面进行全面控制。从消防设计、产品选型到工程施工、验收和维护管理,严格规范、层层把关,为地铁的正常运行保驾护航。

问题1:地铁站厅公共区与商业等非地铁功能的场所的安全出口设置不符合规范要求。

1) 问题描述

　　地铁站厅公共区与商业等非地铁功能的场所的连通口和上、下联系楼梯或扶梯作为相互间的安全出口。

2) 规范要求

　　➢《地铁设计防火标准》(GB 51298—2018)规定:

　　5.1.11 站厅公共区与商业等非地铁功能的场所的安全出口应各自独立设置。两者的连通口和上、下联系楼梯或扶梯不得作为相互间的安全出口。

问题2:地铁地下车站超过3层(含3层)时,消防专用通道设置不规范。

1) 问题描述

　　地铁地下车站超过3层(含3层)时,消防专用通道未设置为防烟楼梯间。

2) 规范要求

　　➢《地铁设计防火标准》(GB 51298—2018)规定:

　　5.2.8 地下车站应设置消防专用通道。当地下车站超过3层(含3层)时,消防专用通道应设置为防烟楼梯间。

问题 3: 将地铁站台层端门外消防专用通道、管理区的楼梯用作乘客的安全疏散设施。

1) 问题描述

将地铁站台层端门外消防专用通道、管理区的楼梯用作乘客的安全疏散设施。

2) 规范要求

➤ 《地铁设计防火标准》(GB 51298—2018)规定:

5.1.6 电梯、竖井爬梯、消防专用通道以及管理区的楼梯不得用作乘客的安全疏散设施。

问题 4: 地铁部分车控室采用普通铝合金窗。

1) 问题描述

地铁部分车控室采用普通铝合金窗。

2) 规范要求

➤ 《地铁设计防火标准》(GB 51298—2018)规定:

6.1.7 防火墙上的窗口应采用固定式甲级防火窗。

3) 应对措施

防火分区之间应采用防火墙分隔。车控室的观察窗属于设备区和公共区之间的防火墙上的窗口,应设置不可开启甲级防火窗。

问题 5: 地铁部分区间疏散通道有影响疏散的凸出物或其他障碍物。

1) 问题描述

地铁部分区间疏散通道的侧壁上有金属配电箱、消火栓箱等外露设备;局部区间疏散通道底部有密集管线。

2) 规范要求

➤ 《建筑设计防火规范》(GB 50016—2014〈2018 年版〉)规定:

6.4.1 疏散楼梯间应符合下列规定:

3 楼梯间内不应有影响疏散的凸出物或其他障碍物。

3) 应对措施

(1) 当区间疏散通道侧壁上装有金属配电箱、消火栓箱等外露设备时,在不影响人员疏散的情况下,应对锐角采取保护处理;

(2) 对于局部区间疏散通道底部的密集管线,应加设钢盖板(斜坡过渡)进行保护。

问题 6: 地铁站台和站厅公共区、人行楼梯及其转角处、自动扶梯、疏散通道及其转角处等的疏散指示标志设置不符合规范要求。

1) 问题描述

地铁站台和站厅公共区、人行楼梯及其转角处、自动扶梯、疏散通道及其转角处、防烟楼梯间、消防专用通道、安全出口、避难走道等,未设置电光源型疏散指示标志。

2）规范要求

➤ 《地铁设计防火标准》(GB 51298—2018)规定:

5.6.1 站台和站厅公共区、人行楼梯及其转角处、自动扶梯、疏散通道及其转角处、防烟楼梯间、消防专用通道、安全出口、避难走道、设备管理区内的走道和变电所的疏散通道等,均应设置电光源型疏散指示标志。

问题 7:地铁兼作疏散用的自动扶梯在事故时未能保持运行。

1）问题描述

地铁兼作疏散用的自动扶梯未按一级负荷供电;平时运行方向未与人员的疏散方向一致;下部空间与其他部位之间未采取防火分隔措施等。

2）规范要求

➤ 《地铁设计防火标准》(GB 51298—2018)规定:

6.2.1 火灾时兼作疏散用的自动扶梯应符合下列规定:

1 应按一级负荷供电;

2 应采用不燃材料制造;

3 应能在事故时保持运行;

4 平时运行方向应与人员的疏散方向一致;

5 自动扶梯的下部空间与其他部位之间应采取防火分隔措施;

6 暴露在室外环境的自动扶梯应采取防滑措施;位于寒冷或严寒地区时,应采取防冰雪积聚和防冻的措施。

问题 8:地铁站台下的电缆通道、变电所电缆夹层的电缆桥架上未设置火灾探测器。

1）问题描述

地铁站台下的电缆通道、变电所电缆夹层的电缆桥架上未设置火灾探测器。

2）规范要求

➤ 《地铁设计防火标准》(GB 51298—2018)规定:

9.3.4 站台下的电缆通道、变电所电缆夹层的电缆桥架上应设置火灾探测器,并宜采用线型感温火灾探测器。

问题 9:地铁车辆基地的停车库、列检库等处设置的火灾探测器不符合规范要求。

1）问题描述

地铁车辆基地的停车库、列检库、停车列检库、运用库、联合检修库及物资库等库房设置的火灾探测器不符合规范要求。

2）规范要求

➤ 《地铁设计防火标准》(GB 51298—2018)规定:

9.3.5 车辆基地的停车库、列检库、停车列检库、运用库、联合检修库及物资库等库房应设置火灾探测器,其中的大空间场所宜采用吸气式空气采样探测器、红外光束感烟火灾探测器及可视烟雾图像探测器等。

问题 10：地铁车站公共区、设备管理区等手动报警按钮的设置不符合规范要求。

1) 问题描述

地铁车站公共区、设备管理区、车辆基地内的设备区和办公区、主变电所等场所未设置带地址的手动报警按钮。

2) 规范要求

> 《地铁设计防火标准》(GB 51298—2018)规定:

9.4.1 下列部位应设置带地址的手动报警按钮:

1 车站公共区、设备管理区、车辆基地内的设备区和办公区、主变电所;

2 地下区间纵向疏散平台的侧壁上;

3 其他长度大于 30 m 的封闭疏散通道。

问题 11：地铁自动检票机的联动控制不符合规范要求。

1) 问题描述

地铁自动检票机的联动控制不能联动控制自动检票机的释放,且不能接收自动检票机的状态反馈信息。

2) 规范要求

> 《地铁设计防火标准》(GB 51298—2018)规定:

9.5.3 站台门的联动开启应由车站控制室值班人员确认后人工控制。自动检票机的联动控制应能联动控制自动检票机的释放,并应能接收自动检票机的状态反馈信息。

问题 12：火灾自动报警系统或地铁环境与设备监控系统直接控制站厅内自动扶梯的启停。

1) 问题描述

火灾自动报警系统或地铁环境与设备监控系统直接控制站厅内自动扶梯的启停,不符合规范要求。

2) 规范要求

> 《地铁设计防火标准》(GB 51298—2018)规定:

9.5.5 电梯应能在火灾时通过火灾自动报警系统或环境与设备监控系统联动控制返至疏散层,火灾自动报警系统或环境与设备监控系统应能接收电梯的状态反馈信息,不应直接控制站厅内自动扶梯的启停。

问题 13：地铁地下线路敷设的电线电缆不符合规范要求。

1）问题描述

地铁地下线路敷设的电线电缆未采用低烟无卤阻燃电线电缆。

2）规范要求

➤ 《地铁设计防火标准》(GB 51298—2018)规定：

11.3.2 地下线路敷设的电线电缆应采用低烟无卤阻燃电线电缆，地上线路敷设的电线电缆宜采用低烟无卤阻燃电线电缆。

问题 14：地铁地下车站公共区的排烟不符合规范要求。

1）问题描述

当站厅发生火灾，补风通路的空气总阻力大于 50 Pa 时，未采用机械补风方式。

2）规范要求

➤ 《地铁设计防火标准》(GB 51298—2018)有关规定：

8.2.3 地下车站公共区的排烟应符合下列规定：

1 当站厅发生火灾时，应对着火防烟分区排烟，可由出入口自然补风，补风通路的空气总阻力应符合本标准第 8.2.6 条的规定；当不符合本标准第 8.2.6 条的规定时，应设置机械补风系统。

2 当站台发生火灾时，应对站台区域排烟，并宜由出入口、站厅补风。

3 车站公共区发生火灾、驶向该站的列车需要越站时，应联动关闭全封闭站台门。

8.2.6 排烟区应采取补风措施，并应符合下列规定：

1 当补风通路的空气总阻力不大于 50 Pa 时，可采用自然补风方式，但应保证火灾时补风通道畅通；

2 当补风通路的空气总阻力大于 50 Pa 时，应采用机械补风方式，且机械补风的风量不应小于排烟风量的 50%，不应大于排烟量；

3 补风口宜设置在与排烟空间相通的相邻防烟分区内；当补风口与排烟口设置在同一防烟分区内时，补风口应设置在室内净高 1/2 以下，水平距离排烟口不应小于 10 m。

问题 15：地铁区间隧道内设置的手动报警按钮、管口和管路的连接处未做密封处理。

1）问题描述

地铁区间隧道内设置的手动报警按钮、管口和管路的连接处未采取防水防尘等保护和密封处理措施。［见图 2.6.1］

2）规范要求

➤ 《火灾自动报警系统施工及验收标准》(GB 50166—2019)规定：

3.2.4 敷设在多尘或潮湿场所管路的管口和管路连接处，均应做密封处理。［见图 2.6.2］

3）图示说明

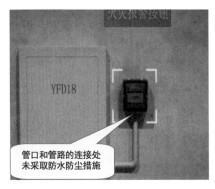

图 2.6.1 错误做法

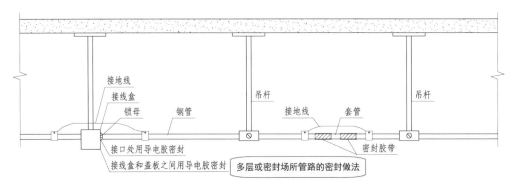

图 2.6.2 正确做法

问题 16：把地铁 FAS 系统的监视线路状态电阻直接安装在模块端子处。

1）问题描述

把地铁 FAS 系统的监视线路状态电阻直接安装在模块端子处。

2）规范要求

➢ 《火灾自动报警系统施工及验收标准》（GB 50166—2019）规定：

3.3.17　模块或模块箱的安装应符合下列规定：

4　模块的终端部件应靠近连接部件安装。

3.3.17 条文说明：模块安装要求已在现行国家标准《火灾自动报警系统设计规范》GB 50116—2013 的第 6.8 节中进行了规定，因此安装应符合该规范和设计文件的规定。部分模块的生产企业在模块安装时需要连接终端部件。模块的终端部件一般指与模块匹配的终端电阻等部件，该部件一般用于检测模块与连接部件连线的短路、断路，因此靠近连接部件安装才能有效检测模块与连接部件之间连线的实际情况。

3）应对措施

模块上加的电阻是终端电阻，需要直接把电阻安装于被监视设备的端子处，以便及时检测线路是否处于通断状态。

电动汽车充电过程中若发生火灾,将会产生大量可燃、有毒烟气,消防救援十分困难。为及时发现灾情,提供救援和疏散保障,因此,要求地下、半地下和高层汽车库内配建分散充电设施时,应设置火灾自动报警系统、排烟设施、自动喷水灭火系统、消防应急照明和疏散指示标志等。

停车设施包括露天停车场,各类汽车库、修车库等。汽车库、修车库一旦发生火灾,疏散和扑救困难,极易造成人身伤亡和财产损失。其设置的消防设施有火灾自动报警系统、消防给水及消火栓系统、自动灭火系统、防排烟系统、电动防火卷帘、电动防火门、消防应急照明和疏散指示标志等。

上述消防设施的常见质量通病详见第一部分相关内容,本章需要关注的问题如下。

问题 1：新建汽车库内集中配建的充电设施,未按要求设置防火单元。

1）问题描述

新建汽车库配建的分散充电设施,未按要求设置防火单元。

2）规范要求

➢ 《电动汽车分散充电设施工程技术标准》(GB/T 51313—2018)规定:

6.1.5 新建汽车库内配建的分散充电设施在同一防火分区内应集中布置,并应符合下列规定:

1 布置在一、二级耐火等级的汽车库的首层、二层或三层。当设置在地下或半地下时,宜布置在地下车库的首层,不应布置在地下建筑四层及以下。

2 设置独立的防火单元,每个防火单元的最大允许建筑面积应符合表 6.1.5 的规定。

表 6.1.5　集中布置的充电设施区防火单元最大允许建筑面积(m^2)

耐火等级	单层汽车库	多层汽车库	地下汽车库或高层汽车库
一、二级	1 500	1 250	1 000

3 每个防火单元应采用耐火极限不小于 2.0 h 的防火隔墙或防火卷帘、防火分隔水幕等与其他防火单元和汽车库其他部位分隔。

4 当防火隔墙上需开设相互连通的门时,应采用耐火等级不低于乙级的防火门。

5 当地下、半地下和高层汽车库内配建分散充电设施时,应设置火灾自动报警系统、排烟设施、自动喷水灭火系统、消防应急照明和疏散指示标志。

问题2：汽车库与火灾危险性为甲、乙类的厂房、仓库贴邻。

1）问题描述

汽车库与火灾危险性为甲、乙类的厂房、仓库贴邻。

2）规范要求

➢ 《汽车库、修车库、停车场设计防火规范》(GB 50067—2014)规定：

4.1.3 汽车库不应与火灾危险性为甲、乙类的厂房、仓库贴邻或组合建造。

问题3：汽车库内自动喷水灭火系统喷头等的设置不符合规范要求。

1）问题描述

室内无车道且无人员停留的机械式汽车库自动喷水灭火系统的喷头未选用快速响应喷头；楼梯间及停车区的检修通道上未设置室内消火栓。

2）规范要求

➢ 《汽车库、修车库、停车场设计防火规范》(GB 50067—2014)规定：

5.1.3 室内无车道且无人员停留的机械式汽车库，应符合下列规定：

2 汽车库内应设置火灾自动报警系统和自动喷水灭火系统，自动喷水灭火系统应选用快速响应喷头；

3 楼梯间及停车区的检修通道上应设置室内消火栓；

4 汽车库内应设置排烟设施，排烟口应设置在运输车辆的通道顶部。

问题4：汽车库、修车库的人员安全出口和汽车疏散出口的设置不符合规范要求。

1）问题描述

汽车库、修车库的人员安全出口和汽车疏散出口未按规范要求分开设置。

2）规范要求

➢ 《汽车库、修车库、停车场设计防火规范》(GB 50067—2014)规定：

6.0.1 汽车库、修车库的人员安全出口和汽车疏散出口应分开设置。设置在工业与民用建筑内的汽车库，其车辆疏散出口应与其他场所的人员安全出口分开设置。

问题5：建筑高度大于32 m的汽车库未设置消防电梯。

1）问题描述

除室内无车道且无人员停留的机械式汽车库外，建筑高度大于32 m的汽车库未设置消防电梯。

2）规范要求

➢ 《汽车库、修车库、停车场设计防火规范》(GB 50067—2014)规定：

6.0.4 除室内无车道且无人员停留的机械式汽车库外，建筑高度大于32 m的汽车库应设置消防电梯。

第八章　危化品厂房、仓库等工程

近年来,危化品厂房、仓库火灾事故频发,对人员生命与财产安全造成严重危害。危化品厂房、仓库具有易燃易爆、有毒有害、危害后果严重、储存条件严苛、建筑结构与消防设施设计要求高、操作与管理规范严格等特点。其消防设施的设置、设计、施工、验收和维护保养与危化品生产、储存、管理同样重要,不管哪个环节出现问题,都会带来严重的安全事故隐患,甚至可能导致重大事故的发生。因此对于以下消防常见问题,在消防验收中需要给予特别关注。

问题 1:有爆炸危险的厂房防爆措施不符合要求。

1)问题描述

(1)有爆炸危险的厂房或厂房内有爆炸危险的部位未设置泄压设施,或泄压设施不符合要求;

(2)散发较空气重的可燃气体、可燃蒸气的甲类厂房和有粉尘、纤维爆炸危险的乙类厂房,其地面、墙面、地沟、防火封堵等防爆措施不符合要求;

(3)有爆炸危险区域的楼梯间、通道口,未设置门斗,或门斗设置不符合要求。

2)规范要求

➤ 《建筑设计防火规范》(GB 50016—2014〈2018 年版〉)有关规定:

3.6.2 有爆炸危险的厂房或厂房内有爆炸危险的部位应设置泄压设施。[见图 2.8.1 (a)]

3.6.3 泄压设施宜采用轻质屋面板、轻质墙体和易于泄压的门、窗等,应采用安全玻璃等在爆炸时不产生尖锐碎片的材料。[见图 2.8.1(a)(b)]

屋顶上的泄压设施应采取防冰雪积聚措施。

3.6.6 散发较空气重的可燃气体、可燃蒸气的甲类厂房和有粉尘、纤维爆炸危险的乙类厂房,应符合下列规定:

1 应采用不发火花的地面。采用绝缘材料作整体面层时,应采取防静电措施。[见图 2.8.1(c)]

2 散发可燃粉尘、纤维的厂房，其内表面应平整、光滑，并易于清扫。

3 厂房内不宜设置地沟，确需设置时，其盖板应严密，地沟应采取防止可燃气体、可燃蒸气和粉尘、纤维在地沟积聚的有效措施，且应在与相邻厂房连通处采用防火材料密封。

3.6.7 有爆炸危险的甲、乙类生产部位，宜布置在单层厂房靠外墙的泄压设施或多层厂房顶层靠外墙的泄压设施附近。［见图 2.8.1(a)］

有爆炸危险的设备宜避开厂房的梁、柱等主要承重构件布置。

3.6.8 有爆炸危险的甲、乙类厂房的总控制室应独立设置。［见图 2.8.1(d)］

3.6.9 有爆炸危险的甲、乙类厂房的分控制室宜独立设置，当贴邻外墙设置时，应采用耐火极限不低于 3.00 h 的防火隔墙与其他部位分隔。

3.6.10 有爆炸危险区域内的楼梯间、室外楼梯或有爆炸危险的区域与相邻区域连通处，应设置门斗等防护措施。门斗的隔墙应为耐火极限不应低于 2.00 h 的防火隔墙，门应采用甲级防火门并应与楼梯间的门错位设置。［见图 2.8.1(e)］

3）图示说明

图 2.8.1(a) 正确做法　　　　图 2.8.1(b) 正确做法　　　　图 2.8.1(c) 正确做法

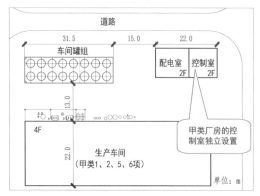

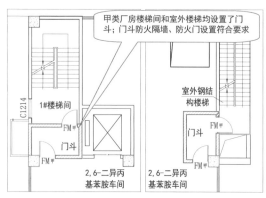

图 2.8.1(d) 正确做法　　　　　　　图 2.8.1(e) 正确做法

问题 2：有爆炸危险的仓库防爆措施不符合要求。

1）问题描述

（1）甲、乙、丙类液体仓库内未设置防止液体流散的设施；

（2）遇湿会发生燃烧爆炸的物品仓库防水措施不符合要求；

（3）有粉尘爆炸危险的筒仓顶部盖板未设置泄压设施；

（4）可能产生爆炸性混合气体或在空气中能形成粉尘、纤维等爆炸性混合物的仓库内未采用不发生火花的地面。

2）规范要求

➢《建筑设计防火规范》(GB 50016—2014〈2018 年版〉)有关规定：

3.6.12　甲、乙、丙类液体仓库应设置防止液体流散的设施。遇湿会发生燃烧爆炸的物品仓库应采取防止水浸渍的措施。[见图 2.8.2(a)(b)]

3.6.13　有粉尘爆炸危险的筒仓，其顶部盖板应设置必要的泄压设施。

3.6.14　有爆炸危险的仓库或仓库内有爆炸危险的部位，宜按本节规定采取防爆措施、设置泄压设施。

➢《石油化工企业设计防火标准》(GB 50160—2008〈2018 年版〉)规定：

6.6.1　石油化工企业应设置独立的化学品和危险品库区。甲、乙、丙类物品仓库，距其他设施的防火间距见表 4.2.12，并应符合下列规定：

3. 化学品应按其化学物理特性分类储存，当物料性质不允许同库储存时，应用实体墙隔开，并各设出入口；

4. 仓库应通风良好；

5. 对于可能产生爆炸性混合气体或在空气中能形成粉尘、纤维等爆炸性混合物的仓库内应采用不发生火花的地面，需要时应设防水层。[见图 2.8.2(c)]

3）图示说明

图 2.8.2(a)　正确做法

图 2.8.2(b)　正确做法

图 2.8.2(c)　正确做法

问题 3：使用和生产甲、乙、丙类液体的厂房，其管、沟与相邻厂房的管、沟相通。

1）问题描述

使用和生产甲、乙、丙类液体的厂房，其管、沟与相邻厂房的管、沟相通。

2）规范要求

➤ 《建筑设计防火规范》（GB50016—2014〈2018 年版〉）规定：

3.6.11 使用和生产甲、乙、丙类液体的厂房，其管、沟不应与相邻厂房的管、沟相通，下水道应设置隔油设施。

问题 4：丙类厂房内含有燃烧或爆炸危险粉尘、纤维的空气，在循环使用前未经净化处理。

1）问题描述

丙类厂房内含有燃烧或爆炸危险粉尘、纤维的空气，在循环使用前未经净化处理。

2）规范要求

➤ 《建筑设计防火规范》（GB50016—2014〈2018 年版〉）规定：

9.1.2 甲、乙类厂房内的空气不应循环使用。

丙类厂房内含有燃烧或爆炸危险粉尘、纤维的空气，在循环使用前应经净化处理，并应使空气中的含尘浓度低于其爆炸下限的 **25%**。

问题 5：为甲、乙类厂房服务的送风设备与排风设备布置在同一通风机房内。

1）问题描述

为甲、乙类厂房服务的送风设备与排风设备布置在同一通风机房内。

2）规范要求

➤ 《建筑设计防火规范》（GB 50016—2014〈2018 年版〉）规定：

9.1.3 为甲、乙类厂房服务的送风设备与排风设备应分别布置在不同通风机房内，且排风设备不应和其他房间的送、排风设备布置在同一通风机房内。

问题 6：空气中含有比空气轻的可燃气体时，水平排风管的敷设不符合规范要求。

1）问题描述

空气中含有比空气轻的可燃气体时，水平排风管的敷设不符合规范要求。

2）规范要求

➤ 《建筑设计防火规范》（GB50016—2014〈2018 年版〉）规定：

9.1.5 当空气中含有比空气轻的可燃气体时，水平排风管全长应顺气流方向向上坡度敷设。

问题 7：生产过程中散发的可燃气体、蒸气与供暖管道、散热器表面接触能引起燃烧的厂房采用可循环使用的热风供暖。

1）问题描述

　　生产过程中散发的可燃气体、蒸气与供暖管道、散热器表面接触能引起燃烧的厂房采用可循环使用的热风供暖。

2）规范要求

　　➤ 《建筑设计防火规范》(GB 50016—2014〈2018 年版〉)规定：

　　9.2.3 下列厂房应采用不循环使用的热风供暖：

　　1 生产过程中散发的可燃气体、蒸气、粉尘或纤维与供暖管道、散热器表面接触能引起燃烧的厂房；

　　2 生产过程中散发的粉尘受到水、水蒸气的作用能引起自燃、爆炸或产生爆炸性气体的厂房。

问题 8：空气中含有易燃、易爆危险物质的房间，其送、排风系统未采用防爆型的通风设备。

1）问题描述

　　空气中含有易燃、易爆危险物质的房间，其送、排风系统未采用防爆型的通风设备。

2）规范要求

　　➤ 《建筑设计防火规范》(GB 50016—2014〈2018 年版〉)规定：

　　9.3.4 空气中含有易燃、易爆危险物质的房间，其送、排风系统应采用防爆型的通风设备［见图 2.8.3］。当送风机布置在单独分隔的通风机房内且送风干管上设置防止回流设施时，可采用普通型的通风设备。

3）图示说明

图 2.8.3　正确做法

问题 9：对于遇水可能形成爆炸的粉尘采用湿式除尘器。

1）问题描述

对于遇水可能形成爆炸的粉尘采用湿式除尘器。

2）规范要求

➤ 《建筑设计防火规范》（GB50016—2014〈2018 年版〉）规定：

9.3.5 含有燃烧和爆炸危险粉尘的空气，在进入排风机前应采用不产生火花的除尘器进行处理。对于遇水可能形成爆炸的粉尘，严禁采用湿式除尘器。

问题 10：处理有爆炸危险粉尘的除尘器、排风机的设置不符合规范要求。

1）问题描述

处理有爆炸危险粉尘的除尘器、排风机的设置未与其他普通型的风机、除尘器分开设置。

2）规范要求

➤ 《建筑设计防火规范》（GB50016—2014〈2018 年版〉）规定：

9.3.6 处理有爆炸危险粉尘的除尘器、排风机的设置应与其他普通型的风机、除尘器分开设置，并宜按单一粉尘分组布置。

问题 11：盛装甲、乙类液体的容器存放在室外时未设置防晒降温设施。

1）问题描述

盛装甲、乙类液体的容器存放在室外时未设置防晒降温设施。

2）规范要求

➤ 《石油化工企业设计防火标准》（GB 50160—2008〈2018 年版〉）规定：

6.6.6 盛装甲、乙类液体的容器存放在室外时应设防晒降温设施。

问题 12：危化品厂房、仓库等工程的镀锌钢导管与线管、线管与设备连接处未做专用接地跨接线联结。

1）问题描述

危化品厂房、仓库、地下管廊、隧道消防等工程的镀锌钢导管与线管、线管与设备连接处未做专用接地跨接线联结。[见图 2.8.4(a)(b)]

2）规范要求

➤ 《建筑电气工程施工质量验收规范》（GB 50303—2015）规定：

12.1.1 金属导管应与保护导体可靠连接，并应符合下列规定：[见图 2.8.5(a)(b)(c)]

3 镀锌钢导管、可弯曲金属导管和金属柔性导管连接处的两端宜采用专用接地卡固定保护联结导体。

6 金属导管连接处以专用接地卡固定的保护联结导体应为铜芯软导线,截面积不应小于 4 mm²。

3) 图示说明

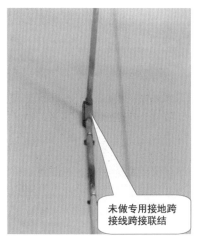

图 2.8.4(a) 错误做法   图 2.8.4(b) 错误做法

图 2.8.5(a) 正确做法   图 2.8.5(b) 正确做法   图 2.8.5(c) 正确做法

问题 13:甲乙类厂房内的废液存液池采用钢格栅盖板。

1) 问题描述

甲乙类厂房内的废液存液池采用钢格栅盖板,不符合规范要求。[见图 2.8.6]

2) 规范要求

➤ 《石油化工企业设计防火标准》(GB50160—2008〈2018 年版〉)规定:

5.7.4 散发比空气重的甲类气体、有爆炸危险性粉尘或可燃纤维的封闭厂房应采用不发生火花的地面。

3) 应对措施

将镀锌钢格栅盖板更换为硬塑不发火材质盖板。[见图 2.8.7]

4) 图示说明

图 2.8.6 错误做法

图 2.8.7 正确做法

第三部分 消防疑难问题专家释疑

　　针对消防相关单位和人员在消防设计、施工和验收时，执行现行的国家工程建设消防技术标准过程中遇到和提出的消防疑难问题，编委会组织了部分建设工程消防设计、审查、施工、检测、验收、生产厂家和消防救援机构的相关专家，就这些实际应用中出现的典型消防疑难问题，如不同规范之间条款要求不一致、规范不太明确、规范未提及但消防工程中实际存在的事项等问题进行了深入的探讨、分析，并根据实际情况提出了解决方案。本部分专家释疑的主要依据为现行的国家工程建设消防技术标准、国家标准管理组和国家权威部门对有关问题的复函、相关国家规范主要起草人编写的有关规范实施指南等，同时也借鉴和参考了国内部分省市相关部门对消防疑难问题的解析或解答。

第一章 建筑专业

问题 1：民用建筑内柴油发电机房储油间的设置问题。

1）问题描述

（1）民用建筑内两台柴油发电机是否可以共用一间机房？

（2）民用建筑内柴油发电机房设置多台发电机组时，储油间"总储存量不应大于 1 m³"是否指所有发电机组燃油的总储存量不应大于 1 m³？

（3）民用建筑内柴油发电机房燃油总储存量超过 1 m³ 时，储油间如何设置？

2）规范要求

➤《建筑设计防火规范》（GB 50016—2014〈2018 年版〉）规定：

5.4.13 布置在民用建筑内的柴油发电机房应符合下列规定：

3 应采用耐火极限不低于 2.00 h 的防火隔墙和 1.50 h 的不燃性楼板与其他部位分隔，门应采用甲级防火门。

4 机房内设置储油间时，其总储存量不应大于 1 m³，储油间应采用耐火极限不低于 3.00 h 的防火隔墙与发电机间分隔；确需在防火隔墙上开门时，应设置甲级防火门。

3）专家释疑

（1）《建筑设计防火规范》（GB 50016—2014〈2018 年版〉）对民用建筑内两台柴油发电机是否可以共用一间机房没有明确说明，但对机房内设置储油间的要求和其总储存量做了严格规定。因此，两台柴油发电机可以共用一房，只是每台发电机需要对应一个储油间即可。当然若现场条件允许，一个房间设置一台发电机，相对更好。

（2）民用建筑内柴油发电机房储油间"总储存量不应大于 1 m³"是指单个储油间内的总储存量不应大于 1 m³。

（3）民用建筑内柴油发电机房燃油总储存量超过 1 m³ 时，可以分多个储油间储存，确保单个储油间总储存量不大于 1 m³，且每个储油间的防火分隔措施应符合《建筑设计防火规范》（GB 50016—2014〈2018 年版〉）第 5.4.13 条的要求。对于通信数据机房等某些建筑需要较多发电机组保障时，建筑内所有储油间的总储量不应大于 5.0 m³；当大于此规模时，应按照《建筑设计防火规范》（GB 50016—2014〈2018 年版〉）第 5.4.14 条的要求设置。

专家意见参见：

①《建筑设计防火规范》国家标准管理组《关于规范第 5.4.13 条问题的复函》（公津建字〔2016〕18 号）。〔见图 3.1.1〕

②《〈建筑设计防火规范〉GB 50016—2014（2018 年版）实施指南》（中国计划出版社 2020 年 3 月出版）。

4）图示说明

《建筑设计防火规范》国家标准管理组

公津建字【2016】18 号

关于规范第 5.4.13 条问题的复函

中国移动通信集团设计院有限公司：

来函收悉。经研究，函复如下：

本规范第 5.4.13 条第 3 款对设置在民用建筑内的柴油发电机房储油间的储存量及防火分隔要求作了规定。其中"总储存量不应大于 1m³"是指单个储油间内的总储存量，本规范对于建筑内允许设置的储油间数量未作规定。

此　复。

《建筑设计防火规范》国家标准管理组
2016 年 8 月 29 日

（一式四份）

报：公安部消防局
抄：公安部天津消防研究所科技处

地址：天津市南开区卫津南路 110 号　邮编：300381　电话：022-23387424　传真：022-23950119

图 3.1.1　关于规范第 5.4.13 条问题的复函

问题 2：足疗店消防设计、施工及验收问题。

1）问题描述

《建筑设计防火规范》未明确足疗店的建筑使用性质，其消防设计、施工及验收是否按歌舞娱乐放映游艺场所要求执行？

2）规范要求

➤ 《建筑设计防火规范》（GB 50016—2014〈2018 年版〉）规定：

5.4.9　歌舞厅、录像厅、夜总会、卡拉 OK 厅（含具有卡拉 OK 功能的餐厅）、游艺厅（含电子游艺厅）、桑拿浴室（不包括洗浴部分）、网吧等歌舞娱乐放映游艺场所（不含剧场、电影院）的布置应符合下列规定：

1　不应布置在地下二层及以下楼层；

2　宜布置在一、二级耐火等级建筑内的首层、二层或三层的靠外墙部位；

3　不宜布置在袋形走道的两侧或尽端；

4　确需布置在地下一层时，地下一层的地面与室外出入口地坪的高差不应大于 **10 m**；

5　确需布置在地下或四层及以上楼层时，一个厅、室的建筑面积不应大于 **200 m²**；

6　厅、室之间及与建筑的其他部位之间，应采用耐火极限不低于 **2.00 h** 的防火隔墙和 **1.00 h** 的不燃性楼板分隔，设置在厅、室墙上的门和该场所与建筑内其他部位相通的门均应采用乙级防火门。

5.4.9 条文说明：本条第 1、4、5、6 款为强制性条文。本规范所指歌舞娱乐放映游艺场所为歌厅、舞厅、录像厅、夜总会、卡拉 OK 厅和具有卡拉 OK 功能的餐厅或包房、各类游艺厅、桑拿浴室的休息室和具有桑拿服务功能的客房、网吧等场所，不包括电影院和剧场的观众厅。

3）专家释疑

考虑到足疗店的业态特点与桑拿浴室休息室或具有桑拿服务功能的客房基本相同，其消防设计、施工及验收应按歌舞娱乐放映游艺场所的相关要求执行。

专家意见参见《建筑设计防火规范》国家标准管理组《关于足疗店消防设计问题的复函》(建规字〔2019〕1 号)。[**见图** 3.1.2]

4）图示说明

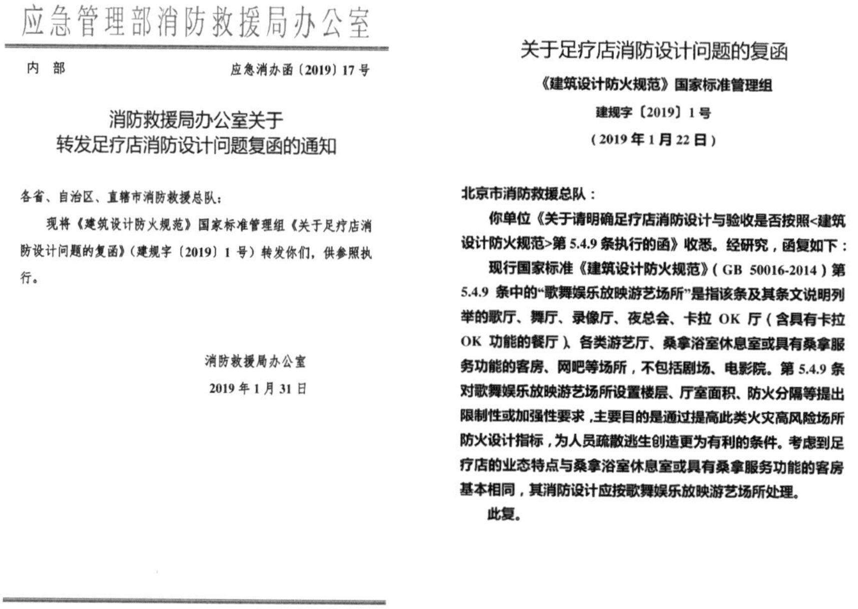

应急管理部消防救援局办公室

内 部　　应急消办函〔2019〕17 号

消防救援局办公室关于
转发足疗店消防设计问题复函的通知

各省、自治区、直辖市消防救援总队：

现将《建筑设计防火规范》国家标准管理组《关于足疗店消防设计问题的复函》（建规字〔2019〕1 号）转发你们，供参照执行。

消防救援局办公室
2019 年 1 月 31 日

关于足疗店消防设计问题的复函

《建筑设计防火规范》国家标准管理组

建规字〔2019〕1 号

（2019 年 1 月 22 日）

北京市消防救援总队：

你单位《关于请明确足疗店消防设计与验收是否按照<建筑设计防火规范>第 5.4.9 条执行的函》收悉。经研究，函复如下：

现行国家标准《建筑设计防火规范》（GB 50016-2014）第 5.4.9 条中的“歌舞娱乐放映游艺场所”是指该条及其条文说明列举的歌厅、舞厅、录像厅、夜总会、卡拉 OK 厅（含具有卡拉 OK 功能的餐厅）、各类游艺厅、桑拿浴室休息室或具有桑拿服务功能的客房、网吧等场所，不包括剧场、电影院。第 5.4.9 条对歌舞娱乐放映游艺场所设置楼层、厅室面积、防火分隔等提出限制性或加强性要求，主要目的是通过提高此类火灾高风险场所防火设计指标，为人员疏散逃生创造更为有利的条件。考虑到足疗店的业态特点与桑拿浴室休息室或具有桑拿服务功能的客房基本相同，其消防设计应按歌舞娱乐放映游艺场所处理。

此复。

图 3.1.2　关于足疗店消防设计问题的复函

问题 3：观众厅、展览厅、多功能厅、餐厅、营业厅等场所的疏散问题。

1）问题描述

当观众厅、展览厅、多功能厅、餐厅、营业厅等场所一个厅室的建筑面积较小，且疏散门不能直通室外地面或疏散楼梯间时，其安全疏散距离能否参照普通房间的疏散要求进行计算？

2）规范要求

➢ 《建筑设计防火规范》(GB 50016—2014〈2018 年版〉)规定：

5.5.17　公共建筑的安全疏散距离应符合下列规定：

1　直通疏散走道的房间疏散门至最近安全出口的直线距离不应大于表 5.5.17 的规定。

表 5.5.17　直通疏散走道的房间疏散门至最近安全出口的直线距离(m)

名称		位于两个安全出口之间的疏散门			位于袋形走道两侧或尽端的疏散门		
		一、二级	三级	四级	一、二级	三级	四级
托儿所、幼儿园老年人照料设施		25	20	15	20	15	10
歌舞娱乐放映游艺场所		25	20	15	9	—	—
医疗建筑	单、多层	35	30	25	20	15	10
	高层 病房部分	24	—	—	12	—	—
	高层 其他部分	30	—	—	15	—	—
教学建筑	单、多层	35	30	25	22	20	10
	高层	30	—	—	15	—	—
高层旅馆、展览建筑		30	—	—	15	—	—
其他建筑	单、多层	40	35	25	22	20	15
	高层	40	—	—	20	—	—

3　房间内任一点至房间直通疏散走道的疏散门的直线距离,不应大于表 5.5.17 规定的袋形走道两侧或尽端的疏散门至最近安全出口的直线距离。

4　一、二级耐火等级建筑内疏散门或安全出口不少于 2 个的观众厅、展览厅、多功能厅、餐厅、营业厅等,其室内任一点至最近疏散门或安全出口的直线距离不应大于 30 m;当疏散门不能直通室外地面或疏散楼梯间时,应采用长度不大于 10 m 的疏散走道通至最近的安全出口。当该场所设置自动喷水灭火系统时,室内任一点至最近安全出口的安全疏散距离可分别增加 25%。

3) 专家释疑

当一个厅室的建筑面积小于 400 m² 的观众厅、展览厅、多功能厅、餐厅、营业厅等的疏散门不能直通室外地面或疏散楼梯间时,除可按照《建筑设计防火规范》GB 50016—2014 (2018 年版)第 5.5.17 条第 4 款规定执行外,也可按《建筑设计防火规范》GB 50016—2014 (2018 年版)表 5.5.17 直通疏散走道的房间疏散门至最近安全出口的直线距离要求执行,但厅室内任一点至疏散门的距离应按照第 5.5.17 条第 3 款规定执行。

上述"观众厅、展览厅、多功能厅、餐厅、营业厅等场所",包括多厅电影院的观众厅、开敞式办公区、会议报告厅、宴会厅、观演建筑的序厅、体育建筑的入场等候与休息厅等,不包括用作舞厅和娱乐场所的多功能厅。

问题 4:公共建筑的疏散楼梯在首层直通室外的疏散走道宽度的计算问题。

1) 问题描述

公共建筑地下部分和地上部分的疏散楼梯,在首层通过疏散走道直通室外时,疏散走道可能各自独立设置,也可能共用。针对不同的疏散走道布置方式,首层直通室外的疏散走道宽度该如何计算?

2）规范要求

➤ 《建筑设计防火规范》(GB 50016—2014〈2018 年版〉)有关规定：

5.5.21　除剧场、电影院、礼堂、体育馆外的其他公共建筑，其房间疏散门、安全出口、疏散走道和疏散楼梯的各自总净宽度，应符合下列规定：

1　每层的房间疏散门、安全出口、疏散走道和疏散楼梯的各自总净宽度，应根据疏散人数按每 100 人的最小疏散净宽度不小于表 5.5.21-1 的规定计算确定。当每层疏散人数不等时，疏散楼梯的总净宽度可分层计算，地上建筑内下层楼梯的总净宽度应按该层及以上疏散人数最多一层的人数计算；地下建筑内上层楼梯的总净宽度应按该层及以下疏散人数最多一层的人数计算。

6.4.4　除通向避难层错位的疏散楼梯外，建筑内的疏散楼梯间在各层的平面位置不应改变。

除住宅建筑套内的自用楼梯外，地下或半地下建筑（室）的疏散楼梯间，应符合下列规定：

2　应在首层采用耐火极限不低于 2.00 h 的防火隔墙与其他部位分隔并应直通室外，确需在隔墙上开门时，应采用乙级防火门。

3　建筑的地下或半地下部分与地上部分不应共用楼梯间，确需共用楼梯间时，应在首层采用耐火极限不低于 2.00 h 的防火隔墙和乙级防火门将地下或半地下部分与地上部分的连通部位完全分隔，并应设置明显的标志。

3）专家释疑

《建筑设计防火规范》(GB 50016—2014〈2018 年版〉)第 5.5.21 条规定，公共建筑每层的房间疏散门、安全出口、疏散走道和疏散楼梯的各自总净宽度，应根据疏散人数按每 100 人的最小疏散净宽度不小于表 5.5.21-1 的规定计算确定。地下部分与地上部分在首层的疏散楼梯（包括疏散楼梯的出口）的总净宽度应分别按照其下部楼层或上部楼层上的疏散人数最多一层的人数计算。

《建筑设计防火规范》(GB 50016—2014〈2018 年版〉)第 6.4.4 条规定，建筑的地下部分和地上部分不应共用疏散楼梯间，当确需共用疏散楼梯间时，应在首层将地下部分与地上部分完全分隔。因此，建筑的地下部分和地上部分在建筑的首层一般应通过各自独立的疏散走道直通室外，或通过扩大的封闭楼梯间或防烟楼梯的前室通至室外。

根据上述疏散设计原则，关于疏散楼梯在首层直通室外的疏散走道宽度的计算方法建议如下：

（1）当地下部分和地上部分的疏散楼梯分别通过不同的疏散走道直通室外时，疏散走道的净宽度不应小于各自所连接的疏散楼梯的总净宽度；

（2）当地下部分与地上部分的疏散楼梯共用疏散楼梯间并在首层通过同一条疏散走道直通室外时，该疏散走道的净宽度不应小于连通至该走道的地下部分和地上部分的疏散楼梯的总净宽度；

（3）当地下部分与地上部分的疏散楼梯不共用疏散楼梯间并在首层通过同一条疏散

走道直通室外时,该疏散走道的净宽度不应小于地下部分连通至该走道的疏散楼梯总净宽度与地上部分连通至该走道的疏散楼梯总净宽度两者中的较大值,且该疏散走道的长度(自最远的楼梯间的出口门起算)不应大于 15 m。

专家意见参见《建筑设计防火规范》国家标准管理组《关于疏散楼梯首层疏散走道宽度问题的复函》(建规字〔2020〕1 号)。[**见图 3.1.3**]

4) 图示说明

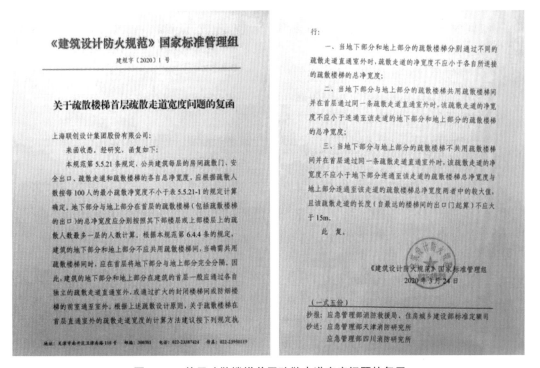

图 3.1.3　关于疏散楼梯首层疏散走道宽度问题的复函

问题 5：超高层住宅建筑避难层的设置问题。

1) 问题描述

当超高层住宅建筑中所需避难面积较小,不需要整个楼层作为避难区时,避难层该如何设置?

2) 规范要求

➢ 《建筑设计防火规范》(GB 50016—2014〈2018 年版〉)有关规定：

5.5.23　建筑高度大于 100 m 的公共建筑,应设置避难层(间)。避难层(间)应符合下列规定：

1　第一个避难层(间)的楼地面至灭火救援场地地面的高度不应大于 50 m,两个避难层(间)之间的高度不宜大于 50 m。

2　通向避难层(间)的疏散楼梯应在避难层分隔、同层错位或上下层断开。

  3 避难层(间)的净面积应能满足设计避难人数避难的要求,并宜按 **5.0 人/m²** 计算。

  4 避难层可兼作设备层。设备管道宜集中布置,其中的易燃、可燃液体或气体管道应集中布置,设备管道区应采用耐火极限不低于 **3.00 h** 的防火隔墙与避难区分隔。管道井和设备间应采用耐火极限不低于 **2.00 h** 的防火隔墙与避难区分隔,管道井和设备间的门不应直接开向避难区;确需直接开向避难区时,与避难层区出入口的距离不应小于 **5 m**,且应采用甲级防火门。

  避难间内不应设置易燃、可燃液体或气体管道,不应开设除外窗、疏散门之外的其他开口。

  5 避难层应设置消防电梯出口。

  6 应设置消火栓和消防软管卷盘。

  7 应设置消防专线电话和应急广播。

  8 在避难层(间)进入楼梯间的入口处和疏散楼梯通向避难层(间)的出口处,应设置明显的指示标志。

  9 应设置直接对外的可开启窗口或独立的机械防烟设施,外窗应采用乙级防火窗。

  5.5.31 建筑高度大于 **100 m** 的住宅建筑应设置避难层,避难层的设置应符合本规范第 5.5.23 条有关避难层的要求。

3)专家释疑

  《建筑设计防火规范》GB 50016—2014(2018 年版)第 5.5.31 条规定,建筑高度大于 100 m 的住宅建筑应设置避难层。当住宅建筑中所需避难面积较小,不需要整个楼层作为避难区时,可采用该避难层的局部区域作为避难区,但避难区应采用不开门窗洞口的防火隔墙与其他区域分隔,且应至少有两个面靠外墙,至少有一面位于建筑的一条长边上。该避难层的其他要求还应符合本规范第 5.5.23 条有关避难层的规定。

  专家意见参见《建筑设计防火规范》国家标准管理组《超高层住宅建筑避难层设置问题的复函》(建规字〔2018〕6 号)。

问题 6:医疗建筑内重症监护室(ICU)与其他场所或部位之间的防火分隔问题。

1)问题描述

  关于医疗建筑内重症监护室的防火分隔要求,《建筑设计防火规范》和《人员密集场所消防安全管理》《医疗机构消防安全管理》等标准所作的规定不一致,在医疗建筑消防设计时会存在以下问题:

  (1)重症监护室(ICU)是否可以依据《建筑设计防火规范》第 6.2.2 条规定,采用耐火极限不低于 2.00 h 的防火隔墙和 1.00 h 的楼板与其他场所或部位分隔?

  (2)重症监护室(ICU)防火隔墙上设置的门、窗,采用乙级防火门、窗是否可行?

2)规范要求

  ➤ 《建筑设计防火规范》(GB 50016—2014〈2018 年版〉)规定:

6.2.2　医疗建筑内的手术室或手术部、产房、重症监护室、贵重精密医疗装备用房、储藏间、实验室、胶片室等,附设在建筑内的托儿所、幼儿园的儿童用房和儿童游乐厅等儿童活动场所、老年人照料设施,应采用耐火极限不低于 **2.00 h** 的防火隔墙和 **1.00 h** 的楼板与其他场所或部位分隔,墙上必须设置的门、窗应采用乙级防火门、窗。

➤ 《人员密集场所消防安全管理》(GB/T 40248—2021)规定:

8.6.7　重症监护室应自成一个相对独立的防火分区,通向该区的门应采用甲级防火门。

➤ 《医疗机构消防安全管理》(WS 308—2019)规定:

5.4.11　重症监护室应自成一个相对独立的防火分区,通向该区的门应采用甲级防火门。

3) 专家释疑

《建筑设计防火规范》(GB 50016—2014〈2018 年版〉)对重症监护室(ICU)的防火分隔措施所作的规定为建筑防火的最基本要求。由于发生火灾时,重症监护室(ICU)相关人员不能马上疏散撤离,火灾延续一段时间后,若防火分隔措施级别不够,可能会造成相邻区域火灾蔓延至重症监护室(ICU)内,危及滞留人员的生命安全。因此,《人员密集场所消防安全管理》和《医疗机构消防安全管理》等专业标准均提高了重症监护室(ICU)的防火分隔要求。依据规范从严执行原则,医疗建筑内重症监护室(ICU)的防火分隔建议按照专业标准的相关要求执行,具体如下:

(1) 重症监护室(ICU)按相对独立的防火分区设计,采用耐火极限不低于 3.00 h 的防火墙与其他场所或部位进行分隔,且防火墙应满足《建筑设计防火规范》(GB 50016—2014〈2018 年版〉)的相关规定。重症监护室(ICU)与其他场所或部位之间的楼板,其耐火等级应不低于建筑物自身对楼板耐火等级的要求。

(2) 重症监护室(ICU)防火墙上确需设置门、窗时,应采用甲级防火门、窗。甲级防火门在火灾时应能自动关闭,甲级防火窗应不可开启或火灾时能自动关闭。

问题 7: 公共建筑内夹层的安全疏散问题。

1) 问题描述

公共建筑内与下部空间相通的夹层区域,人员需经内楼梯通往下部楼层的疏散出口进行疏散时,夹层区域安全疏散应如何设计?

2) 规范要求

➤ 《建筑设计防火规范》(GB 50016—2014〈2018 年版〉)规定:

5.5.8　公共建筑内每个防火分区或一个防火分区的每个楼层,其安全出口的数量应经计算确定,且不应少于 **2** 个。设置 **1** 个安全出口或 **1** 部疏散楼梯的公共建筑应符合下列条件之一:

1　除托儿所、幼儿园外,建筑面积不大于 **200 m²** 且人数不超过 **50** 人的单层公共建筑或多层公共建筑的首层;

2 除医疗建筑,老年人照料设施,托儿所、幼儿园的儿童用房,儿童游乐厅等儿童活动场所和歌舞娱乐放映游艺场所等外,符合表 5.5.8 规定的公共建筑。

表 5.5.8　设置 1 部疏散楼梯的公共建筑

耐火等级	最多层数	每层最大建筑面积(m²)	人数
一、二级	3 层	200	第二、三层的人数之和不超过 50 人
三级	3 层	200	第二、三层的人数之和不超过 25 人
四级	2 层	200	第二层人数不超过 15 人

5.5.17　公共建筑的安全疏散距离应符合下列规定:

1　直通疏散走道的房间疏散门至最近安全出口的直线距离不应大于表 5.5.17 的规定。

3　房间内任一点至房间直通疏散走道的疏散门的直线距离,不应大于表 5.5.17 规定的袋形走道两侧或尽端的疏散门至最近安全出口的直线距离。

3) 专家释疑

当公共建筑内的夹层与下部楼层为同一防火分区,夹层内未设置独立的疏散出口,人员需经下部楼层设置的疏散出口进行疏散时,夹层内任一点至下部楼层最近疏散出口的疏散距离,应满足《建筑设计防火规范》(GB 50016—2014〈2018 年版〉)第 5.5.17 条第 3 款的规定。其中,经楼梯从夹层疏散至下部楼层的距离应按其梯段水平投影长度的 1.5 倍计算。连接夹层和下部楼层的楼梯,应满足《建筑设计防火规范》关于疏散楼梯的相关要求。

专家意见参见《建筑设计防火规范》国家标准管理组《关于夹层疏散设计问题的复函》(建规字〔2018〕5 号)。

问题 8:消防水泵房开向建筑内的门,其防火性能问题。

1) 问题描述

消防水泵房开向建筑内的门,其防火性能在《建筑设计防火规范》(GB 50016—2014〈2018 年版〉)和《消防给水及消火栓系统技术规范》(GB50974—2014)中有不同的要求,应如何执行?

2) 规范要求

➢《建筑设计防火规范》(GB 50016—2014〈2018 年版〉)规定:

6.2.7　附设在建筑内的消防控制室、灭火设备室、消防水泵房和通风空气调节机房、变配电室等,应采用耐火极限不低于 2.00 h 的防火隔墙和 1.50 h 的楼板与其他部位分隔。

通风、空气调节机房和变配电室开向建筑内的门应采用甲级防火门,消防控制室和其他设备房开向建筑内的门应采用乙级防火门。

➢《消防给水及消火栓系统技术规范》(GB 50974—2014)规定:

5.5.12　消防水泵房应符合下列规定:

3　附设在建筑物内的消防水泵房,应采用耐火极限不低于 2.0 h 的隔墙和 1.50 h 的楼板与其他部位隔开,其疏散门应直通安全出口,且开向疏散走道的门应采用甲级防火门。

3) 专家释疑

《建筑设计防火规范》(GB 50016—2014〈2018 年版〉)对于消防水泵房开向建筑内的门没有明确说明,通常理解采用乙级防火门即可满足规范的要求;而《消防给水及消火栓系统技术规范》(GB 50974—2014)以强条要求明确提出,附设在建筑物内的消防水泵房,开向疏散走道的门应采用甲级防火门。综合两个标准的规定,专业规范的要求更高,因此,消防水泵房开向建筑内的门应采用甲级防火门。

问题 9：普通电梯与防烟楼梯间共用前室的问题。

1) 问题描述

《建筑设计防火规范》(GB 50016—2014〈2018 年版〉)规定,普通电梯层门的耐火极限不应低于 1.00 h,普通电梯层门是否可以开向防烟楼梯间前室?

2) 规范要求

➢ 《建筑设计防火规范》(GB 50016—2014〈2018 年版〉)有关规定：

6.2.9　建筑内的电梯井等竖井应符合下列规定：

5　电梯层门的耐火极限不应低于 1.00 h,并应符合现行国家标准《电梯层门耐火试验完整性、隔热性和热通量测定法》GB/T 27903 规定的完整性和隔热性要求。

6.4.3　防烟楼梯间除应符合本规范第 6.4.1 条的规定外,尚应符合下列规定：

5　除住宅建筑的楼梯间前室外,防烟楼梯间和前室内的墙上不应开设除疏散门和送风口外的其他门、窗、洞口。

3) 专家释疑

尽管规范要求普通电梯层门的耐火极限不应低于 1.00 h,但这与消防电梯设置的防烟前室有所不同,符合要求的电梯层门具有一定的防烟作用,但防烟效果在竖井的烟囱效应作用下仍不理想,且普通电梯本身具有一定的火灾危险性。因此,根据《建筑设计防火规范》(GB 50016—2014〈2018 年版〉)第 6.4.3 条第 5 款的规定,除住宅建筑的楼梯间前室外,其他建筑防烟楼梯间的前室内不应设置普通电梯,以确保防烟楼梯间的安全。

当住宅建筑防烟楼梯间前室内确需设置普通电梯时,共用前室满足防烟楼梯间前室的设置要求即可,但普通电梯应符合消防电梯的设置要求。具体要求详见《住宅设计标准》(DB32/3920—2020)第 8.7.19 条和第 8.7.20 条相关规定。

问题 10：室外疏散楼梯的防火保护问题。

1) 问题描述

(1)《建筑设计防火规范》(GB 50016—2014〈2018 年版〉)仅对室外疏散楼梯的平台和梯段的耐火极限作了相应规定,对各层结构梁、柱以及防护栏杆(栏板)的耐火极限有没有具体要求?

(2)室外钢结构疏散楼梯是否可以采用涂刷防火涂料作为防火保护措施?

（3）设置室外疏散楼梯的建筑外墙,其耐火极限有没有具体要求?

（4）室外疏散楼梯 2 m 范围内的外墙上能否设置防火窗?

2) 规范要求

➤ 《建筑设计防火规范》(GB 50016—2014〈2018 年版〉)规定:

6.4.5 室外疏散楼梯应符合下列规定:

3 梯段和平台均应采用不燃材料制作。平台的耐火极限不应低于 **1.00 h**,梯段的耐火极限不应低于 **0.25 h**。

4 通向室外楼梯的门应采用乙级防火门,并应向外开启。

5 除疏散门外,楼梯周围 **2 m** 内的墙面上不应设置门、窗、洞口。疏散门不应正对梯段。

➤ 《建筑钢结构防火技术规范》(GB 51249—2017)规定:

4.1.2 钢结构的防火保护可采用下列措施之一或其中几种的复(组)合:

1 喷涂(抹涂)防火涂料;

2 包覆防火板;

3 包覆柔性毡状隔热材料;

4 外包混凝土、金属网抹砂浆或砌筑砌体。

4.1.2 条文说明:本条规定了可用于钢结构防火保护的常用措施。外包防火材料是绝大部分钢结构工程采用的防火保护方法。根据防火材料的不同,又可分为:喷涂(抹涂、刷涂)防火涂料,包覆防火板,包覆柔性毡状隔热材料,外包混凝土、砂浆或砌筑砖砌体,复合防火保护等,表 2 给出了这些方法的特点及适应范围。

表 2 钢结构防火保护方法的特点与适应范围

序号	方 法		特点及适应范围	
1	喷涂防火涂料	(a) 膨胀型(薄型、超薄型)	重量轻,施工简便,适用于任何形状、任何部位的构件,应用广,但对涂敷的基底和环境条件要求严。用于室外、半室外钢结构时,应选择合适的产品	宜用于设计耐火极限要求低于 1.5 h 的钢构件和要求外观好、有装饰要求的外露钢结构
		(b) 非膨胀型(厚型)		耐久性好、防火保护效果好
2	包覆防火板		预制性好、完整性优、性能稳定,表面平整、光洁,装饰性好,施工不受环境条件限制,特别适用于交叉作业和不允许湿法施工的场合	
3	包覆柔性毡状隔热材料		隔热性好,施工简便,造价较高,适用于室内不易受机械伤害和免受水湿的部位	
4	外包混凝土、砂浆或砌筑砖砌体		保护层强度高、耐冲击,占用空间较大,在钢梁和斜撑上施工难度大,适用于容易碰撞、无护面板的钢柱防火保护	
5	复合防火保护	1(b)+2	有良好的隔热性和完整性、装饰性,适用于耐火性能要求高,并有较高装饰要求的钢柱、钢梁	
		1(b)+3		

3) 专家释疑

（1）室外疏散楼梯各层结构梁、柱的燃烧性能和耐火极限,不应低于楼梯平台的燃烧性能和耐火极限,即建筑楼板的设计耐火极限;室外疏散楼梯防护栏杆(栏板)的燃烧性能和耐火极限,不应低于楼梯梯段的燃烧性能和耐火极限。

（2）在钢构件表面涂覆防火涂料，形成隔热防火保护层，这种方法施工简便、重量轻，且不受钢构件几何形状限制，具有较好的经济性和适应性。但室外钢结构疏散楼梯对防火保护涂层的耐腐蚀、耐震动、耐冲击和耐磨损等性能提出了更高的要求。对于楼梯各层结构梁、柱部位，可选用耐久性较高的室外厚型钢结构防火涂料进行涂覆；对于平时不常使用的楼梯，平台和梯段亦可选用室外厚型钢结构防火涂料进行涂覆；对于平时经常使用的楼梯，平台和梯段部位建议直接外包混凝土进行防火保护；对于楼梯的防护栏杆（栏板），选用室外钢结构防火涂料涂覆即可。考虑到环境对室外钢结构防火涂料防火保护性能的影响，在实际使用过程中，建议定期检测防火保护涂层的厚度及完整性，存在缺陷时应及时修复。

（3）设置室外疏散楼梯的建筑外墙，其耐火极限不应低于该建筑相应耐火等级对外墙的耐火极限要求。

（4）室外疏散楼梯2 m范围内的外墙上除疏散门外，不应开设其他洞口，必须开设的洞口应设置窗扇不可开启的防火窗。防火窗的耐火性能不能低于所在外墙的耐火极限。

问题11：地下车库相邻防火分区之间安全疏散出口的设置问题。

1）问题描述

（1）地下车库相邻两个防火分区能否共用疏散楼梯间？

（2）地下车库能否借用通往相邻防火分区的甲级防火门作为疏散出口？

（3）地下电动汽车库同一防火分区内各防火单元的安全出口如何设置？

（4）地下设备用房能否借用通向相邻汽车库防火分区的甲级防火门作为第二疏散出口？

（5）住宅地下室能否借用通向相邻汽车库防火分区的甲级防火门作为第二疏散出口？

2）规范要求

➤ 《汽车库、修车库、停车场设计防火规范》（GB 50067—2014）有关规定：

6.0.2　除室内无车道且无人员停留的机械式汽车库外，汽车库、修车库内每个防火分区的人员安全出口不应少于2个，Ⅳ类汽车库和Ⅲ、Ⅳ类修车库可设置1个。

6.0.3　汽车库、修车库的疏散楼梯应符合下列规定：

1　建筑高度大于32 m的高层汽车库、室内地面与室外出入口地坪的高差大于10 m的地下汽车库应采用防烟楼梯间，其他汽车库、修车库应采用封闭楼梯间；

2　楼梯间和前室的门应采用乙级防火门，并应向疏散方向开启；

6.0.6　汽车库室内任一点至最近人员安全出口的疏散距离不应大于45 m，当设置自动灭火系统时，其距离不应大于60 m。对于单层或设置在建筑首层的汽车库，室内任一点至室外最近出口的疏散距离不应大于60 m。

6.0.7　与住宅地下室相连通的地下汽车库、半地下汽车库，人员疏散可借用住宅部分的疏散楼梯；当不能直接进入住宅部分的疏散楼梯间时，应在汽车库与住宅部分的疏散楼梯之间设置连通走道，走道应采用防火隔墙分隔，汽车库开向该走道的门均应采用甲级防火门。

➤ 《建筑设计防火规范》（GB 50016—2014〈2018年版〉）规定：

5.5.5　除人员密集场所外,建筑面积不大于 500 m²、使用人数不超过 30 人且埋深不大于 10 m 的地下或半地下建筑(室),当需要设置 2 个安全出口时,其中一个安全出口可利用直通室外的金属竖向梯。

3) 专家释疑

(1) 地下车库人员安全出口数量的设置应符合《汽车库、修车库、停车场设计防火规范》(GB 50067—2014)第 6.0.2 条的要求。当相邻两个防火分区各自设有独立的安全出口,跨越在此两个防火分区界上的疏散楼梯间在疏散距离满足、消防设施完备并在两个防火分区分别设置疏散门时,可以作为此两个防火分区的共用疏散楼梯间。为保证防火分区间的分隔有效和疏散楼梯的使用安全,共用疏散楼梯间宜采用防烟楼梯间。共用疏散楼梯间应采用防火墙进行分隔,各自开向共用疏散楼梯间的疏散门应采用甲级防火门。

(2) 地下汽车库不得将通向相邻防火分区的甲级防火门作为第二安全出口,在各防火分区满足 2 个安全出口的条件下,人员可通过相邻防火分区防火墙上的甲级防火门疏散,车道处可设防火卷帘。

(3) 地下电动汽车库不需要每个防火单元均设置独立的安全出口,可利用开向该防火分区内相邻防火单元的乙级防火门,作为通向此防火分区安全出口的疏散出口,但疏散距离和安全出口数量仍应以汽车库防火分区为单位进行计算。

(4) 当地下设备用房划分为独立的防火分区,且建筑面积不大于 1 000 m² 时,其独立的安全出口不应少于 1 个,并可利用通向相邻汽车库防火分区的甲级防火门作为第二安全出口,但该汽车库防火分区必须有两个安全出口。

(5) 当住宅地下室防火分区的建筑面积不大于 500 m² 且仅有一个安全出口时,可利用通向相邻汽车库防火分区的甲级防火门作为第二安全出口,但该汽车库防火分区须有两个安全出口,且其中应至少有一个直通室外,另一个可借用相邻住宅地下室直通室外的疏散楼梯。

问题 12:地下汽车库、地下设备用房、地下非机动车库等防火分区消防电梯的设置问题。

1) 问题描述

(1) 需要设置消防电梯的地下汽车库,相邻两个防火分区能否共用 1 台消防电梯?

(2) 划分为独立防火分区的地下设备用房或非机动车库,能否与地下相邻防火分区共用消防电梯?

(3) 楼梯间在首层直通室外确有困难时,应如何处理?

2) 规范要求

➤ 《建筑设计防火规范》(GB 50016—2014〈2018 年版〉)有关规定:

7.3.1　下列建筑应设置消防电梯:

3　设置消防电梯的建筑的地下或半地下室,埋深大于 10 m 且总建筑面积大于 3 000 m² 的其他地下或半地下建筑(室)。

7.3.2　消防电梯应分别设置在不同防火分区内,且每个防火分区不应少于 1 台。

3）专家释疑

（1）《建筑设计防火规范》（GB 50016—2014〈2018 年版〉）第 7.3.2 条规定"消防电梯应分别设置在不同防火分区内，且每个防火分区不应少于 1 台"，主要是为了给灭火救援提供有利的条件，消防队员可以通过消防电梯直接进入着火的防火分区接近火源，实施灭火救援等行动。对于人员密度较低、灭火救援条件相对有利，且受首层建筑平面布置等因素限制，分别设置消防电梯有困难的地下汽车库、地下设备用房和地下非机动车库等防火分区，相邻 2 个防火分区可共用 1 台消防电梯，但应分别设置前室。共用的消防电梯的井壁、前室均应采用防火墙进行分隔，电梯前室的门应采用甲级防火门。

（2）楼梯间应在首层直通室外，确有困难时，可在首层采用扩大的封闭楼梯间或防烟楼梯间前室，其直通室外的门与楼梯间的距离一般不宜大于 15 m，当受条件限制直通室外的安全出口的行走距离较长时，可采用避难走道直通室外。

专家意见参见《建筑设计防火规范》国家标准管理组《关于消防电梯与楼梯间直通室外问题的复函》（公津建字〔2015〕27 号）。［**见图 3.1.4**］

4）图示说明

图 3.1.4　关于消防电梯与楼梯间直通室外问题的复函

问题 13：工业建筑内办公、休息等附属用房的安全疏散设计问题。

1）问题描述

工业建筑内附设的办公、休息等房间、场所，其安全疏散设计是否与工业厂房的要求相同?

2) 规范要求

➤ 《建筑设计防火规范》(GB 50016—2014〈2018 年版〉)有关规定:

3.3.5 员工宿舍严禁设置在厂房内。

办公室、休息室等不应设置在甲、乙类厂房内,确需贴邻本厂房时,其耐火等级不应低于二级,并应采用耐火极限不低于 **3.00 h** 的防爆墙与厂房分隔,且应设置独立的安全出口。

办公室、休息室设置在丙类厂房内时,应采用耐火极限不低于 **2.50 h** 的防火隔墙和 **1.00 h** 的楼板与其他部位分隔,并应至少设置 **1** 个独立的安全出口。如隔墙上需开设相互连通的门时,应采用乙级防火门。

3.3.9 员工宿舍严禁设置在仓库内。

办公室、休息室等严禁设置在甲、乙类仓库内,也不应贴邻。

办公室、休息室设置在丙、丁类仓库内时,应采用耐火极限不低于 **2.50 h** 的防火隔墙和 **1.00 h** 的楼板与其他部位分隔,并应设置独立的安全出口。隔墙上需开设相互连通的门时,应采用乙级防火门。

3) 专家释疑

根据《工业企业设计卫生标准》(GBZ1—2010),办公、休息、厕所和洗浴等用房是为保障工业生产经营正常运行,为劳动者生活和健康而设置的辅助用房,属于生活用房。工业建筑内附设的办公、休息等用房,与《工业企业设计卫生标准》(GBZ1—2010)定义的生活用房既有共同处,又有所区别。

集中设置的办公与休息用房,不完全是生活用房,但属于民用建筑的范畴,其防火设计应符合民用建筑的要求,需要独立设置或采用防火墙等措施与生产车间分隔,疏散系统各自独立。分散布置在工业建筑内的办公用房属于生产作业辅助用房,休息室可视为生活用房,但这些用房与生产区处于同一防火分区内,属于生产区的一部分。因此,其安全疏散设计应按所在车间和相应民用建筑的安全疏散要求中的较高者确定。

问题 14: 甲、乙类厂房和控制室的防火安全设计问题。

1) 问题描述

(1) 厂区内独立建造的厂房总控制室,与甲、乙类厂房的防火间距如何确定?

(2) 与甲、乙类厂房贴临建造的厂房分控制室,其防火隔墙是否要考虑抗爆?

2) 规范要求

➤ 《建筑设计防火规范》(GB 50016—2014〈2018 年版〉)有关规定:

3.3.5 员工宿舍严禁设置在厂房内。

办公室、休息室等不应设置在甲、乙类厂房内,确需贴邻本厂房时,其耐火等级不应低于二级,并应采用耐火极限不低于 **3.00 h** 的防爆墙与厂房分隔,且应设置独立的安全出口。

3.4.1 除本规范另有规定外,厂房之间及与乙、丙、丁、戊类仓库、民用建筑等的防火间距不应小于表 **3.4.1** 的规定,与甲类仓库的防火间距应符合本规范第 **3.5.1** 条的规定。

表 3.4.1　厂房之间及与乙、丙、丁、戊类仓库、民用建筑的防火间距(m)

名　　称			甲类厂房	乙类厂房(仓库)			丙、丁、戊类厂房(仓库)				民用建筑			
			单、多层	单、多层		高层	单、多层			高层	裙房,单、多层			高层
			一、二级	一、二级	三级	一、二级	一、二级	三级	四级	一、二级	一、二级	三级	四级	一类	二类
甲类厂房	单、多层	一、二级	12	12	14	13	12	14	16	13	25			50
乙类厂房	单、多层	一、二级	12	10	12	13	10	12	14	13				
		三级	14	12	14	15	12	14	16	15				
	高层	一、二级	13	13	15	13	13	15	17	13				

注: 2　甲、乙类厂房(仓库)不应与本规范第 3.3.5 条规定外的其他建筑贴邻。

3) 专家释疑

(1) 独立设置的厂房总控制室,应按民用建筑确定其与甲、乙类厂房的防火间距,即不应小于 25 m。

(2) 与甲、乙类厂房贴邻的厂房分控制室,属于该厂房的附属用房,其面向爆炸危险区一侧的防火隔墙应设计成抗爆墙,且耐火极限应不低于 3.00 h;如不与爆炸危险区相邻,该防火隔墙可以不考虑抗爆要求,但耐火极限应不低于 3.00 h。

问题 15: 仓库安全疏散距离和疏散宽度问题。

1) 问题描述

《建筑设计防火规范》(GB 50016—2014〈2018 年版〉)第 3.8 节仓库的安全疏散规定中,未明确对仓库的安全疏散距离和疏散宽度的要求,如何确定?

2) 规范要求

➢ 《建筑设计防火规范》(GB 50016—2014〈2018 年版〉)有关规定:

3.8.1　仓库的安全出口应分散布置。每个防火分区或一个防火分区的每个楼层,其相邻 2 个安全出口最近边缘之间的水平距离不应小于 5 m。

3.8.2　每座仓库的安全出口不应少于 2 个,当一座仓库的占地面积不大于 300 m² 时,可设置 1 个安全出口。仓库内每个防火分区通向疏散走道、楼梯或室外的出口不宜少于 2 个,当防火分区的建筑面积不大于 100 m² 时,可设置 1 个出口。通向疏散走道或楼梯的门应为乙级防火门。

3.8.3　地下或半地下仓库(包括地下或半地下室)的安全出口不应少于 2 个;当建筑面积不大于 100 m² 时,可设置 1 个安全出口。

地下或半地下仓库(包括地下或半地下室),当有多个防火分区相邻布置并采用防火墙分隔时,每个防火分区可利用防火墙上通向相邻防火分区的甲级防火门作为第二安全出口,但每个防火分区必须至少有 1 个直通室外的安全出口。

3) 专家释疑

由于仓库内的人员通常较少,且均为熟悉环境的工作人员,无须特别考虑疏散距离和人员密度对安全疏散的影响,因此规范对仓库内的疏散距离未作具体规定。库房内的疏散门、疏散走道、疏散楼梯梯段的最小净宽,可参照《建筑设计防火规范》(GB 50016—2014〈2018 年版〉)第 3.7.5 条的规定,即可满足仓库内人员安全疏散要求。对于兼作库内物品和运输设备通行的门和通道,其宽度也足以确保人员的安全疏散。

问题 16:下沉式广场疏散设施的设置问题。

1)问题描述

下沉式广场内直达室外地坪的自动扶梯能否作为辅助疏散设施?

2)规范要求

➤ 《建筑设计防火规范》(GB 50016—2014〈2018 年版〉)规定:

6.4.12 用于防火分隔的下沉式广场等室外开敞空间,应符合下列规定:

1 分隔后的不同区域通向下沉式广场等室外开敞空间的开口最近边缘之间的水平距离不应小于 13 m。室外开敞空间除用于人员疏散外不得用于其他商业或可能导致火灾蔓延的用途,其中用于疏散的净面积不应小于 169 m²。

2 下沉式广场等室外开敞空间内应设置不少于 1 部直通地面的疏散楼梯。当连接下沉广场的防火分区需利用下沉广场进行疏散时,疏散楼梯的总净宽度不应小于任一防火分区通向室外开敞空间的设计疏散总净宽度。

3)专家释疑

(1)下沉式广场主要用于将大型地下商店分隔为多个相对独立的区域,能有效防止烟气积聚、阻止火灾的蔓延。为保证人员逃生需要,下沉式广场内应设置至少 1 部疏散楼梯直达地面。当下沉式广场周围有部分防火分区的安全出口通向下沉式广场,并利用下沉式广场向地面疏散时,该区域通向地面的疏散楼梯要均匀布置,使人员的疏散距离尽量短。疏散楼梯的总净宽度,原则上不能小于各防火分区通向该区域的所有安全出口的净宽度之和。但考虑到该区域内可用于人员停留的面积较大,具有较好的人员缓冲条件,故疏散楼梯的总净宽度满足通向该区域的疏散总净宽度最大一个防火分区的疏散宽度要求即可。

(2)下沉式广场内通向地面的上行自动扶梯可以用于辅助疏散设施,在计算疏散宽度时,可以按照自动扶梯净宽度的 0.9 倍计入疏散总宽度内。下行自动扶梯即使设置了消防联动切电停机功能,也不可以计入辅助疏散设施。

专家意见参见《〈建筑设计防火规范〉GB 50016—2014(2018 年版)实施指南》(中国计划出版社 2020 年 3 月出版)。

问题 17:商业服务网点的安全疏散问题。

1)问题描述

(1)商业服务网点分隔单元内的疏散楼梯采用封闭楼梯间,但首层疏散门只能开向商业服务网点内时,其疏散距离如何确定?

(2)高层、多层住宅建筑中商业服务网点内的疏散距离是按高层建筑还是按多层建筑计算？

2）规范要求

> 《建筑设计防火规范》(GB 50016—2014〈2018 年版〉)规定：

5.4.11　设置商业服务网点的住宅建筑，其居住部分与商业服务网点之间应采用耐火极限不低于 **2.00 h** 且无门、窗、洞口的防火隔墙和 **1.50 h** 的不燃性楼板完全分隔，住宅部分和商业服务网点部分的安全出口和疏散楼梯应分别独立设置。

商业服务网点中每个分隔单元之间应采用耐火极限不低于 **2.00 h** 且无门、窗、洞口的防火隔墙相互分隔，当每个分隔单元任一层建筑面积大于 **200 m²** 时，该层应设置 **2** 个安全出口或疏散门。每个分隔单元内的任一点至最近直通室外的出口的直线距离不应大于本规范表 **5.5.17** 中有关多层其他建筑位于袋形走道两侧或尽端的疏散门至最近安全出口的最大直线距离。

注：室内楼梯的距离可按其水平投影长度的 **1.50** 倍计算。

3）专家释疑

（1）商业服务网点每个分隔单元内的任一点至最近直通室外的出口的直线距离，不应大于《建筑设计防火规范》(GB 50016—2014〈2018 年版〉)第 5.5.17 条表 5.5.17 中有关多层"其他建筑"位于袋形走道两侧或尽端的疏散门至最近安全出口的最大直线距离，无论该疏散楼梯是否采用封闭楼梯间，商业服务网点的疏散距离均应按上述要求确定。当商业服务网点分隔单元内的封闭楼梯间位于首层的疏散门只能开向商业服务网点内时，该封闭楼梯间位于二层的疏散门不能作为安全出口。计算二层任一点至最近直通室外的出口的直线距离时，应将楼梯间内的疏散距离也包含在内，可按其水平投影长度的 1.50 倍计算。由于商业服务网点每个分隔单元的建筑面积较小，通常只要满足上述疏散距离，其疏散楼梯不需要采用封闭楼梯间。

（2）高层、多层住宅建筑中的商业服务网点本身就是一层或二层的公共活动场所，其疏散设施与住宅部分完全分隔，各自独立使用。因此，无论商业服务网点是设置在高层住宅建筑还是设置在多层住宅建筑中，其疏散距离均可以按照不大于《建筑设计防火规范》(GB 50016—2014〈2018 年版〉)第 5.5.17 条表 5.5.17 中有关多层"其他建筑"位于袋形走道两侧或尽端的疏散门至最近安全出口的最大直线距离来确定。

专家意见参见倪照鹏，刘激扬，张鑫编著的《〈建筑设计防火规范〉GB 50016—2014(2018 年版)实施指南》(中国计划出版社，2020 年出版)。

问题 18：民用建筑内锅炉房防爆墙设置问题。

1）问题描述

设置在民用建筑内的锅炉房，与相邻部位之间是否需要设置防爆墙？

2）规范要求

> 《建筑设计防火规范》(GB 50016—2014〈2018 年版〉)规定：

5.4.12　燃油或燃气锅炉、油浸变压器、充有可燃油的高压电容器和多油开关等，宜设置在建筑外的专用房间内;确需贴邻民用建筑布置时,应采用防火墙与所贴邻的建筑分隔,且不应贴邻人员密集场所,该专用房间的耐火等级不应低于二级;确需布置在民用建筑内时,不应布置在人员密集场所的上一层、下一层或贴邻,并应符合下列规定:

1 燃油或燃气锅炉房、变压器室应设置在首层或地下一层的靠外墙部位,但常(负)压燃油或燃气锅炉可设置在地下二层或屋顶上。设置在屋顶上的常(负)压燃气锅炉,距离通向屋面的安全出口不应小于 **6 m**。

采用相对密度(与空气密度的比值)不小于 **0.75** 的可燃气体为燃料的锅炉,不得设置在地下或半地下。

3 锅炉房、变压器室等与其他部位之间应采用耐火极限不低于 **2.00 h** 的防火隔墙和 **1.50 h** 的不燃性楼板分隔。在隔墙和楼板上不应开设洞口,确需在隔墙上设置门、窗时,应采用甲级防火门、窗。

10 燃气锅炉房应设置爆炸泄压设施。燃油或燃气锅炉房应设置独立的通风系统,并应符合本规范第 **9** 章的规定。

➢ 《锅炉房设计标准》(GB 50041—2020)

4.1.3 当锅炉房和其他建筑物相连或设置在其内部时,不应设置在人员密集场所和重要部门的上一层、下一层、贴邻位置以及主要通道、疏散口的两旁,并应设置在首层或地下室一层靠建筑物外墙部位。

3) 专家释疑

按锅炉使用燃料不同可分为燃煤锅炉、燃气锅炉、燃油锅炉和电加热锅炉等;按其压力可分为有压(高压、中压、低压)锅炉、常压锅炉和负压锅炉。对于建筑防火而言,主要考虑锅炉的燃料类型可能带来的火灾危险,并考虑锅炉运行时内部压力产生的物理爆炸作用。因此,具有火灾爆炸危险性的锅炉为燃油和燃气锅炉。设置这两类锅炉的锅炉房应考虑防爆与泄压。但是,锅炉与建筑内其他部位之间是否需设置防爆墙,则要视泄压面积的设置等具体情况而定。

防爆墙是用来抵抗来自建筑物外部或内部爆炸冲击波的分隔构件。当燃油或燃气锅炉房设置了爆炸泄压面积,且泄压面积能在爆炸作用达到建筑主要承重结构最大耐受压强前及时泄压时,可不对锅炉房主要承重结构(如梁、柱、剪力墙等)采取加强性的抗爆措施;否则,应对锅炉房内的主要承重结构采取加强性防爆防护措施。

不论锅炉房的泄压面积是否符合规定,布置在民用建筑内的锅炉房与其他部位之间的分隔墙均应采用防爆墙。

问题 19:建筑高度大于 54 m 的住宅建筑,其安全房间设置问题。

1) 问题描述

(1) 建筑高度大于 54 m 的住宅建筑中,楼层位置低于 24 m 的住户是否仍需要设置火灾时可用于避难的房间?

(2) 建筑高度大于 100 m 的住宅建筑,每户是否要设置火灾时可用于避难的房间?

2）规范要求

➤《建筑设计防火规范》(GB 50016—2014〈2018 年版〉)规定:

5.5.32　建筑高度大于 54 m 的住宅建筑,每户应有一间房间符合下列规定:

1　应靠外墙设置,并应设置可开启外窗;

2　内、外墙体的耐火极限不应低于 1.00 h,该房间的门宜采用乙级防火门,外窗的耐火完整性不宜低于 1.00 h。

3）专家释疑

(1)规范有关住宅建筑需要设置火灾时可兼作避难用途的房间的要求,是对建筑高度大于 54 m 的住宅建筑中每户的要求。除建筑首层的住宅可以不设置外,其他楼层的所有住宅均需要具有一间符合避难要求的房间。

(2)建筑高度大于 100 m 的住宅建筑,尽管设置了避难层,但避难层之间仍有很多楼层没有避难场所。因此,只要住宅建筑的建筑高度大于 54 m,无论是否设置避难层,除建筑首层的住宅可以不设置外,每户均应具有一间符合防火避难要求的房间。

问题 20：建筑首层扩大封闭楼梯间设置问题。

1）问题描述

(1)当建筑在首层采用扩大的封闭楼梯间时,楼梯间在首层的楼梯起步至外门的距离是否有要求?

(2)对于层数大于 4 层的建筑中不能直通室外的封闭楼梯间以及层数不大于 4 层的建筑中距离建筑外门大于 15 m 的封闭楼梯间,如何处理才能满足防火安全的要求?

(3)扩大的封闭楼梯间能否用于建筑内除首层以外的其他楼层?

2）规范要求

➤《建筑设计防火规范》(GB 50016—2014〈2018 年版〉)有关规定:

5.5.17　公共建筑的安全疏散距离应符合下列规定:

2　楼梯间应在首层直通室外,确有困难时,可在首层采用扩大的封闭楼梯间或防烟楼梯间前室。当层数不超过 4 层且未采用扩大的封闭楼梯间或防烟楼梯间前室时,可将直通室外的门设置在离楼梯间不大于 15 m 处。

6.4.2　封闭楼梯间除应符合本规范第 6.4.1 条的规定外,尚应符合下列规定:

4　楼梯间的首层可将走道和门厅等包括在楼梯间内形成扩大的封闭楼梯间,但应采用乙级防火门等与其他走道和房间分隔。

6.4.3　防烟楼梯间除应符合本规范第 6.4.1 条的规定外,尚应符合下列规定:

6　楼梯间的首层可将走道和门厅等包括在楼梯间前室内形成扩大的前室,但应采用乙级防火门等与其他走道和房间分隔。

3）专家释疑

(1)建筑首层的扩大封闭楼梯间自楼梯首层起步至建筑外门的距离不应大于 15 m,当建筑内全部设置自动灭火系统时,该距离也不应增加。

（2）对于层数大于4层的建筑中不能直通室外的封闭楼梯间以及层数不大于4层的建筑中距离建筑外门大于15 m的封闭楼梯间，均可在首层采用扩大的封闭楼梯间或专用疏散走道通至室外，扩大的封闭楼梯间内的最大疏散距离不应大于30 m。专用疏散走道是直接与楼梯和对外出口的连接走道，不能与其他房间共用。

（3）扩大的封闭楼梯间一般设置在能直通室外地面的建筑首层（或坡顶层、坡底层），对于其他楼层一般不允许应用扩大的封闭楼梯间，但可加大封闭楼梯间的转换平台面积。

问题21：消防救援窗（口）设置问题。

1）问题描述

（1）单、多层公共建筑是否要求设置消防救援窗？

（2）建筑的结构转换层、管线夹层、技术夹层是否要求设置消防救援窗？

（3）丁、戊类火灾危险性的生产车间或仓库是否要求设置消防救援窗？

（4）消防救援窗的玻璃能否采用中空玻璃或钢化玻璃？

（5）敞开外廊、阳台的门、窗是否可以作为消防救援口？

（6）洁净厂房洁净室（区）外墙上消防救援窗（口）的设置，是执行《建筑设计防火规范》（GB 50016—2014〈2018年版〉）还是《洁净厂房设计规范》（GB 50073—2013）的相关规定？

2）规范要求

➤ 《建筑设计防火规范》（GB 50016—2014〈2018年版〉）有关规定：

7.2.4 厂房、仓库、公共建筑的外墙应在每层的适当位置设置可供消防救援人员进入的窗口。

7.2.5 供消防救援人员进入的窗口的净高度和净宽度均不应小于1.0 m，下沿距室内地面不宜大于1.2 m，间距不宜大于20 m且每个防火分区不应少于2个，设置位置应与消防车登高操作场地相对应。窗口的玻璃应易于破碎，并应设置可在室外易于识别的明显标志。

➤ 《洁净厂房设计规范》（GB 50073—2013）有关规定：

5.2.10 洁净厂房同层洁净室（区）外墙应设可供消防人员通往厂房洁净室（区）的门窗，其门窗洞口间距大于80 m时，应在该段外墙的适当部位设置专用消防口。

专用消防口的宽度不应小于750 mm，高度不应小于1 800 mm，并应有明显标志。楼层的专用消防口应设置阳台，并从二层开始向上层架设钢梯。

5.2.11 洁净厂房外墙上的吊门、电控自动门以及装有栅栏的窗，均不应作为火灾发生时提供消防人员进入厂房的入口。

3）专家释疑

（1）单、多层公共建筑也需要设置消防救援窗，特别是无外窗的大型公共建筑，更需要在外墙上设置消防救援窗。

（2）建筑设置消防救援窗在于火灾时方便消防员安全、快速地进入建筑实施灭火和救助人员。对于无人员活动、无火灾危险性的结构转换层、技术夹层可不设置消防救援窗；但对其他管线夹层和有火灾危险性的技术夹层,仍应按规定设置消防救援窗。

（3）丁、戊类火灾危险性的生产车间或仓库应按规定设置消防救援窗。

（4）消防救援窗的玻璃应采用易于消防员击碎的安全玻璃,如普通安全玻璃和半钢化玻璃。采用中空玻璃应视内、外片玻璃的种类而定,用于消防救援窗的中空玻璃内、外片不得使用夹层或夹胶玻璃,宜选用普通安全玻璃;当选用钢化或半钢化玻璃时,因为矩形玻璃边角部位的表面应力集中,易于击碎,应在矩形救援窗玻璃的四角标志捶击位置,尽量不采用其他形状的救援窗。

（5）消防救援窗（口）为建筑外墙上设置的可供消防救援人员进入的窗口,建筑物各层直通室外或敞开外廊、阳台的门、窗可以作为消防救援窗（口）。

（6）洁净厂房洁净室（区）是一个空间密闭,设有人员净化和物料净化设施的场所,其外墙构造、密闭方式和普通厂房不同,消防救援窗（口）的设置也有其特殊性。因此,洁净厂房洁净室（区）外墙上消防救援窗（口）的设置,可执行《洁净厂房设计规范》（GB 50073—2013)第5.2.10条和第5.2.11条的规定。

第二章 给排水专业

问题1：消防水池连通管设置问题。

1）问题描述

当消防水池的总蓄水有效容积大于 500 m³，设置两格（或座）能独立使用的消防水池时，两格（或座）消防水池之间是否必须设置连通管？

2）规范要求

➢《消防给水及消火栓系统技术规范》（GB 50974—2014）有关规定：

4.3.6　消防水池的总蓄水有效容积大于 500 m³ 时，宜设两格能独立使用的消防水池；当大于 1 000 m³ 时，应设置能独立使用的两座消防水池。每格（或座）消防水池应设置独立的出水管，并应设置满足最低有效水位的连通管，且其管径应能满足消防给水设计流量的要求。

3）专家释疑

每格（或座）消防水池应设置独立的出水管，当最低有效水位低于水池壁上的吸水管中心线时，应设置连通管。

问题2：消防水池取水口（井）设置问题。

1）问题描述

（1）每格（座）消防水池是否可以只设 1 个取水口（井）？

（2）当消防水池取水口（井）保护半径超过 150 m 时，室外消防给水如何设置？

2）规范要求

➢《消防给水及消火栓系统技术规范》（GB 50974—2014）有关规定：

4.3.7　储存室外消防用水的消防水池或供消防车取水的消防水池，应符合下列规定：

1　消防水池应设置取水口（井），且吸水高度不应大于 6.0 m；

2　取水口（井）与建筑物（水泵房除外）的距离不宜小于 15 m；

3　取水口（井）与甲、乙、丙类液体储罐等构筑物的距离不宜小于 40 m；

4　取水口（井）与液化石油气储罐的距离不宜小于 60 m，当采取防止辐射热保护措施时，可为 40 m。

6.1.5　市政消火栓或消防车从消防水池吸水向建筑供应室外消防给水时，应符合下列规定：

供消防车吸水的室外消防水池的每个取水口宜按一个室外消火栓计算，且其保护半径不应大于 150 m；

距建筑外缘 5～150 m 的市政消火栓可计入建筑室外消火栓的数量，但当为消防水泵接合器供水时,距建筑外缘 5～40 m 的市政消火栓可计入建筑室外消火栓的数量。

3）专家释疑

（1）每格（座）消防水池至少应设 1 个取水口（井），每个取水口（井）宜按 1 个室外消火栓计算,设置数量要满足室外消防总用水量要求,且与场地可停放的消防车数量匹配。当每格（或座）消防水池设多个取水口（井）满足室外消防用水量有困难时,可采取适当加大取水口（井）尺寸来满足消防车取水量;

（2）消防水池取水口（井）保护半径不应大于 150 m,当保护半径大于 150 m 时,除保留消防取水口（井）外,还需增设室外消火栓管网及室外消火栓,并增加室外消火栓系统加压设施。

问题 3：消防水泵接合器设置问题。

1）问题描述

（1）临时高压消防给水系统向多栋建筑供水时,相邻建筑是否可以共用消防水泵接合器?

（2）高压消防给水系统是否需要设置消防水泵接合器?

（3）采用分区供水形式的高层建筑,高区和低区是否可以共用消防水泵接合器?

（4）室外设置的水喷雾系统是否可以不设消防水泵接合器?

（5）为建筑服务的消防水泵接合器,和建筑之间的距离有没有要求?

2）规范要求

➢ 《消防给水及消火栓系统技术规范》（GB 50974—2014）有关规定:

2.1.4 高压消防给水系统 constant high pressure fire protection water supply system

能始终保持满足水灭火设施所需的工作压力和流量,火灾时无须消防水泵直接加压的供水系统。

5.4.2 自动喷水灭火系统、水喷雾灭火系统、泡沫灭火系统和固定消防炮灭火系统等水灭火系统,均应设置消防水泵接合器。

5.4.4 临时高压消防给水系统向多栋建筑供水时,消防水泵接合器应在每座建筑附近就近设置。

5.4.5 消防水泵接合器的供水范围,应根据当地消防车的供水流量和压力确定。

5.4.6 消防给水为竖向分区供水时,在消防车供水压力范围内的分区,应分别设置水泵接合器;当建筑高度超过消防车供水高度时,消防给水应在设备层等方便操作的地点设置手抬泵或移动泵接力供水的吸水口和加压接口。

5.4.7 水泵接合器应设在室外便于消防车使用的地点,且距室外消火栓或消防水池的距离不宜小于 15 m,并不宜大于 40 m。

6.1.5 市政消火栓或消防车从消防水池吸水向建筑供应室外消防给水时,应符合下列规定:

距建筑外缘 5～150 m 的市政消火栓可计入建筑室外消火栓的数量,但当为消防水泵

接合器供水时,距建筑外缘 5～40 m 的市政消火栓可计入建筑室外消火栓的数量;

6.1.5 条文说明:本条规定了当建筑物室外消防给水直接采用市政消火栓或室外消防水池供水的原则性规定。

2 当建筑物不设消防水泵接合器时,在建筑物外墙 5～150 m 市政消火栓保护半径范围内可计入建筑物室外消火栓的数量。当建筑物设有消防水泵接合器时,其建筑物外墙 5～40 m 范围内的市政消火栓可计入建筑物的室外消火栓内。

7.3.1 建筑室外消火栓的布置除应符合本节的规定外,还应符合本规范第 7.2 节的有关规定。

➤ 《水喷雾灭火系统设计规范》(GB 50219—2014)规定:

5.4.1 室内设置的系统宜设置水泵接合器。

3) 专家释疑

(1) 临时高压消防给水系统向多栋建筑供水时,相邻建筑可以共用消防水泵接合器,其设置数量应按消防用水量最大的单体建筑确定,同时应满足与室外消火栓或消防水池取水口的距离要求。

(2) 高压消防给水系统若能始终保持满足水灭火设施所需的工作压力和流量,可不设消防水泵接合器。

(3) 竖向供水符合当地消防车的供水能力,建筑高度不大于 100 m 的建筑,当采用可调式减压阀进行分区供水时,可只在高区供水管网处设置水泵接合器。

(4) 设置在室外的水喷雾灭火或消防冷却系统,因外部消防救援相对室内场所较为容易,可以不设消防水泵接合器。

(5)《消防给水及消火栓系统技术规范》(GB 50974—2014)第 5.4.7 条规定,消防水泵接合器应设在室外便于消防车使用的地点,且距室外消火栓或消防水池的距离不宜小于 15 m,并不宜大于 40 m。同时,规范 6.1.5 条对设有消防水泵接合器的建筑,其周边室外消火栓可计入数量也有明确的规定,即距建筑物外墙 5～40 m 范围内的室外消火栓方可计入,超出此距离范围的室外消火栓不适合作为该建筑物消防水泵接合器的可靠水源。综合这些规定,消防水泵接合器与建筑物外墙距离也有限制,最远不宜超过 80 m。实际建设工程中,建筑室外消火栓的布置,需要考虑消防水泵接合器取水的要求;同时,消防水泵接合器的布置,也需要兼顾单个室外消火栓的供水能力,有条件时,消防水泵接合器尽可能随室外消火栓分散布置,便于快速、高效地开展应急救援。

问题 4: 仅地下车库设置喷淋的一类高层住宅建筑,高位消防水箱的喷淋稳压管设置问题。

1) 问题描述

建筑高度不超过 100 m 的一类高层住宅建筑,仅地下车库设置自动喷水灭火系统,屋顶高位消防水箱的喷淋稳压管直接连接至地下车库喷淋供水环管时,会造成系统管网静水压力偏大,喷淋泵出水管上的压力开关如何控制启泵?针对这类情况,高位消防水箱的喷淋稳压管接入地下车库喷淋供水环管前,是否需要采取减压措施?

2）规范要求

➤ 《自动喷水灭火系统设计规范》(GB 50084—2017)有关规定:

10.3.1 采用临时高压给水系统的自动喷水灭火系统,应设高位消防水箱。自动喷水灭火系统可与消火栓系统合用高位消防水箱,其设置应符合现行国家标准《消防给水及消火栓系统技术规范》(GB 50974—2014)的要求。

11.0.1 湿式系统、干式系统应由消防水泵出水干管上设置的压力开关、高位消防水箱出水管上的流量开关和报警阀组压力开关直接自动启动消防水泵。

➤ 《消防给水及消火栓系统技术规范》(GB 50974—2014)规定:

5.2.2 高位消防水箱的设置位置应高于其所服务的水灭火设施,且最低有效水位应满足水灭火设施最不利点处的静水压力,并应按下列规定确定:

1 一类高层公共建筑,不应低于 0.10 MPa,但当建筑高度超过 100 m 时,不应低于0.15 MPa;

2 高层住宅、二类高层公共建筑、多层公共建筑,不应低于 0.07 MPa,多层住宅不宜低于 0.07 MPa;

4 自动喷水灭火系统等自动水灭火系统应根据喷头灭火需求压力确定,但最小不应小于 0.10 MPa;

3）专家释疑

(1)仅地下车库设置喷淋的一类高层住宅建筑,高位消防水箱的喷淋稳压管直接接入地下车库喷淋供水环管时,往往会造成系统最不利处喷头静水压力过大,甚至超过喷淋主泵的扬程。由于高位消防水箱提供了足够的静水压力,喷头动作后,消防水泵出水管压力变化缓慢,低压压力开关需要较长的时间才可能动作。系统依靠消防水泵出水管压力开关连锁启动喷淋主泵,会出现比较严重的滞后现象,喷淋泵依靠高位消防水箱出水管流量开关和湿式报警阀压力开关来控制启动更为有效。

(2)对于仅靠高位消防水箱稳压的喷淋系统,如果最不利处喷头静水压力过大,高位消防水箱稳压管接入喷淋供水环管前,建议设置减压阀,阀后压力保证最不利处喷头静水压力不小于 0.10 MPa 即可。喷淋泵出水管压力开关的动作压力值,可依据设定的减压阀阀后压力及管网静水压力经计算确定。

问题 5：建筑屋顶上突出的局部设备用房的消防设施设置问题。

1）问题描述

建筑按照《建筑设计防火规范》(GB 50016—2014〈2018 年版〉)规定设置了室内消火栓系统和自动喷水灭火系统,位于建筑屋顶局部突出的通风空调机房、正压送风机房、排烟机房、电梯机房等设备用房,是否也需要设置?

2）规范要求

➤ 《建筑防烟排烟系统技术标准》(GB 51251—2017)规定:

4.4.5　排烟风机应设置在专用机房内,并应符合本标准第 3.3.5 条第 5 款的规定,且风机两侧应有 600 mm 以上的空间。对于排烟系统与通风空气调节系统共用的系统,其排烟风机与排风风机的合用机房应符合下列规定:

1　机房内应设置自动喷水灭火系统。

➤《消防给水及消火栓系统技术规范》(GB 50974—2014)规定:

5.2.2　高位消防水箱的设置位置应高于其所服务的水灭火设施,且最低有效水位应满足水灭火设施最不利点处的静水压力,并应按下列规定确定:

1　一类高层公共建筑,不应低于 0.10 MPa,但当建筑高度超过 100 m 时,不应低于 0.15 MPa;

2　高层住宅、二类高层公共建筑、多层公共建筑,不应低于 0.07 MPa,多层住宅不宜低于 0.07 MPa;

3　工业建筑不应低于 0.10 MPa,当建筑体积小于 20 000 m³ 时,不宜低于 0.07 MPa;

4　自动喷水灭火系统等自动水灭火系统应根据喷头灭火需求压力确定,但最小不应小于 0.10 MPa;

5　当高位消防水箱不能满足本条第 1 款~第 4 款的静压要求时,应设稳压泵。

3) 专家释疑

(1)《建筑设计防火规范》(GB 50016—2014〈2018 年版〉)附录 A 第 A.0.1 条第 5 款规定,局部突出屋顶的瞭望塔、冷却塔、水箱间、微波天线间或设施、电梯机房、排风和排烟机房以及楼梯出口小间等辅助用房占屋面面积不大于 1/4 者,可不计入建筑高度;附录 A 第 A.0.2 条第 3 款规定,建筑屋顶上突出的局部设备用房、出屋面的楼梯间等,可不计入建筑层数。因此,满足附录 A 第 A.0.1 条第 5 款和第 A.0.2 条第 3 款规定的电梯机房、空调机房、正压送风机房、排烟机房等设备用房,可以不作为建筑的自然楼层,不需要设置室内消火栓系统和自动喷水灭火系统。

(2) 如果屋顶局部突出的通风空调机房、正压送风机房、排烟机房、电梯机房等设备用房计入建筑高度时,应按《建筑设计防火规范》(GB 50016—2014〈2018 年版〉)第 8.2 节和第 8.3 节的规定,确定是否需要设置室内消火栓系统和自动喷水灭火系统。如需设置室内消火栓系统时,屋顶消防水箱应设置在设备用房的上一层。当屋顶水箱不能设置在设备用房上一层时,屋顶高位消防水箱的设置高度应保证水箱最低有效水位高于设备用房所设置的消火栓栓口高度。如需设置自动喷水灭火系统时,屋顶消防水箱最低有效水位可低于设备用房最高部位喷头,但应按《消防给水及消火栓系统技术规范》(GB 50974—2014)第 5.2.2 条规定设置增压稳压设备。

(3) 如果消防排烟与通风空调共用系统,其排烟风机与排风风机在屋顶处的合用风机房,应根据《建筑防烟排烟系统技术标准》(GB 51251—2017)第 4.4.5 条规定,设置自动喷水灭火系统。若建筑本身不需要设置自动喷水灭火系统,合用风机房可采用自动喷水局部应用系统,并应符合《自动喷水灭火系统设计规范》(GB 50084—2017)第 12 章的有关规定。

问题6：一类高层公共建筑游泳池喷头设置问题。

1）问题描述

一类高层公共建筑游泳池四周的通道上方是否需要设置喷头？

2）规范要求

➤ 《建筑设计防火规范》(GB 50016—2014〈2018 年版〉)规定：

8.3.3　除本规范另有规定和不宜用水保护或灭火的场所外，下列高层民用建筑或场所应设置自动灭火系统，并宜采用自动喷水灭火系统：

1　一类高层公共建筑(除游泳池、溜冰场外)及其地下、半地下室。

3）专家释疑

当游泳池四周通道范围内无其他设施，仅供人员通行使用时，可不设置喷头保护；当通道除供人员通行外，还具有其他功能(如设置供顾客休息的设施)时，其上方应设置喷头。

问题7：建筑内自动扶梯底部自动喷水灭火系统设置问题。

1）问题描述

(1) 设置在高层民用建筑内部的自动扶梯，是否要求每一层的自动扶梯斜面下部均设置喷头？

(2) 若多层民用建筑按规范要求应设置自动喷水灭火系统，其内部的自动扶梯底部是否也需要设置喷头？

2）规范要求

➤ 《建筑设计防火规范》(GB 50016—2014〈2018 年版〉)规定：

8.3.3　除本规范另有规定和不宜用水保护或灭火的场所外，下列高层民用建筑或场所应设置自动灭火系统，并宜采用自动喷水灭火系统：

2　二类高层公共建筑及其地下、半地下室的公共活动用房、走道、办公室和旅馆的客房、可燃物品库房、自动扶梯底部。

3）专家释疑

(1) 对于"自动扶梯底部设置自动喷水灭火系统"的理解，有两种不同的看法。有一种认为最下一层的底部属于自动扶梯底部，在最低一层自动扶梯的下部空间，商家往往会存放许多可燃物，起火的可能性较大，而自动扶梯本身起火的可能性微乎其微，因此在最低一层自动扶梯斜面下部设置喷头即可。另一种认为每一层自动扶梯斜面的底部，都属于自动扶梯底部，而且自动扶梯本身存在一定的火灾危险性，要求在自动扶梯每一层的斜面下部均设置喷头。

在自动扶梯维护保养过程中，经常会发现其内部存在较大的火灾隐患，可燃物包括自动扶梯梯路、梯级下侧、梯级轴上和左右两侧粘连的大量油污、垃圾，还有自动扶梯内部电机、电气线路老化严重等。如果自动扶梯维护保养不当，可能会造成设备运行过程中因机械磨损严重而导致部件过热起火，或内部电机、电气线路短路、过热起火；另外，在设备维修过程中的动火作业,乘客丢弃的烟头或外部其他火源的进入,都可能导致自动扶梯起火燃烧。国内发生的多起自动扶梯起火事故,经调查分析,得出的起火原因基本都和这些因素相关。因此,从防火安全角度考虑,建议每一层自动扶梯斜面的底部都设置喷头。

(2) 对于设置在多层民用建筑内部的自动扶梯,其火灾隐患与高层建筑内自动扶梯相同。如果多层民用建筑按规范要求设置了自动喷水灭火系统,其内部自动扶梯底部也应设置喷头进行保护。

(3) 当自动扶梯位于建筑内采用自动跟踪定位射流灭火系统保护的高大空间场所(如中庭)时,若自动扶梯能够得到自动跟踪定位射流灭火系统的有效保护,可仅在最低一层自动扶梯斜面下部设置喷头。

问题 8:设置集中空气调节系统的办公建筑,其自动喷水灭火系统的设置问题。

1) 问题描述

根据《建筑设计防火规范》(GB 50016—2014〈2018 年版〉)第 8.3.4 条第 3 款的规定,单、多层民用建筑或场所中,设置送回风道(管)的集中空气调节系统且总建筑面积大于 3 000 m² 的办公建筑等,应设置自动灭火系统,并宜采用自动喷水灭火系统。假设一栋总建筑面积大于 3 000 m² 的办公建筑,有以下几种集中空气调节系统设置方案:

(1) 每层设置一个独立的空调系统,每层一个防火分区,也就是风管不跨越防火分区,但是跨房间,是否需要设置自动喷水灭火系统?

(2) 空调系统仅有冷(热)媒管道穿越多个房间时,是否需要设置自动喷水灭火系统?

(3) 仅设置用于通风的系统或新风系统,没有制冷或制热功能,是否需要设置自动喷水灭火系统?

2) 规范要求

➤ 《建筑设计防火规范》(GB 50016—2014〈2018 年版〉)规定:

8.3.4 除本规范另有规定和不适用水保护或灭火的场所外,下列单、多层民用建筑或场所应设置自动灭火系统,并宜采用自动喷水灭火系统:

3 设置送回风道(管)的集中空气调节系统且总建筑面积大于 **3 000 m²** 的办公建筑等。

3) 专家释疑

(1) 同一防火分区内风管跨房间布置,具有较大的火灾蔓延传播危险,应设置自动喷水灭火系统;

(2) 空调系统冷媒管属于压力管道,用于传输 R22、R32、R134a、R290、R407c 或 R410a 等制冷剂。这些制冷剂中,大部分是可燃或易燃物质。火灾发生后,空调冷媒管受高温烘烤容易爆裂,泄漏的可燃、易燃制冷剂会加速火灾的传播蔓延。因此,当空调系统冷媒管穿越多个房间时,应设置自动喷水灭火系统;如果空调系统仅有热媒管穿越多个房间时,可不设置自动喷水灭火系统;

(3) 建筑内采用通风或新风管道系统,具有较大的火灾蔓延传播危险,需设置自动喷水灭火系统。

问题9：二类高层旅馆建筑，其客房卫生间喷头的设置问题。

1）问题描述

《建筑设计防火规范》（GB 50016—2014〈2018 年版〉）第 8.3.3 条规定，二类高层旅馆建筑的客房，需要设置自动喷水灭火系统，客房卫生间是否需要设置喷头？

2）规范要求

➤ 《建筑设计防火规范》（GB 50016—2014〈2018 年版〉）规定：

8.3.3　除本规范另有规定和不宜用水保护或灭火的场所外，下列高层民用建筑或场所应设置自动灭火系统，并宜采用自动喷水灭火系统：

2　二类高层公共建筑及其地下、半地下室的公共活动用房、走道、办公室和旅馆的客房、可燃物品库房、自动扶梯底部。

➤ 《旅馆建筑设计规范》（JGJ 62—2014）规定：

2.0.5　客房部分 guestroom areas

旅馆建筑内为客人提供住宿及配套服务的空间或场所。

3）专家释疑

根据《旅馆建筑设计规范》（JGJ 62—2014）中"客房部分"的术语定义，客房包含卫生间、阳台、门廊等配套服务的空间或场所。旅馆卧室和卫生间大多设有集中空气调节系统，具有较大的火灾蔓延传播危险，而且人员较多、流动性大、对环境不太熟悉，还可能较长时间处于休息、睡眠状态，疏散能力较弱。因此，二类高层旅馆建筑的客房卫生间内，应设置自动喷水灭火系统的喷头。

问题10：二类高层宿舍、公寓建筑套室喷头的设置问题。

1）问题描述

使用性质属于二类高层宿舍、公寓的居住建筑，其居室内是否需要设置自动喷水灭火系统？

2）规范要求

➤ 《宿舍建筑设计规范》（JGJ 36—2016）规定：

7.1.7　宿舍建筑的室内消火栓系统、消防软管卷盘或轻便消防水龙、自动喷水灭火系统等消防设施应按照现行国家标准《建筑设计防火规范》GB 50016 的相关规定设计。其中一类高层建筑的宿舍和二类高层建筑的公共活动用房、走道应设置自动喷水灭火系统。

➤ 《公寓建筑设计标准》（T/CECS 768—2020）规定：

5.1.5　公寓建筑的防火设计应符合现行国家标准《建筑设计防火规范》GB 50016 有关公共建筑的有关规定。

➤ 《建筑设计防火规范》（GB 50016—2014〈2018 年版〉）有关规定：

5.1.1　民用建筑根据其建筑高度和层数可分为单、多层民用建筑和高层民用建筑。高层民用建筑根据其建筑高度、使用功能和楼层的建筑面积可分为一类和二类。民用建筑的分类应符合表 5.1.1 的规定。

注：2 除本规范另有规定外，宿舍、公寓等非住宅类居住建筑的防火要求，应符合本规范有关公共建筑的规定。

8.3.3 除本规范另有规定和不宜用水保护或灭火的场所外，下列高层民用建筑或场所应设置自动灭火系统，并宜采用自动喷水灭火系统：

2 二类高层公共建筑及其地下、半地下室的公共活动用房、走道、办公室和旅馆的客房、可燃物品库房、自动扶梯底部。

3）专家释疑

二类高层宿舍、公寓等非住宅类居住建筑，其防火要求应符合二类高层公共建筑的有关规定。根据《建筑设计防火规范》(GB 50016—2014〈2018 年版〉)第 8.3.3 条规定，二类高层公共建筑的公共活动用房、走道、办公室等场所应设置自动喷水灭火系统，一般使用功能的宿舍、公寓套室不属于此类场所，可以不设置喷头。

对于兼有酒店、旅馆、办公等类似使用功能的宿舍、公寓建筑，其公共区域、套室等部位设有集中空气调节系统，具有较大的火灾蔓延传播危险。因此，对于具有这一类使用功能的二类高层宿舍、公寓建筑，其套室建议设置喷头保护。

问题 11：单、多层宿舍、公寓建筑自动喷水灭火系统的设置问题。

1）问题描述

单、多层宿舍、公寓使用性质的居住建筑，在《建筑设计防火规范》(GB 50016—2014〈2018 年版〉)第 8.3.4 条规定中没有提到，是否需要设置自动喷水灭火系统？

2）规范要求

➢ 《建筑设计防火规范》(GB 50016—2014〈2018 年版〉)规定：

8.3.4 除本规范另有规定和不适用水保护或灭火的场所外，下列单、多层民用建筑或场所应设置自动灭火系统，并宜采用自动喷水灭火系统：

2 任一层建筑面积大于 1 500 m² 或总建筑面积大于 3 000 m² 的展览、商店、餐饮和旅馆建筑以及医院中同样建筑规模的病房楼、门诊楼和手术部；

3 设置送回风道(管)的集中空气调节系统且总建筑面积大于 3 000 m² 的办公建筑等。

3）专家释疑

单、多层宿舍、公寓等非住宅类居住建筑，其防火要求应符合公共建筑的有关规定。对于建筑规模较小，无特殊使用功能的宿舍、公寓建筑，火灾危险性相对较低，可以不设置自动喷水灭火系统。

对于任一层建筑面积大于 1 500 m² 或总建筑面积大于 3 000 m²，并且兼有酒店、旅馆、办公等类似使用功能的单、多层宿舍、公寓建筑，其公共区域、套室等部位设有集中空气调节系统，具有较大的火灾蔓延传播危险。因此，对于这一类单、多层宿舍、公寓建筑，建议设置自动喷水灭火系统。

问题 12：民用建筑配套的变配电室(所)自动灭火系统的设置问题。

1) 问题描述

为民用建筑配套服务的变配电室(所)，是否需要设置自动灭火系统?

2) 规范要求

➤ 《建筑设计防火规范》(GB 50016—2014〈2018 年版〉)规定：

8.3.9　下列场所应设置自动灭火系统，并宜采用气体灭火系统：

8　其他特殊重要设备室。

8.3.9 条文说明：(2)特殊重要设备，主要指设置在重要部位和场所中，发生火灾后将严重影响生产和生活的关键设备。如化工厂中的中央控制室和单台容量 300 MW 机组及以上容量的发电厂的电子设备间、控制室、计算机房及继电器室等。高层民用建筑内火灾危险性大，发生火灾后对生产、生活产生严重影响的配电室等，也属于特殊重要设备室。

3) 专家释疑

依据《建筑设计防火规范》(GB 50016—2014〈2018 年版〉)第 8.3.9 条第 8 款条文说明，设备室是否需要设置自动灭火系统，主要看发生火灾后，是否会对生产和生活造成严重的影响。为高层建筑、人员密集的大型单、多层公共建筑等配套设置的变配电室(所)，发生火灾后，均会对生产、生活产生严重的影响，这类变配电室(所)可以理解为是特殊重要设备室，应设置自动灭火系统，宜采用气体灭火系统保护。

对于设置在其他单、多层民用建筑内的变配电室(所)，发生火灾后，也会对生产、生活产生较大的影响，宜设置自动灭火系统，或采用火探管、气溶胶等自动灭火装置对电气设备机柜内局部空间进行保护。

问题 13：自动喷水防护冷却系统设计流量的计算问题。

1) 问题描述

采用自动喷水防护冷却系统保护防火卷帘、防火玻璃墙等防火分隔设施时，喷水强度依据《自动喷水灭火系统设计规范》(GB 50084—2017)第 5.0.15 条规定执行，但防护冷却系统设计计算长度，是按单组防火卷帘或防火玻璃墙的最大长度取值，还是按防火分区内防火卷帘、防火玻璃墙的总长度取值?

2) 规范要求

➤ 《自动喷水灭火系统设计规范》(GB 50084—2017)规定：

5.0.15　当采用防护冷却系统保护防火卷帘、防火玻璃墙等防火分隔设施时，系统应独立设置，且应符合下列要求：

2　喷头设置高度不超过 4 m 时，喷水强度不应小于 0.5 L/(s·m)；当超过 4 m 时，每增加 1 m，喷水强度应增加 0.1 L/(s·m)；

4　持续喷水时间不应小于系统设置部位的耐火极限要求。

3）专家释疑

保护防火卷帘、防火玻璃墙等防火分隔设施的自动喷水防护冷却系统，系统的设计流量应按计算长度内喷头同时开放喷水的总流量确定。计算长度可参照如下两种情况进行取值：

（1）当设置场所设有自动喷水灭火系统时，计算长度不应小于设置场所自动喷水灭火系统作用面积平方根的 1.2 倍；

（2）当设置场所未设置自动喷水灭火系统时，计算长度不应小于任意一个防火分区内所有需保护的防火分隔设施总长度之和。

问题 14：自动喷水配水支管跨防火分区保护问题。

1）问题描述

防火分区内需要设置自动喷水灭火系统保护的房间、走道等局部区域，当喷淋配水支管因不能穿越相邻电气设备用房等区域，接入该防火分区喷淋配水管时，能否直接接入相邻防火分区内的喷淋配水管，并与相邻防火分区喷淋系统合用水流指示器？

2）规范要求

➤ 《自动喷水灭火系统设计规范》(GB 50084—2017)规定：

6.3.1　除报警阀组控制的洒水喷头只保护不超过防火分区面积的同层场所外，每个防火分区、每个楼层均应设水流指示器。

3）专家释疑

水流指示器的功能是及时报告发生火灾的部位，要求每个防火分区和每个楼层均设有水流指示器。当一个湿式报警阀组仅控制一个防火分区或一个楼层的喷头时，由于报警阀组的水力警铃和压力开关已能发挥报告火灾部位的作用，故此种情况允许不设水流指示器。

如果两个不同防火分区的喷淋配水支管共用水流指示器和配水管，喷头动作喷水后，水流指示器的报警信号将无法提供火灾发生在哪个防火分区的准确信息。因此，不同防火分区的喷淋配水支管不应共用水流指示器和配水管。若防火分区内局部房间的喷淋配水支管确实不方便接入该防火分区配水管时，建议就近接入喷淋配水干管，并设置独立的水流指示器。

第三章　电气专业

问题1：消防水泵、防烟和排烟风机"强启柜"的设置问题。

1）问题描述

消防控制室的火灾报警联动控制器已经设置了消防水泵、防烟和排烟风机的手动控制盘，是否需要再单独设置消防水泵和防排烟风机的"强启柜"？

2）规范要求

➢ 《火灾自动报警系统设计规范》（GB 50116—2013）有关规定：

4.1.4 消防水泵、防烟和排烟风机的控制设备，除应采用联动控制方式外，还应在消防控制室设置手动直接控制装置。

4.1.4 条文说明：消防水泵、防烟和排烟风机等消防设备的手动直接控制应通过火灾报警控制器（联动型）或消防联动控制器的手动控制盘实现，盘上的启停按钮应与消防水泵、防烟和排烟风机的控制箱（柜）直接用控制线或控制电缆连接。消防水泵、防烟和排烟风机，是在应急情况下实施初起火灾扑救、保障人员疏散的重要消防设备。考虑到消防联动控制器在联动控制时序失效等极端情况下，可能出现不能按预定要求有效启动上述消防设备的情况，本条要求冗余采用直接手动控制方式对此类设备进行直接控制，该要求是重要消防设备有效动作的重要保障。

4.2.1 湿式系统和干式系统的联动控制设计，应符合下列规定：

2 手动控制方式，应将喷淋消防泵控制箱（柜）的启动、停止按钮用专用线路直接连接至设置在消防控制室内的消防联动控制器的手动控制盘，直接手动控制喷淋消防泵的启动、停止。

4.3.2 手动控制方式，应将消火栓泵控制箱（柜）的启动、停止按钮用专用线路直接连接至设置在消防控制室内的消防联动控制器的手动控制盘，并应直接手动控制消火栓泵的启动、停止。

4.3.2 条文说明：消火栓的手动控制方式，应将消火栓泵控制箱（柜）的启动、停止按钮用专用线路直接连接至设置在消防控制室内的消防联动控制器的手动控制盘，通过手动控制盘直接控制消火栓泵的启动、停止。

4.5.3 防烟系统、排烟系统的手动控制方式，应能在消防控制室内的消防联动控制器上手动控制送风口、电动挡烟垂壁、排烟口、排烟窗、排烟阀的开启或关闭及防烟风机、排烟风机等设备的启动或停止，防烟、排烟风机的启动、停止按钮应采用专用线路直接连接至设置在消防控制室内的消防联动控制器的手动控制盘，并应直接手动控制防烟、排烟风机的启动、停止。

> 《建筑防烟排烟系统技术标准》(GB 51251—2017)有关规定：

5.1.2　加压送风机的启动应符合下列规定：

1　现场手动启动；

2　通过火灾自动报警系统自动启动；

3　消防控制室手动启动；

4　系统中任一常闭加压送风口开启时,加压风机应能自动启动。

5.2.2　排烟风机、补风机的控制方式应符合下列规定：

1　现场手动启动；

2　火灾自动报警系统自动启动；

3　消防控制室手动启动；

4　系统中任一排烟阀或排烟口开启时,排烟风机、补风机自动启动；

5　排烟防火阀在 280℃ 时应自行关闭,并应连锁关闭排烟风机和补风机。

> 《消防给水及消火栓系统技术规范》(GB 50974—2014)有关规定：

11.0.1　消防水泵控制柜应设置在消防水泵房或专用消防水泵控制室内,并应符合下列要求：

1　消防水泵控制柜在平时应使消防水泵处于自动启泵状态；

2　当自动水灭火系统为开式系统,且设置自动启动确有困难时,经论证后消防水泵可设置在手动启动状态,并应确保 24 h 有人工值班。

11.0.7　消防控制室或值班室,应具有下列控制和显示功能：

1　消防控制柜或控制盘应设置专用线路连接的手动直接启泵按钮。

11.0.7-1 条文说明：为保证消防控制室启泵的可靠性,规定采用硬拉线直接启动消防水泵,以最大可能的减少干扰和风险。若采用弱电信号总线制的方式控制,有可能软件受病毒侵害等危险而导致无法动作

3) 专家释疑

以上规范要求在消防控制室手动直接控制消防泵、防烟和排烟风机的功能,就是在火灾报警控制器(联动型)或消防联动控制器的手动控制盘上实现。因此,没有必要在消防控制室内另外单独设置"强启柜"。

问题 2：共用地下室的多栋建筑,消防应急广播和火灾声光警报器的启动控制问题。

1) 问题描述

小区多栋住宅建筑或园区多栋办公建筑共用地下室时,当某栋建筑确认火警后,火灾自动报警系统是启动该栋建筑还是所有建筑(包括共用地下室)的消防应急广播和火灾声光警报器？

2) 规范要求

> 《火灾自动报警系统设计规范》(GB 50116—2013)有关规定：

4.8.1　火灾自动报警系统应设置火灾声光警报器,并应在确认火灾后启动建筑内的所

有火灾声光警报器。

4.8.5 同一建筑内设置多个火灾声警报器时,火灾自动报警系统应能同时启动和停止所有火灾声警报器工作。

4.8.8 消防应急广播系统的联动控制信号应由消防联动控制器发出。当确认火灾后,应同时向全楼进行广播。

3) 专家释疑

如果火灾发生在某栋建筑的地上楼层,应启动该栋建筑及共用地下室内所有消防应急广播和火灾声光警报器;如果火灾发生在共用地下室,则应启动共用地下室及地上所有建筑内的消防应急广播和火灾声光警报器。

问题3：消防应急广播馈线电压问题。

1) 问题描述

消防应急广播馈线电压未采用安全电压应如何处理?

2) 规范要求

 ➤ 《民用建筑电气设计标准》(GB 51348—2019)有关规定:

13.3.6 消防应急广播系统设计应符合下列规定:

　　4 消防应急广播馈线电压宜采用 24 V 安全电压。

16.2.5 公共广播系统宜采用定压输出,输出电压宜采用 70 V 或 100 V。

 ➤ 《公共广播系统工程技术标准》(GB/T 50526—2021)规定:

3.5.3 当广播扬声器为无源扬声器,且传输距离大于 100 m 时,额定传输电压宜选用 70 V、100 V;当传输距离与传输功率的乘积大于 1 km·kW 时,额定传输电压可选用 150 V、200 V、250 V。

3) 专家释疑

根据国际标准,功放单元(或机柜)的定压输出分为 70 V、100 V 和 120 V。目前,国内生产的功放单元(或机柜)也逐渐采用国际标准。

通过"消防产品信息查询系统"查询可知:目前国内消防设备厂家生产的消防应急广播设备大多为通过 CCCF 强制认证产品(2019 年改为自愿性产品认证),输出电压:AC100 V 或 AC120 V。项目实测其输出的是非常规正弦交流电,当平时没有音频输出时馈线电压基本为 0,有音频输出时电压波动较大,120 V 是其上限(实测远低于 120 V)。

火灾自动报警系统的设计规范允许消防应急广播与普通广播或背景音乐广播合用,项目实施过程中需要考虑线路的功率损耗及目前市场上可供选择的消防应急广播产品的实际情况。鉴于目前市场上暂无配套的 24 V 馈线电压消防应急广播产品,且《民用建筑电气设计标准》(GB 51348—2019)未作强制性要求,因此目前仍可选用交流 120 V 以下音频输出的消防应急广播设备。当采用安全电压、小耗能、大功率的消防应急广播设备推向市场后,应优先选用。

问题 4：格栅吊顶场所感温火灾探测器的设置问题。

1）问题描述

《火灾自动报警系统设计规范》(GB 50116—2013) 第 6.2.18 条已明确了感烟火灾探测器在格栅吊顶场所的设置要求，但感温火灾探测器在格栅吊顶场所的设置未明确，应如何处理？

2）规范要求

➢ 《火灾自动报警系统设计规范》(GB 50116—2013) 规定：

6.2.18 感烟火灾探测器在格栅吊顶场所的设置，应符合下列规定：

1 镂空面积与总面积的比例不大于 15％时，探测器应设置在吊顶下方。

2 镂空面积与总面积的比例大于 30％时，探测器应设置在吊顶上方。

3 镂空面积与总面积的比例为 15％～30％时，探测器的设置部位应根据实际试验结果确定。

4 探测器设置在吊顶上方且火警确认灯无法观察时，应在吊顶下方设置火警确认灯。

5 地铁站台等有活塞风影响的场所，镂空面积与总面积的比例为 30％～70％时，探测器宜同时设置在吊顶上方和下方。

3）专家释疑

《火灾自动报警系统设计规范》(GB 50116—2013) 未对感温火灾探测器在格栅吊顶场所的安装做具体要求，主要是感温火灾探测器探测的是该场所内的温度指标，与格栅吊顶的镂空率关系不大。

感温探测器动作响应与温差或温升速率直接相关，根据火灾热烟气流动规律，室内空间顶板部位更容易积聚热量，感温探测器设置在格栅吊顶上方的顶板下，更容易在高温烟气中及时动作响应。参考同为温度响应的闭式喷头设置原则，通常要求设在靠近顶板的部位，以利于感温元器件在最短时间内动作响应，两者原理相同。

因此，在格栅吊顶的场所，感温探测器原则上在顶板部位吸顶设置，若格栅吊顶镂空面积与总面积不大于 30％时，建议在格栅吊顶上方和下方同时设置感温探测器。

问题 5：气体灭火防护区火灾探测器的设置问题。

1）问题描述

(1) 设备机房设置气体灭火系统保护时，能否全部选用感烟火灾探测器进行探测报警？

(2) 室内净空高度超过 8 m 的气体灭火系统防护区，感温火灾探测器已不适用，该如何考虑探测器的设置？

(3) 存在易燃易爆物质的气体灭火系统防护区，选用感烟火灾探测器和感温火灾探测器的组合是否合适？

2）规范要求

➤ 《火灾自动报警系统设计规范》(GB 50116—2013)规定：

4.4.2　气体灭火控制器、泡沫灭火控制器直接连接火灾探测器时，气体灭火系统、泡沫灭火系统的自动控制方式应符合下列规定：

1　应由同一防护区域内两只独立的火灾探测器的报警信号、一只火灾探测器与一只手动火灾报警按钮的报警信号或防护区外的紧急启动信号，作为系统的联动触发信号，探测器的组合宜采用感烟火灾探测器和感温火灾探测器，各类探测器应按本规范第6.2节的规定分别计算保护面积。

➤ 《气体灭火系统设计规范》(GB 50370—2005)有关规定：

5.0.1　采用气体灭火系统的防护区，应设置火灾自动报警系统，其设计应符合现行国家标准《火灾自动报警系统设计规范》GB 50116的规定，并应选用灵敏度级别高的火灾探测器。

5.0.5　自动控制装置应在接到两个独立的火灾信号后才能启动。手动控制装置和手动与自动转换装置应设在防护区疏散出口的门外便于操作的地方，安装高度为中心点距地面1.5 m。机械应急操作装置应设在储瓶间内或防护区疏散出口门外便于操作的地方。

5.0.5条文说明：本条中的"自动控制装置应在接到两个独立的火灾信号后才能启动"，是等同采用了我国国家标准《火灾自动报警系统设计规范》GB50116的规定。但是，采用哪种火灾探测器组合来提供"两个"独立的火灾信号则必须根据防护区及被保护对象的具体情况来选择。例如，对于通信机房和计算机房，一般用温控系统维持房间温度在一定范围；当发生火灾时，起初防护区温度不会迅速升高，感烟探测器会较快感应。此类防护区在火灾探测器的选择和线路设计上，除考虑采用温-烟的两个独立火灾信号的组合外，更可考虑采用烟-烟的两个独立火灾信号的组合，而提早灭火控制的启动时间。

3）专家释疑

(1) 采用感烟火灾探测器和感温火灾探测器的组合，由于感温火灾探测器的响应速度较慢，系统收到符合要求的联动触发指令会有些滞后。化学合成类灭火剂在火场的分解产物比较多，对人员和设备都有危害。例如七氟丙烷，其接触的燃烧表面积加大，分解产物会随之增加，表面积增加1倍，分解产物会增加2倍。为此，从减少分解产物的角度缩短火灾的预燃时间，也是很有必要的。对一些比较精密、贵重的仪器、设备机房、通信机房等防护区来说，要求其设置的火灾探测器在火灾规模不大于1 kW的水准就应该响应。依据《气体灭火系统设计规范》(GB 50370—2005)第5.0.5条的条文说明中的解释，采用"烟-烟"的两个独立火灾信号的组合，能缩短灭火控制的启动响应时间。因此，设备机房设置气体灭火系统时，可以全部选用感烟火灾探测器进行探测报警。

(2) 对于室内净空高度超过8 m的气体灭火系统防护区，由于感温火灾探测器的应用高度限制，采用感烟火灾探测器和感温火灾探测器的组合，不能有效探测，也无法保证气体灭火自动控制功能的实现。这一类场所可采用"烟-烟"或"烟-火焰"等两个独立火灾信号的"与"逻辑，作为气体灭火系统自动控制的联动触发信号。

（3）存在易燃易爆物质的气体灭火系统防护区，火灾危险性大，蔓延速度快，如不能快速有效地控制火灾，很容易引发大面积燃烧，甚至爆炸事故。由于感温火灾探测器动作响应速度较慢，针对这种场所，建议选用"烟-火焰"或"火焰-火焰"等两个独立火灾信号的"与"逻辑，作为气体灭火系统自动控制的联动触发信号。

问题6：雨淋系统火灾探测器的设置问题。

1）问题描述

《火灾自动报警系统设计规范》（GB 50116—2013）第4.2.3条规定，雨淋系统应选用感温火灾探测器的报警信号，作为雨淋阀组开启的联动触发信号之一。

（1）针对室内净空高度超过8 m的雨淋系统保护场所，感温火灾探测器已不适用，该如何考虑探测器的设置？

（2）采用泡沫-水雨淋灭火系统保护易燃易爆液体场所时，选用感温火灾探测器是否合适？

（3）雨淋系统保护场所探测报警设备是否可以仅设置感温火灾探测器和手动报警按钮？

2）规范要求

➤ 《火灾自动报警系统设计规范》（GB 50116—2013）规定：

4.2.3 雨淋系统的联动控制设计，应符合下列规定：

1 联动控制方式，应由同一报警区域内两只及以上独立的感温火灾探测器或一只感温火灾探测器与一只手动火灾报警按钮的报警信号，作为雨淋阀组开启的联动触发信号。应由消防联动控制器控制雨淋阀组的开启。

3）专家释疑

《火灾自动报警系统设计规范》（GB 50116—2013）第4.2.3条的条文说明指出，在自动控制方式下，要求由同一报警区域内两只及以上独立的感温火灾探测器或一只感温火灾探测器及一只手动报警按钮的报警信号（"与"逻辑）作为雨淋阀组开启的联动触发信号，主要考虑的是保障系统动作的可靠性，防止系统误动作。

（1）对于室内净空高度超过8 m的雨淋系统保护场所，由于应用高度限制，采用感温火灾探测器已不能有效探测，也无法保证雨淋系统自动控制功能的实现。这一类场所可采用"烟-烟"或"烟-火焰"等两个独立火灾信号的"与"逻辑，作为雨淋系统自动控制的联动触发信号。

（2）采用泡沫-水雨淋灭火系统保护的易燃易爆液体场所，火灾危险性大，蔓延速度快，如不能快速有效地控制火灾，很容易引发大面积燃烧，甚至爆炸事故。由于感温火灾探测器动作响应速度较慢，因此建议选用"烟-火焰"或"火焰-火焰"等两个独立火灾信号的"与"逻辑，作为泡沫-水雨淋灭火系统自动控制的联动触发信号。

（3）设置雨淋系统的保护场所，通常具有火灾危险性高、火灾水平蔓延速度快、保护场所净空高度高等特点，当发生火灾时要求迅速扑救时，这对火灾探测报警的响应速度要求更高。在室内净空高度及环境条件适用的情况下,一般保护场所仅设置感温探测器和手动报警按钮即可满足规范要求,但从火灾防控角度出发,这是不够的。因此雨淋系统保护场所除设置感温探测器和手动报警按钮外,还需要增加灵敏度较高的感烟火灾探测器或火焰探测器等,用于初期火灾的探测报警,这样有利于消防控制室值班人员尽早获得火灾报警信息,确认火灾后及时人工启动雨淋系统。对于不允许系统误喷的场所,用于初期火灾探测报警的高灵敏度火灾探测器报警信号,可不作为雨淋系统自动控制的联动触发信号。

问题 7：非消防电源切断问题。

1) 问题描述

《火灾自动报警系统设计规范》(GB 50116—2013)规定,建筑物内火灾确认后,消防联动控制器应切断相关的非消防电源。在实际工程项目中,很多非消防用电设备与生产、生活、安全等直接相关,如果突然断电,可能会造成较大的经济损失,带来不必要的安全风险,应如何处理?

2) 规范要求

➤ 《火灾自动报警系统设计规范》(GB 50116—2013)有关规定:

4.10.1　消防联动控制器应具有切断火灾区域及相关区域的非消防电源的功能,当需要切断正常照明时,宜在自动喷淋系统、消火栓系统动作前切断。

4.10.1 条文说明:关于火灾确认后,火灾自动报警系统应能切断火灾区域及相关区域的非消防电源,在国内是极具争议的问题,各种情况都有,比较复杂,各地区、各设计院的设计差异也很大。理论上讲,只要能确认不是供电线路发生的火灾,都可以先不切断电源,尤其是正常照明电源,如果发生火灾时正常照明正处于点亮状态,则应予以保持,因为正常照明的照度较高,有利于人员的疏散。正常照明、生活水泵供电等非消防电源只要在水系统动作前切断,就不会引起触电事故及二次灾害;其他在发生火灾时没必要继续工作的电源,或切断后也不会带来损失的非消防电源,可以在确认火灾后立即切断。本规范列出了火灾时,应切断的非消防电源用电设备和不应切断的非消防电源用电设备如下,设计人员可参照执行。

(1)火灾时可立即切断的非消防电源有:普通动力负荷、自动扶梯、排污泵、空调用电、康乐设施、厨房设施等。

(2)火灾时不应立即切掉的非消防电源有:正常照明、生活给水泵、安全防范系统设施、地下室排水泵、客梯和Ⅰ~Ⅲ类汽车库作为车辆疏散口的提升机。

关于切断点的位置,原则上应在变电所切断,比较安全。当用电设备采用封闭母线供电时,可在楼层配电小间切断。

➤ 《地铁设计防火标准》(GB 51298—2018)规定:

9.5.5　电梯应能在火灾时通过火灾自动报警系统或环境与设备监控系统联动控制返至疏散层,火灾自动报警系统或环境与设备监控系统应能接收电梯的状态反馈信息,不应直接控制站厅内自动扶梯的启停。

9.5.5 条文说明：由于可能在自动扶梯上还有人员和启停时扶梯的惯性作用，直接联动控制自动扶梯的启停容易造成人员摔倒事故，因此采用现场人工启停扶梯的方式比较安全。

3）专家释疑

（1）关于火灾确认后，火灾自动报警系统应切断的非消防电源，争议比较大。理论上讲，只要能确认不是供电线路发生的火灾，都可以先不切断电源，尤其是正常照明电源，如果发生火灾时正常照明正处于点亮状态，则应予以保持，因为正常照明的照度较高，有利于人员的疏散。正常照明、生活水泵、地下室排水泵、自动扶梯、客梯、车辆疏散口的提升机、安防系统供电等非消防电源，可由消防控制室的值班人员通过手动方式切断，只要在水系统动作前切断，就不会引起触电事故及二次灾害；普通动力负荷、排污泵、空调用电、康乐设施、厨房设施等其他在发生火灾时没必要继续工作的电源，或切断后也不会带来损失的非消防电源，可以在确认火灾后立即自动切断。

（2）对于按一、二级负荷供电的广播电视中心、城市调度指挥中心、数据中心、医院、电厂、机场航站楼、交通运营控制中心等建筑内的特殊场所的用电负荷，以及其他建筑内采用双回路供电的非消防用电负荷，其供电回路若采取自动切断非消防电源方式会造成较大损失和不良的社会影响，建议通过人工手动方式切断。

（3）对于人员密集场所的自动扶梯，在确认火灾后立即切断电源，否则容易造成人员摔倒，导致安全事故。因此，在人员密集场所若要切断自动扶梯电源，建议参照《地铁设计防火标准》（GB 51298—2018）9.5.5 的做法，即：火灾自动报警系统应能接收自动扶梯的状态反馈信息，不应直接控制自动扶梯的启停，而是采用人工启停扶梯的方式。

问题 8：关于防火门监控器的设置问题。

1）问题描述

防火门监控器如何设置及安装要求。

2）规范要求

➢ 《火灾自动报警系统技术规范》（GB 50116—2013）有关规定：

6.11.1 防火门监控器应设置在消防控制室内，未设置消防控制室时，应设置在有人值班的场所。

6.11.2 电动开门器的手动控制按钮应设置在防火门内侧墙面上，距门不宜超过0.5 m，底边距地面高度宜为 0.9～1.3 m。

6.11.3 防火门监控器的设置应符合火灾报警控制器的安装设置要求。

4.6.1 防火门系统的联动控制设计，应符合下列规定：

1 应由常开防火门所在防火分区内的两只独立的火灾探测器或一只火灾探测器与一只手动火灾报警按钮的报警信号，作为常开防火门关闭的联动触发信号，联动触发信号应由火灾报警控制器或消防联动控制器发出，并应由消防联动控制器或防火门监控器联动控制防火门关闭。

  2 疏散通道上各防火门的开启、关闭及故障状态信号应反馈至防火门监控器。

3) 专家释疑

  (1) 按照现行消防技术规范体系的建立原则,消防设施设置场所的要求由《建筑设计防火规范》等建筑类规范规定,消防设施设计、施工及验收的要求由《火灾自动报警系统设计规范》等系统类规范规定。因此,某种消防设施是否需要设置,主要执行《建筑设计防火规范》等建筑类规范。

  (2) 除《建筑设计防火规范》专门规定的具有信号反馈功能的防火门外,其他防火门目前暂不强制要求设置防火门监控系统。但是,鉴于设置防火门监控系统,能及时掌握防火门的启闭状态,确保火灾时防火门能够有效发挥防火分隔作用,所以鼓励有条件的场所,在水平和竖向疏散路径的防火门上,设置防火门监控系统。

  (3) 防火门监控系统应当设置在设有火灾自动报警系统的建筑中。其具体设计应符合国家标准《火灾自动报警系统设计规范》(GB 50116—2013)的要求,其产品性能应符合国家标准《防火门监控器》(GB 29364—2012)的要求。

  专家意见 参见公安部消防局公消〔2017〕159号"关于对防火门监控器设置问题的答复意见"。[**见图** 3.3.1]

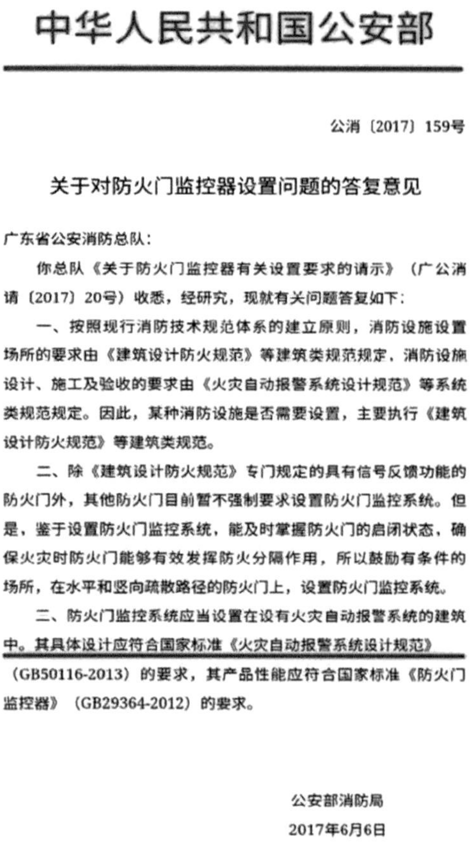

4) 图示说明

中华人民共和国公安部

公消〔2017〕159号

关于对防火门监控器设置问题的答复意见

广东省公安消防总队:

  你总队《关于防火门监控器有关设置要求的请示》(广公消请〔2017〕20号)收悉,经研究,现就有关问题答复如下:

  一、按照现行消防技术规范体系的建立原则,消防设施设置场所的要求由《建筑设计防火规范》等建筑类规范规定,消防设施设计、施工及验收的要求由《火灾自动报警系统设计规范》等系统类规范规定。因此,某种消防设施是否需要设置,主要执行《建筑设计防火规范》等建筑类规范。

  二、除《建筑设计防火规范》专门规定的具有信号反馈功能的防火门外,其他防火门目前暂不强制要求设置防火门监控系统。但是,鉴于设置防火门监控系统,能及时掌握防火门的启闭状态,确保火灾时防火门能够有效发挥防火分隔作用,所以鼓励有条件的场所,在水平和竖向疏散路径的防火门上,设置防火门监控系统。

  三、防火门监控系统应当设置在设有火灾自动报警系统的建筑中。其具体设计应符合国家标准《火灾自动报警系统设计规范》(GB50116-2013)的要求,其产品性能应符合国家标准《防火门监控器》(GB29364-2012)的要求。

公安部消防局
2017年6月6日

图 3.3.1 关于对防火门监控器设置
问题的答复意见

问题 9:消防电话分机的设置问题。

1) 问题描述

  《火灾自动报警系统设计规范》(GB 50116—2013)第6.7.4条规定了需要设置消防电话分机的场所,对于屋顶消防水箱及稳压装置处、自动喷水灭火系统报警阀室、气体灭火钢瓶间、气体灭火防护区、泡沫站室、消防炮现场控制操作区等部位,是否需要设置消防电话分机?

2) 规范要求

  ➤ 《火灾自动报警系统设计规范》(GB 50116—2013)规定:

  6.7.4 电话分机或电话插孔的设置,应符合下列规定:

1 消防水泵房、发电机房、配变电室、计算机网络机房、主要通风和空调机房、防排烟机房、灭火控制系统操作装置处或控制室、企业消防站、消防值班室、总调度室、消防电梯机房及其他与消防联动控制有关的且经常有人值班的机房应设置消防专用电话分机。消防专用电话分机，应固定安装在明显且便于使用的部位，并应有区别于普通电话的标识。

3) 专家释疑

屋顶消防水箱及稳压装置处、自动喷水灭火系统报警阀室、气体灭火钢瓶间、气体灭火防护区、泡沫站室、消防炮现场控制操作区等部位，都是消防系统核心设备的作业场所，应设置消防电话分机。消防控制室与这些部位的通信一定要畅通无阻，以确保消防作业的正常进行。

问题 10：消防监控报警系统的设置问题。

1) 问题描述

消防技术标准对需要设置消防设备电源监控系统、电气火灾监控系统或防火门监控系统的建筑或场所，具体要求不统一，应如何设置？

2) 规范要求

➤ 《建筑设计防火规范》(GB 50016—2014〈2018 年版〉)规定：

6.5.1 防火门的设置应符合下列规定：

1 设置在建筑内经常有人通行处的防火门宜采用常开防火门。常开防火门应能在火灾时自行关闭，并应具有信号反馈的功能。

10.2.7 老年人照料设施的非消防用电负荷应设置电气火灾监控系统。下列建筑或场所的非消防用电负荷宜设置电气火灾监控系统：

1 建筑高度大于 50 m 的乙、丙类厂房和丙类仓库，室外消防用水量大于 30 L/s 的厂房(仓库)；

2 一类高层民用建筑；

3 座位数超过 1 500 个的电影院、剧场，座位数超过 3 000 个的体育馆，任一层建筑面积大于 3 000 m² 的商店和展览建筑，省(市)级及以上的广播电视、电信和财贸金融建筑，室外消防用水量大于 25 L/s 的其他公共建筑。

➤ 《民用建筑电气设计标准》(GB 51348—2019)有关规定：

13.2.2 除现行国家标准《建筑设计防火规范》GB50016 规定的建筑或场所外，下列民用建筑或场所的非消防负荷的配电回路应设置电气火灾监控系统：

1 民用机场航站楼，一级、二级汽车客运站，一级、二级港口客运站；

2 建筑总面积大于 3 000 m² 的旅馆建筑、商场和超市；

3 座位数超过 1 500 个的电影院、剧场，座位数超过 3 000 个的体育馆，座位数超过 2 000 个的会堂，座位数超过 20 000 个的体育场；

4 藏书超过 50 万册的图书馆；

5 省级及以上博物馆、美术馆、文化馆、科技馆等公共建筑；

6 三级乙等及以上医院的病房楼、门诊楼；

7 省市级及以上电力调度楼、电信楼、邮政楼、防灾指挥调度楼、广播电视楼、档案楼；

8 城市轨道交通、一类交通隧道工程；

9 设置在地下、半地下或地上四层及以上的歌舞娱乐放映游艺场所，设置在首层、二层和三层且任一层建筑面积大于 300 m² 歌舞娱乐放映游艺场所；

10 幼儿园，中、小学的寄宿宿舍，老年人照料设施。

13.3.8 设有消防控制室的建筑物应设置消防电源监控系统，其设置应符合下列要求：

1 消防电源监控器应设置在消防控制室内，用于监控消防电源的工作状态，故障时发出报警信号。

2 消防设备电源监控点宜设置在下列部位：

1）变电所消防设备主电源、备用电源专用母排或消防电源柜内母排；

2）为重要消防设备如消防控制室、消防泵、消防电梯、防排烟风机、非集中控制型应急照明、防火卷帘门等供电的双电源切换开关的出线端；

3）无巡检功能的 EPS 应急电源装置的输出端；

4）为无巡检功能的消防联动设备供电的直流 24 V 电源的出线端。

13.4.3 常开防火门的联动控制设计，应符合下列规定：

1 应由常开防火门所在防火分区任意两只感烟探测器或一只感烟探测器和一只手动报警按钮的报警信号作为触发信号，通过火灾报警控制器（联动型）、联动控制器或防火门监控器控制常开防火门关闭；常开防火门的关闭及故障信号应反馈至防火门监控器。

➤ 《火灾自动报警系统设计规范》(GB 50116—2013)规定：

4.6.1 防火门系统的联动控制设计，应符合下列规定：

1 应由常开防火门所在防火分区内的两只独立的火灾探测器或一只火灾探测器与一只手动火灾报警按钮的报警信号，作为常开防火门关闭的联动触发信号，联动触发信号应由火灾报警控制器或消防联动控制器发出，并应由消防联动控制器或防火门监控器联动控制防火门关闭。

2 疏散通道上各防火门的开启、关闭及故障状态信号应反馈至防火门监控器。

3）专家释疑

(1) 对于同一时间停留人数较多、疏散困难、可燃物较多、火灾蔓延迅速、扑救困难或不易及时发现火灾且性质重要的建筑或场所，发生火灾容易造成较大人员伤亡或财产损失。这些建筑或场所通常设有临时高压消防给水系统、自动灭火系统或防排烟系统等自动消防设备，并采用集中报警系统或控制中心报警系统。消防设备电源监控系统、电气火灾监控系统及防火门监控系统，作为火灾自动报警系统的子系统，是对消防报警主系统的补充和完善，对于整个建筑防火安全来说发挥了至关重要的作用。因此，采用集中报警系统或控制中心报警系统的建筑或场所，建议设置消防设备电源监控系统、电气火灾监控系统和防火门监控系统。

（2）对于未采用集中报警系统或控制中心报警系统的幼儿园,中、小学的寄宿宿舍,老年人照料设施,考虑到人员疏散能力较弱,需要尽早发现火灾,这类建筑或场所的非消防负荷配电回路应设置电气火灾监控系统。

（3）对于仅设置区域报警系统的建筑或场所,如果疏散通道上设置了常开防火门,应设置防火门监控系统。

问题 11：住宅户内厨房可燃气体报警器的设置问题。

1）问题描述

（1）住宅户内厨房是否需设置可燃气体报警器?

（2）住宅户内厨房的可燃气体报警信号是否需要传输到消防控制室或火灾报警主机上?

2）规范要求

➤ 《建筑设计防火规范》（GB 50016—2014〈2018 年版〉）规定:

8.4.3　建筑内可能散发可燃气体、可燃蒸气的场所应设置可燃气体报警装置。

8.4.3 条文说明:本条为强制性条文。本条规定应设置可燃气体探测报警装置的场所,包括工业生产、储存,公共建筑中可能散发可燃蒸气或气体,并存在爆炸危险的场所与部位,也包括丙、丁类厂房、仓库中存储或使用燃气加工的部位,以及公共建筑中的燃气锅炉房等场所,不包括住宅建筑内的厨房。

➤ 《住宅设计标准》（DB 32/3920—2020)有关规定:

8.11.10　使用可燃气体的房间应设可燃气体探测器,并应有信号报警功能。

10.4.5　住宅厨房内应设置家用可燃气体探测报警器。

3）专家释疑

（1）根据江苏省《住宅设计标准》（DB 32/3920—2020)第 10.4.5 条规定,江苏省范围内的各类住宅建筑,其住宅户内厨房均应设置家用可燃气体探测报警器。其他地区从其规定。

（2）《江苏省建设工程消防设计审查验收常见技术难点问题解答》[苏建函消防（2021)171 号文]:《火灾自动报警系统设计规范》是火灾自动报警系统的设计指导原则;而在住宅户内厨房设置可燃气体探测器是用于住宅安全的报警要求。当住宅户内设置火灾自动报警系统时,应按照《火灾自动报警系统设计规范》的要求设计,当住宅户内未设置火灾自动报警系统时,住宅户内厨房的可燃气体探测器可接入建筑智能化系统,连接可视对讲室内分机,然后传输至可视对讲主机报警。

问题 12：消防应急照明和疏散指示系统配电线路的防护问题。

1）问题描述

《消防应急照明和疏散指示系统技术标准》（GB 51309—2018)和《民用建筑电气设计标

准》(GB 51348—2019)对消防应急照明和疏散指示系统配电线路的防护方式,提出了不同的要求,应如何执行?

2) 规范要求

➤ 《消防应急照明和疏散指示系统技术标准》(GB 51309—2018)规定:

4.3.1　系统线路的防护方式应符合下列规定:

1　系统线路暗敷时,应采用金属管、可弯曲金属电气导管或 B_1 级及以上的刚性塑料管保护。

➤ 《民用建筑电气设计标准》(GB 51348—2019)规定:

13.6.3　消防应急疏散照明系统的配电线路应穿热镀锌金属管保护敷设在不燃烧体内,在吊顶内敷设的线路应采用耐火导线穿采取防火措施的金属导管保护。

3) 专家释疑

关于消防应急照明和疏散指示系统配电线路的防护方式,民用建筑应执行《民用建筑电气设计标准》(GB 51348—2019)第 13.6.3 条的规定;工业建筑执行《消防应急照明和疏散指示系统技术标准》(GB 51309—2018)第 4.3.1 条第 1 款的规定也可。

问题 13:非集中控制型应急照明和疏散指示系统应急启动按钮的设置问题。

1) 问题描述

非集中控制型应急照明和疏散指示系统的集中电源或应急照明配电箱,通常设置在电井或配电间内,在火灾状态下不便于人员应急启动操作,该如何处理?

2) 规范要求

➤ 《消防应急照明和疏散指示系统技术标准》(GB 51309—2018)有关规定:

3.7.3　火灾确认后,应能手动控制系统的应急启动;设置区域火灾报警系统的场所,尚应能自动控制系统的应急启动。

3.7.4　系统手动应急启动的设计应符合下列规定:

1　灯具采用集中电源供电时,应能手动操作集中电源,控制集中电源转入蓄电池电源输出,同时控制其配接的所有非持续型照明灯的光源应急点亮、持续型灯具的光源由节电点亮模式转入应急点亮模式;

2　灯具采用自带蓄电池供电时,应能手动操作切断应急照明配电箱的主电源输出,同时控制其配接的所有非持续型照明灯的光源应急点亮、持续型灯具的光源由节电点亮模式转入应急点亮模式。

➤ 《消防应急照明和疏散指示系统》(GB 17945—2010)有关规定:

6.3.4.4　应急照明集中电源主电和备电不应同时输出,并能以手动、自动两种方式转入应急状态,且应设只有专业人员可操作的强制应急启动按钮,该按钮启动后,应急照明集中电源不应受过放电保护的影响。

6.3.5.1　双路输入型的应急照明配电箱在正常供电电源发生故障时应能自动投入到备用供电电源,并在正常供电电源恢复后自动恢复到正常供电电源供电;正常供电电源和备用供电电源不能同时输出,并应设有手动试验转换装置,手动试验转换完毕后应能自动恢复到正常供电电源供电。

3) 专家释疑

根据《消防应急照明和疏散指示系统》(GB 17945—2010)第 6.3.4.4 条和第 6.3.5.1 条的规定,应急照明集中电源或应急照明配电箱均自带手动强制应急启动按钮或切换装置,只能在设备安装位置进行就地应急启动操作。鉴于应急照明集中电源或应急照明配电箱一般设置在电井或配电间内,在火灾状态下不便于人员应急启动操作。针对这一问题,建议在首层主要出入口明显且便于操作的部位,设置手动应急启动按钮盒,其设置类似消防电梯控制开关,底边距地宜为 1.8 m,采用玻璃面板防护并设置明显的标识。

问题 14: 消防用电设备双电源切换装置设置问题。

1) 问题描述

《建筑设计防火规范》(GB 50016—2014〈2018 年版〉)和《民用建筑电气设计标准》(GB 51348—2019)关于消防双电源切换箱的设置要求不一致,应如何执行?

2) 规范要求

➤ 《建筑设计防火规范》(GB 50016—2014〈2018 年版〉)规定:

10.1.8 消防控制室、消防水泵房、防烟和排烟风机房的消防用电设备及消防电梯等的供电,应在其配电线路的最末一级配电箱处设置自动切换装置。

➤ 《民用建筑电气设计标准》(GB 51348—2019)规定:

13.7.4 建筑物(群)的消防用电设备供电,应符合下列规定:

6 消防末端配电箱应设置在消防水泵房、消防电梯机房、消防控制室和各防火分区的配电小间内;各防火分区内的防排烟风机、消防排水泵、防火卷帘等可分别由配电小间内的双电源切换箱放射式、树干式供电。

3) 专家释疑

(1) 对于消防水泵房、消防控制室和消防电梯机房内消防用电设备的供电,应在其设备间就地设置带双电源自动切换装置的配电箱。

(2) 对于民用建筑内防排烟风机、消防排水泵、防火卷帘、应急照明等消防用电设备的供电,带双电源自动切换装置的配电箱可设置在各防火分区的配电小间内,由配电小间内的双电源自动切换箱分别向各消防用电设备放射式、树干式供电。

(3) 对于工业建筑内防排烟风机、消防排水泵、防火卷帘、应急照明等消防用电设备的供电,应严格按照《建筑设计防火规范》(GB 50016—2014〈2018 年版〉)第 10.1.8 条的规定,在其配电线路的最末一级配电箱处设置自动切换装置。

问题 15: 三级供电负荷时消防设备的配电问题。

1) 问题描述

消防用电按三级负荷供电的建筑或场所,其消防用电设备配电线路的最末一级配电箱处是否需要设置双电源自动切换装置?

2) 规范要求

➤ 《建筑设计防火规范》(GB 50016—2014〈2018 年版〉)规定:

10.1.8 消防控制室、消防水泵房、防烟和排烟风机房的消防用电设备及消防电梯等的供电,应在其配电线路的最末一级配电箱处设置自动切换装置。

➤ 《供配电系统设计规范》(GB 50052—2009)规定:

3.0.7 二级负荷的供电系统,宜由两回线路供电。在负荷较小或地区供电条件困难时,二级负荷可由一回 6kV 及以上专用的架空线路供电。

3) 专家释疑

《供配电系统设计规范》(GB 50052—2009)对三级负荷供电系统未提出双回路供电的要求,通常三级负荷消防供电可采用一路外部电源,不设置自备发电设备。但是为了保证消防供电的可靠性,消防供配电线路要求采用专用的供电回路,需要考虑单独设置消防设备的配电箱。因此,消防用电设备采用三级负荷供电的,仍要在其配电线路的最末一级配电箱处设置非消防供电与消防供电的自动切换装置,即不能在切断非消防电源时,误将保障消防用电设备的供配电线路切断。

问题 16:备用照明和疏散照明的设置问题。

1) 问题描述

(1) 建筑内除消防控制室、消防水泵房、自备发电机房、配电室、防排烟机房以外,还有哪些部位也需要设置备用照明?

(2) 设置了备用照明的房间或场所,能否不设置疏散照明和疏散指示标志?

2) 规范要求

➤ 《建筑设计防火规范》(GB 50016—2014〈2018 年版〉)规定:

10.3.3 消防控制室、消防水泵房、自备发电机房、配电室、防排烟机房以及发生火灾时仍需正常工作的消防设备房应设置备用照明,其作业面的最低照度不应低于正常照明的照度。

➤ 《消防应急照明和疏散指示系统技术标准》(GB 51309—2018)规定:

3.8.1 避难间(层)及配电室、消防控制室、消防水泵房、自备发电机房等发生火灾时仍需工作、值守的区域应同时设置备用照明、疏散照明和疏散指示标志。

3) 专家释疑

(1) 根据《建筑设计防火规范》(GB 50016—2014〈2018 年版〉)第 10.3.3 条规定,建筑内除消防控制室、消防水泵房、自备发电机房、配电室、防排烟机房以外,消防电梯机房、屋顶消防水箱间、报警阀室、气体灭火钢瓶间、细水雾灭火装置间、泡沫站室间、消防排水泵房、火灾报警区域设备间、消防广播机柜间、设有应急照明集中电源或应急照明配电箱的强弱电井(间)等消防设备用房,均应设置备用照明。另外,避难间(层)、A 级、B 级电子计算机房、信息网络机房、建筑设备管理系统机房、安防监控中心等重要机房和屋顶直升机停机坪等部位,也应设置备用照明。

(2)除避难间(层)、配电室、消防控制室、消防水泵房、自备发电机房等发生火灾时仍需工作、值守的区域外,其他区域按规范要求已设置备用照明的消防设备用房、重要设备机房等部位,可不设置疏散照明和疏散指示标志。

问题 17:柴油储油间可燃气体探测器的设置问题。

1)问题描述

建筑内为柴油发电机、燃油锅炉等设备设置的储油间,是否需要设置可燃气体探测器?

2)规范要求

➤ 《建筑设计防火规范》(GB 50016—2014〈2018 年版〉)规定:

8.4.3 建筑内可能散发可燃气体、可燃蒸气的场所应设置可燃气体报警装置。

➤ 《爆炸危险环境电力装置设计规范》(GB 50058—2014)规定:

3.1.1 在生产、加工、处理、转运或贮存过程中出现或可能出现下列爆炸性气体混合物环境之一时,应进行爆炸性气体环境的电力装置设计:

2 闪点低于或等于环境温度的可燃液体的蒸气或薄雾与空气混合形成爆炸性气体混合物;

3 在物料操作温度高于可燃液体闪点的情况下,当可燃液体有可能泄漏时,可燃液体的蒸气或薄雾与空气混合形成爆炸性气体混合物。

3)专家释疑

根据《爆炸危险环境电力装置设计规范》(GB 50058—2014)附录 C"可燃性气体或蒸气爆炸性混合物分级、分组",柴油的引燃温度为 220℃,闪点为 43～87℃,爆炸下限为 0.6%,爆炸上限为 6.5%。根据其理化特性,柴油的闪点高于储油间正常环境温度,而且通常设置在建筑内的柴油设备或柴油储罐,其柴油的闪点不低于 60℃,就算柴油发生泄漏,产生的油蒸气或油雾与空气混合形成爆炸性气体混合物,在常温下也不会构成爆炸危险,因此可以不设置可燃气体探测报警装置。

考虑到柴油蒸气或油雾与空气混合会形成爆炸性气体混合物,在一定温度条件下存在燃烧爆炸的风险,油箱间内禁止穿越热力管道、动力电缆、燃气管道等设施。储油间的油箱应密闭且应设置通向室外的通气管,通气管应设置带阻火器的呼吸阀,油箱的下部应设置防止油品流散的设施。储油间内设置的排风系统,建议选用防爆型风机。

问题 18:防火卷帘的控制器安装位置问题。

1)问题描述

安装防火卷帘的控制器时,其底边是否必须距地面高度为 1.3～1.5 m。

2)规范要求

➤ 《防火卷帘、防火门、防火窗施工及验收规范》(GB 50877—2014)有关规定:

5.2.10 防火卷帘控制器安装应符合下列规定:

1 防火卷帘的控制器和手动按钮盒应分别安装在防火卷帘内外两侧的墙壁上，当卷帘一侧为无人场所时，可安装在一侧墙壁上，且应符合设计要求。控制器和手动按钮盒应安装在便于识别的位置，且应标出上升、下降、停止等功能。

2 防火卷帘控制器及手动按钮盒的安装应牢固可靠，其底边距地面高度宜为 1.3～1.5 m。

➤ 《防火卷帘控制器》(XF386—2002)规定：

3.1.2 控制器按其构成方式可分为：

a) 分体式控制器(控制器主机内未设手动控制装置，手动控制装置与主机通过电缆连接安装在使用位置)(F)；

b) 单体式控制器(控制器主机内设有手动控制装置)(D)。

3) 专家释疑

(1) 防火卷帘如采用的是单体式控制器，安装时其底边距地面高度宜为 1.3～1.5 m。

(2) 防火卷帘如采用的是分体式控制器，安装时其底边距地面高度无须为 1.3～1.5 m，只要确保手动控制装置的安装位置在 1.3 m 至 1.5 m 的高度即可。[见图 3.3.2]

(3) 一般情况下，不宜将防火卷帘控制器安装在顶棚上。因为，这样安装一是警报声响受到影响；二是手动、自动转换不便操作；三是检查、维护和保养不便。

4) 图示说明

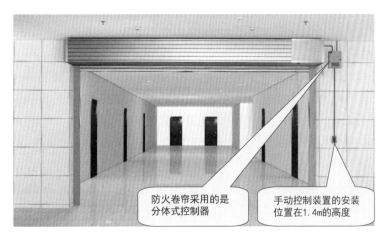

防火卷帘采用的是分体式控制器

手动控制装置的安装位置在1.4m的高度

图 3.3.2 正确做法

第四章　暖通空调专业

问题 1：《建筑防烟排烟系统技术标准》(GB 51251—2017)有关条款涉及的窗户可开启部分的有效面积确定。

1）问题描述

《建筑防烟排烟系统技术标准》(GB 51251—2017 3.1.3-1-2)、3.2.1、3.2.2 条款涉及的面积是指窗户的面积，还是指窗户可开启部分的面积，或者是可开启部分的有效面积？

2）规范要求

➤ 《建筑防烟排烟系统技术标准》(GB 51251—2017)有关规定：

3.1.3　建筑高度小于或等于 50 m 的公共建筑、工业建筑和建筑高度小于或等于 100 m 的住宅建筑，其防烟楼梯间、独立前室、共用前室、合用前室（除共用前室与消防电梯前室合用外）及消防电梯前室应采用自然通风系统；当不能设置自然通风系统时，应采用机械加压送风系统。防烟系统的选择，尚应符合下列规定：

1　当独立前室或合用前室满足下列条件之一时，楼梯间可不设置防烟系统：

2）设有两个及以上不同朝向的可开启外窗，且独立前室两个外窗面积分别不小于 2.0 m²，合用前室两个外窗面积分别不小于 3.0 m²。

3.1.3 条文说明：

1　当采用全敞开的凹廊、阳台作为防烟楼梯间的前室、合用前室，或者防烟楼梯间前室、合用前室具有两个不同朝向的可开启外窗且可开启窗面积符合本标准第 3.2.2 条的规定时，可以认为前室、合用前室自然通风性能优良，能及时排出从走道漏入前室、合用室的烟气并可防止烟气进入防烟楼梯间，因此可以仅在前室设置防烟设施，楼梯间不设。

3.1.6　封闭楼梯间应采用自然通风系统，不能满足自然通风条件的封闭楼梯间，应设置机械加压送风系统。当地下、半地下建筑（室）的封闭楼梯间不与地上楼梯间共用且地下仅为一层时，可不设置机械加压送风系统，但首层应设置有效面积不小于 1.2 m² 的可开启外窗或直通室外的疏散门。

3.2.1　采用自然通风方式的封闭楼梯间、防烟楼梯间，应在最高部位设置面积不小于 1.0 m² 的可开启外窗或开口；当建筑高度大于 10 m 时，尚应在楼梯间的外墙上每 5 层内设置总面积不小于 2.0 m² 的可开启外窗或开口，且布置间隔不大于 3 层。

3.2.2　前室采用自然通风方式时，独立前室、消防电梯前室可开启外窗或开口的面积不应小于 2.0 m²，共用前室、合用前室不应小于 3.0 m²。

➤ 《建筑防烟排烟系统技术标准》图示(15K606)规定：

3.1.6【注释】1.2(P24)封闭楼梯间地上每五层内可开启外窗有效面积不小于 2.0 m²，并应保证该楼梯间最高部位设有有效面积不小于 1.0 m^2 的可开启外窗、百叶窗或开口。

3）专家释疑

（1）采用自然通风方式的可开启外窗或开口的面积是指可开启外窗的面积而非可开启部分的有效面积。

（2）计算前室、合用前室、楼梯间的自然通风窗的面积时，可按建筑门窗详图中标注的可开启外窗扇尺寸计算窗口面积。若外窗只有开启扇没有固定扇，其可开启外窗面积就是窗户的面积；若只有部分是开启扇，则该外窗的可开启外窗面积为开启扇窗框宽度与高度的乘积。

（3）江苏地区参见《住宅设计标准》（DB32/3920—2020）第 8.7.12-2 条的条文说明，即住宅建筑的独立前室、共用前室、合用前室可开启外窗包括固定扇的面积，但必须设置一半以上的可开启窗扇，并配备消防锤。其他地区从其规定。

问题 2：防排烟风机房的设置问题。

1）问题描述

（1）加压送风机、排烟补风机能否与其他风机房合用？

（2）排烟风机能否与其他风机房合用？

（3）屋顶排烟风机是否必须设置风机房？

2）规范要求

➢ 《建筑防烟排烟系统技术标准》（GB 51251—2017）有关规定：

3.3.5 机械加压送风风机宜采用轴流风机或中、低压离心风机，其设置应符合下列规定：

5 送风机应设置在专用机房内，送风机房并应符合现行国家标准《建筑设计防火规范》GB 50016 的规定。

4.4.5 排烟风机应设置在专用机房内，并应符合本标准第 3.3.5 条第 5 款的规定，且风机两侧应有 600 mm 以上的空间。对于排烟系统与通风空气调节系统共用的系统，其排烟风机与排风风机的合用机房应符合下列规定：

1 机房内应设置自动喷水灭火系统；

2 机房内不得设置用于机械加压送风的风机与管道；

3 排烟风机与排烟管道的连接部件应能在 280℃ 时连续 30 min 保证其结构完整性。

3）专家释疑

（1）加压送风机、排烟补风机受条件限制时，可与其他通风机、空调风机房合用，但不得与排烟风机合用。加压送风机独立布置确有困难时，可以与排烟补风机合用机房。当受条件限制加压送风机、排烟补风机确需与其他通风机、空调风机房合用时，除应符合消防专用风机房的相关要求外，还应符合下列要求：

① 机房内应设有自动喷水灭火系统；

② 机房内不得设有用于排烟和事故通风的风机与管道；

③ 风机控制柜应设置在机房内。

（2）排烟风机受条件限制时，可与其他通风机、空调机的机房合用，但不得与加压风机、排烟补风机合用机房，除应符合消防专用风机房的相关要求外，还应符合下列要求：

① 机房内应设置自动喷水灭火系统；

② 机房内不得设置用于机械加压送风的风机与管道；

③ 排烟风机与排烟管道的连接部件应能在 280℃时连续 30 min 保证其结构完整性。

（3）当采用专用排烟屋顶风机时，其抗风抗雨和耐腐蚀性良好、露天设置能正常使用时，可不设置机房。

问题 3：防排烟风管的防火保护问题。

1）问题描述

《建筑防烟排烟系统技术标准》(GB 51251—2017)对消防送风管道、排烟管道的耐火极限提出了具体的要求，同时规定风管耐火极限的判定应按照现行国家标准《通风管道耐火试验方法》GB/T 17428 的测试方法，当耐火完整性和隔热性同时达到时，方能视作符合要求。在实际工程中，施工单位通常采用外包防火板、外包防火卷材、外包离心玻璃棉或外刷防火涂料等措施，对防排烟风管进行防火保护。但通风管道不具备做现场耐火试验的条件，此类防火保护措施是否可行？

2）规范要求

➢ 《建筑防烟排烟系统技术标准》(GB 51251—2017)有关规定：

3.3.8　机械加压送风管道的设置和耐火极限应符合下列规定：

1　竖向设置的送风管道应独立设置在管道井内，当确有困难时，未设置在管道井内或与其他管道合用管道井的送风管道，其耐火极限不应低于 1.00 h；

2　水平设置的送风管道，当设置在吊顶内时，其耐火极限不应低于 0.50 h；当未设置在吊顶内时，其耐火极限不应低于 1.00 h。

4.4.8　排烟管道的设置和耐火极限应符合下列规定：

1　排烟管道及其连接部件应能在 280℃时连续 30 min 保证其结构完整性。

2　竖向设置的排烟管道应设置在独立的管道井内，排烟管道的耐火极限不应低于 0.50 h。

3　水平设置的排烟管道应设置在吊顶内，其耐火极限不应低于 0.50 h；当确有困难时，可直接设置在室内，但管道的耐火极限不应小于 1.00 h。

4　设置在走道部位吊顶内的排烟管道，以及穿越防火分区的排烟管道，其管道的耐火极限不应小于 1.00 h，但设备用房和汽车库的排烟管道耐火极限可不低于 0.50 h。

4.5.7　补风管道耐火极限不应低于 0.50 h，当补风管道跨越防火分区时，管道的耐火极限不应小于 1.50 h。

➢ 《通风与空调工程施工质量验收规范》(GB 50243—2016)有关规定：

4.2.2　防火风管的本体、框架与固定材料、密封垫料等必须采用不燃材料,防火风管的耐火极限时间应符合系统防火设计的规定。

4.3.8　防火风管的制作应符合下列规定:

2　采用型钢框架外敷防火板的防火风管,框架的焊接应牢固,表面应平整,偏差不应大于2 mm。防火板敷设形状应规整,固定应牢固,接缝应用防火材料封堵严密,且不应有穿孔。

3　采用在金属风管外敷防火绝热层的防火风管,风管严密性要求应按本规范第4.2.1条中有关压金属风管的规定执行。防火绝热层的设置应按本规范第 10 章的规定执行。

3) 专家释疑

(1)防火风管可选用符合《通风管道耐火试验方法》(GB/T 17428)要求的成品风管(高层建筑及 9 度地区的建筑应采用热镀锌钢板或钢板制作),并提供满足安装部位耐火等级要求的产品型式检验报告。

(2)当采用外包防火板、外包防火卷材、外包离心玻璃棉、外刷防火涂料等防火措施时,防火风管的本体、框架与固定材料、密封垫料等必须采用不燃材料,其制作应符合《通风与空调工程施工质量验收规范》(GB 50243—2016)第 4.3.8 条的规定。其中防火板、防火卷材、防火涂料应提供国家防火建筑材料质量监督检验中心出具的产品型式检验报告;离心玻璃棉应提供符合现行国家标准《绝热用玻璃棉及其制品》GB/T 13350 测试要求的产品检测报告。[见图 3.4.1]

不论防排烟风管采用何种防火保护措施,均应在设计文件中予以明确。涉及防火风管制作、安装过程中需要严格把控的技术环节,设计单位应出具相应的节点安装详图。

排烟管道外包防火板,耐火完整性和耐火隔热性符合规范要求

图 3.4.1　正确做法

4) 图示说明

问题 4: 防排烟风口与防排烟风机之间的连锁启动问题。

1) 问题描述

排烟口打开是否应连锁启动排烟风机或正压送风口打开是否应连锁启动正压送风机?

2) 规范要求

➢《火灾自动报警系统设计规范》(GB 50116—2013)规定:

4.5.2　排烟系统的联动控制方式应符合下列规定:

2　应由排烟口、排烟窗或排烟阀开启的动作信号,作为排烟风机启动的联动触发信号,并应由消防联动控制器联动控制排烟风机的启动。

➢《建筑防烟排烟系统技术标准》(GB 51251—2017)有关规定:

5.1.2 加压送风机的启动应符合下列规定：

4 系统中任一常闭加压送风口开启时,加压风机应能自动启动。

5.1.2 条文说明:本条对加压送风机和常闭加压送风口的控制方式做出更明确的规定。加压送风机是送风系统工作的"心脏",必须具备多种方式可以启动,除接收火灾自动报警系统信号联动启动外,还应能独立控制,不受火灾自动报警系统故障因素的影响。本条是强制性条文,必须严格执行。

5.2.2 排烟风机、补风机的控制方式应符合下列规定:

4 系统中任一排烟阀或排烟口开启时,排烟风机、补风机自动启动。

5.2.2 条文说明:本条对排烟风机及其补风机的控制方式做出了更明确的规定,要求系统风机除就地启动和火灾报警系统联动启动外,还应具有消防控制室内直接控制启动和系统中任一排烟阀(口)开启后联动启动,目的是确保排烟系统不受其他因素的影响,提高系统的可靠性。本条为强制性条文,必须严格执行。

3）专家释疑

常闭风口开启风机应按《火灾自动报警系统设计规范》GB 50116—2013 执行,满足开启信号与风机联动要求即可。即排烟口或正压送风口开启后,火灾报警系统应在接收到其开启的反馈信号后,由消防联动控制器联动开启相应的排烟风机、补风设施、正压风机。排烟口打开可不连锁启动排烟风机;正压送风口打开可不连锁启动正压送风机。

专家意见参见应急管理部四川消防研究所 2018 年 11 月 7 日和 2019 年 2 月 18 日"关于咨询《建筑防烟排烟系统技术标准》的复函"。[**见图 3.4.2(a)(b)(c)**]

4）图示说明

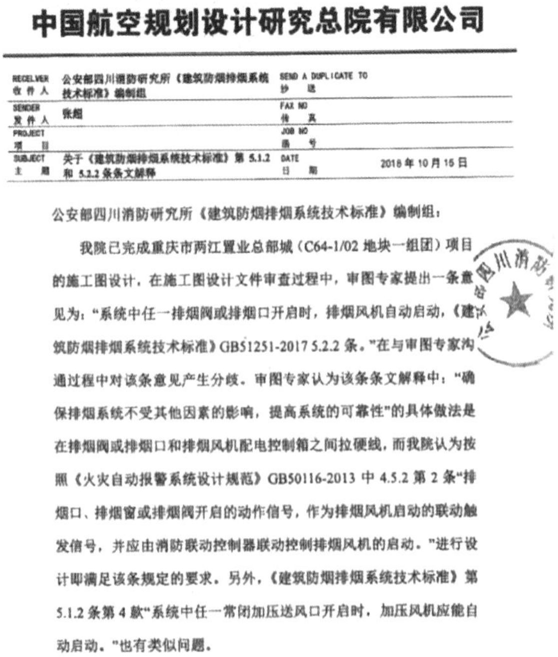

图 3.4.2(a) 中国航空规划设计研究总院复函

应急管理部四川消防研究所

关于咨询《建筑防烟排烟系统技术标准》的复函

中国航空规划设计研究总院有限公司：

来函收悉，现回复如下：

根据《建筑防烟排烟系统技术标准》（GB51251-2017）第 5.1.1 条的精神，应以《火灾自动报警系统设计规范》（GB50116-2013）的相关规定为准执行。

此复

应急管理部四川消防研究所
（公安部四川消防研究所监制）
2018 年 11 月 7 日

报：应急管理部消防救援局

图 3.4.2（b） 关于咨询《建筑防烟排烟系统技术标准》的复函（1）

应急管理部四川消防研究所

关于咨询《建筑防烟排烟系统技术标准》的复函

中国消防资源网：

来函收悉，现回复如下：

《建筑防烟排烟系统技术标准》（GB51251-2017）第 5.2.2 条所规定的排烟风机与补风机的各类启动方式，已通过多种手段确保了排烟系统的可靠性。对于通过系统中任一排烟阀（口）开启后联动启动的某一启动方式而言，满足上述标准第 5.2.3 条所规定的排烟阀（口）的开启信号与排烟风机联动的要求即可。

此复

应急管理部四川消防研究所
2019 年 2 月 13 日

报：应急管理部消防救援局

图 3.4.2（c） 关于咨询《建筑防烟排烟系统技术标准》的复函（2）

问题 5：排烟风管采用薄钢板法兰的连接问题。

1）问题描述

排烟风管的连接能否采用薄钢板法兰（共板法兰）？

2）规范要求

➤ 《建筑防烟排烟系统技术标准》（GB 51251—2017）有关规定：

6.2.1 风管应符合下列规定：

1 风管的材料品种、规格、厚度等应符合设计要求和现行国家标准的规定。当采用金属风管且设计无要求时，钢板或镀锌钢板的厚度应符合本标准表 6.2.1 的规定。

表 6.2.1 钢板风管板材厚度

风管直径 D 或长边尺寸 B （mm）	送风系统（mm）		排烟系统 （mm）
	圆形风管	矩形风管	
$D(B) \leqslant 320$	0.50	0.50	0.75
$320 < D(B) \leqslant 450$	0.60	0.60	0.75
$450 < D(B) \leqslant 630$	0.75	0.75	1.00
$630 < D(B) \leqslant 1\,000$	0.75	0.75	1.00
$1\,000 < D(B) \leqslant 1\,500$	1.00	1.00	1.20
$1\,500 < D(B) \leqslant 2\,000$	1.20	1.20	1.50
$2\,000 < D(B) \leqslant 4\,000$	按设计	1.20	按设计

2 有耐火极限要求的风管的本体、框架与固定材料、密封垫料等必须为不燃材料,材料品种、规格、厚度及耐火极限等应符合设计要求和国家现行标准的规定。

6.3.1 金属风管的制作和连接应符合下列规定:

1 风管采用法兰连接时,风管法兰材料规格应按本标准表 6.3.1 选用,其螺栓孔的间距不得大于 150 mm,矩形风管法兰四角处应设有螺孔;

表 6.3.1 风管法兰及螺栓规格

风管直径 D 或风管长边尺寸 B(mm)	法兰材料规格(mm)	螺栓规格
$D(B) \leqslant 630$	25×3	M6
$630 < D(B) \leqslant 1500$	30×3	M8
$1\,500 < D(B) \leqslant 2\,500$	40×4	M8
$2\,500 < D(B) \leqslant 4\,000$	50×5	M10

4 无法兰连接风管的薄钢板法兰高度及连接应按本标准表 6.3.1 的规定执行。

6.3.3 风管应按系统类别进行强度和严密性检验,其强度和严密性应符合设计要求或下列规定:

5 排烟风管应按中压系统风管的规定。

➤ 《通风与空调工程施工质量验收规范》(GB 50243—2016)有关规定:

4.2.3 金属风管的制作应符合下列规定:

1 金属风管的材料品种、规格、性能与厚度应符合设计要求。当风管厚度设计无要求时,应按本规范执行。钢板风管板材厚度应符合表 4.2.3-1 的规定。镀锌钢板的镀锌层厚度应符合设计或合同的规定,当设计无规定时,不应采用低于 80 g/m² 板材;不锈钢板风管板材厚度应符合表 4.2.3-2 的规定;铝板风管板材厚度应符合表 4.2.3-3 的规定。

表 4.2.3-1 钢板风管板材厚度

类 别 风管直径或长边尺寸 b(mm)	微压、低压系统风管	中压系统风管		高压系统风管	除尘系统风管
		圆形	矩形		
$b \leqslant 320$	0.5	0.5	0.5	0.75	2.0
$320 < b \leqslant 450$	0.5	0.6	0.6	0.75	2.0
$450 < b \leqslant 630$	0.6	0.75	0.75	1.0	3.0
$630 < b \leqslant 1\,000$	0.75	0.75	0.75	1.0	4.0
$1\,000 < b \leqslant 1\,500$	1.0	1.0	1.0	1.2	5.0
$1\,500 < b \leqslant 2\,000$	1.0	1.2	1.2	1.5	按设计要求
$2\,000 < b \leqslant 4\,000$	1.2	按设计要求	1.2	按设计要求	按设计要求

注:2 排烟系统风管钢板厚度可按高压系统。

2 金属风管的连接应符合下列规定:

3)用于中压及以下压力系统风管的薄钢板法兰矩形风管的法兰高度,应大于或等于相同金属法兰风管的法兰高度。薄钢板法兰矩形风管不得用于高压风管。

3）专家释疑

当排烟风管的厚度满足《建筑防烟排烟系统技术标准》(GB 51251—2017)第 6.2.1 条第 1 款要求,连接方式满足本标准第 6.3.1 条第 4 款要求时,排烟系统的金属风管仍可以采用薄钢板法兰(共板法兰)的连接方式,但应采用螺栓连接,严格按规范施工。有耐火极限要求的薄钢板法兰的风管本体、框架与固定材料、密封垫料的材质应符合本标准第 6.2.1 条第 2 款的规定,其强度及严密性应符合本标准第 6.3.3 条的规定。[**见图 3.4.3**]

专家意见参见应急管理部四川消防研究所 2019 年 7 月 10 日"关于咨询《建筑防烟排烟系统技术标准》的复函"[烟标(2019)21 号]。[**见图 3.4.4**]

4）图示说明

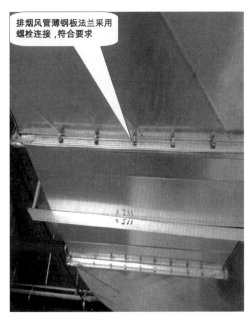

图 3.4.3　正确做法

图 3.4.4　关于咨询《建筑防烟排烟系统技术标准》的复函

问题 6：工业建筑防烟分区内任一点与最近的自然排烟窗(口)之间的水平距离问题。

1）问题描述

《建筑防烟排烟系统技术标准》(GB 51251—2017)第 4.3.2 条规定,工业建筑采用自然排烟方式时,其防烟分区内任一点与最近的自然排烟窗(口)之间的水平距离不应大于建筑内空间净高的 2.8 倍。对于室内层高较低的工业建筑,计算得出的水平距离往往远小于 30 m,应如何执行?

2）规范要求

➤ 《建筑防烟排烟系统技术标准》(GB 51251—2017)规定:

4.3.2　防烟分区内自然排烟窗(口)的面积、数量、位置应按本标准第 4.6.3 条规定经计算确定,且防烟分区内任一点与最近的自然排烟窗(口)之间的水平距离不应大于 30 m。

当工业建筑采用自然排烟方式时,其水平距离尚不应大于建筑内空间净高的 2.8 倍;当公共建筑空间净高大于或等于 6 m,且具有自然对流条件时,其水平距离不应大于 37.5 m。

3) 专家释疑

对于采用自然排烟方式的工业建筑,当其建筑空间净高小于或等于 10.7 m 时,防烟分区内任一点与最近的自然排烟窗(口)的水平距离不应大于 30 m;建筑空间净高大于 10.7 m 时,该水平距离不应大于建筑内空间净高的 2.8 倍。

问题 7:疏散走道防烟分区长边长度的控制问题。

1) 问题描述

《建筑防烟排烟系统技术标准》(GB 51251—2017)第 4.2.4 条明确了防烟分区的最大允许面积及其长边最大允许长度的具体要求,对宽度不大于 2.5 m 的疏散走道的最大允许长边长度也作了相应规定。而在实际工程中,疏散走道的平面布置、净宽度等形式各异,也存在局部宽度变化的现实情况,仅以 2.5 m 宽度界限来衡量防烟分区的长边长度,不尽合理,应如何处理?

2) 规范要求

➤ 《建筑防烟排烟系统技术标准》(GB 51251—2017)规定:

4.2.4 公共建筑、工业建筑防烟分区的最大允许面积及其长边最大允许长度应符合表 4.2.4 的规定,当工业建筑采用自然排烟系统时,其防烟分区的长边长度尚不应大于建筑内空间净高的 8 倍。

表 4.2.4 公共建筑、工业建筑防烟分区的最大允许面积及其长边最大允许长度

空间净高 H(m)	最大允许面积(m²)	长边最大允许长度(m)
H≤3.0	500	24
3.0<H≤6.0	1 000	36
H>6.0	2 000	60 m;具有自然对流条件时,不应大于 75 m

注:1 公共建筑、工业建筑中的走道宽度不大于 2.5 m 时,其防烟分区的长边长度不应大于 60 m。

3) 专家释疑

(1) 对于主体宽度不大于 2.5 m 的走道(或回廊),当其局部变宽(该局部的累计长度不超过该走道防烟分区总长度的 1/4,变宽的宽度不超过 6 m)时,该走道防烟分区的长边长度不应大于 45 m;

(2) 对于宽度大于 2.8 m 且小于或等于 3.0 m 的走道(或回廊),其防烟分区的长边长度不应大于 50 m;

(3) 对于宽度大于 2.5 m 且小于或等于 2.8 m 的走道(或回廊),其防烟分区的长边长度不应大于 55 m。

问题 8：不规则形状的防烟分区，其长边控制问题。

1）问题描述

对于不规则形状，如 L 形、T 形、多边形、圆形，如何控制防烟分区的长边？

2）规范要求

➤ 《建筑防烟排烟系统技术标准》(GB 51251—2017)规定：

4.2.4　公共建筑、工业建筑防烟分区的最大允许面积及其长边最大允许长度应符合表 4.2.4 的规定，当工业建筑采用自然排烟系统时，其防烟分区的长边长度尚不应大于建筑内空间净高的 8 倍。

表 4.2.4　公共建筑、工业建筑防烟分区的最大允许面积及其长边最大允许长度

空间净高 H(m)	最大允许面积(m²)	长边最大允许长度(m)
$H \leqslant 3.0$	500	24
$3.0 < H \leqslant 6.0$	1 000	36
$H > 6.0$	2 000	60 m；具有自然对流条件时，不应大于 75 m

3）专家释疑

对于 L 形、T 形、多边形等形状的房间，一个防烟分区的任一边长度不应大于《建筑防烟排烟系统技术标准》(GB 51251—2017)第 4.2.4 条中规定的防烟分区长边的最大允许长度；对于圆形且为一个防烟分区的房间，其直径不应大于防烟分区长边的最大允许长度。对于走道(回廊)，其防烟分区的长边长度是指任意两点之间最大的沿程距离。

问题 9：排烟防火阀与排烟风机、补风机的连锁关系问题。

1）问题描述

排烟系统从风机入口处的风管，到各防烟分区排烟支管，安装有很多排烟防火阀。《建筑防烟排烟系统技术标准》(GB 51251—2017)第 4.4.6 条已明确，排烟风机入口处的排烟防火阀应连锁停止排烟风机运行。对于排烟系统风管上其他部位的排烟防火阀，是否也需要连锁停止排烟风机运行？

2）规范要求

➤ 《建筑防烟排烟系统技术标准》(GB 51251—2017)规定：

4.4.6　排烟风机应满足 280℃时连续工作 30 min 的要求，排烟风机应与风机入口处的排烟防火阀连锁，当该阀关闭时，排烟风机应能停止运转。

　　4.4.10　排烟管道下列部位应设置排烟防火阀：

　　1　垂直风管与每层水平风管交接处的水平管段上；

　　2　一个排烟系统负担多个防烟分区的排烟支管上；

　　3　排烟风机入口处；

　　4　穿越防火分区处。

5.2.2 排烟风机、补风机的控制方式应符合下列规定：

5 排烟防火阀在 **280℃** 时应自行关闭，并应连锁关闭排烟风机和补风机。

3）专家释疑

在排烟风机入口处、穿越防火墙和防火隔墙处、排烟竖井与水平管接口处的排烟风管上和排烟分区排烟支管上，均设有排烟防火阀。当排烟风道内烟气温度达到 280℃ 时，烟气中已带火，此时排烟防火阀会自动关闭，切断烟火扩散到其他部位的传播路径。在排烟防火阀动作后，排烟风机是否应连锁停止运行，与排烟防火阀的安装位置和所起作用直接相关，可按以下情况进行处理：

（1）如果排烟系统主风管上的排烟防火阀自动关闭将切断排烟系统中所有防烟分区的排烟通道，那么该系统排烟风机继续运行已无意义。具备这一功能的任一处排烟防火阀自动关闭，应立即连锁停止排烟风机的运行，并同步连锁停止与该排烟系统关联的补风风机。

（2）如果排烟支管上的排烟防火阀自动关闭，只能切断排烟系统中局部防烟分区的排烟通道，排烟风机继续运行依旧可担负相邻防烟分区的排烟作业，这种情况下排烟防火阀动作不需要连锁停止排烟风机的运行。

（3）当排烟风机通过排烟竖井担负竖向布置的不同楼层防火分区的排烟任务时，只有排烟风机入口处的排烟防火阀自动关闭，才可以连锁停止排烟风机的运行。该排烟系统中其他部位设置的排烟防火阀均不可以连锁停止排烟风机的运行。

（4）当排烟风机仅担负一个水平方向布置的防火分区的排烟时，如该防火分区内所有支管上排烟防火阀自动关闭，则排烟风机继续运行已无意义。这种情况构成了"与"控制逻辑，应立即连锁停止排烟风机的运行，并同步连锁停止与该排烟系统关联的补风风机。

问题 10：净高小于等于 3 m 的房间、走道，其挡烟垂壁设置的高度问题。

1）问题描述

净高小于等于 3 m 的房间、走道，排烟窗（口）可设置在其室净空高度的 1/2 以上，挡烟垂壁是否需要设置在其室内净高度的 1/2 以下？

2）规范要求

➤ 《建筑防烟排烟系统技术标准》(GB 51251—2017)有关规定：

4.3.3 自然排烟窗（口）应设置在排烟区域的顶部或外墙，并应符合下列规定：

1 当设置在外墙上时，自然排烟窗（口）应在储烟仓以内，但走道、室内空间净高不大于 3 m 的区域的自然排烟窗（口）可设置在室内净高度的 1/2 以上；

4.4.12 排烟口的设置应按本标准第 4.6.3 条经计算确定，且防烟分区内任一点与最近的排烟口之间的水平距离不应大于 30 m。除本标准第 4.4.13 条规定的情况以外，排烟口的设置尚应符合下列规定：

2 排烟口应设在储烟仓内，但走道、室内空间净高不大于 3 m 的区域，其排烟口可设置在其净空高度的 1/2 以上；当设置在侧墙时，吊顶与其最近边缘的距离不应大于 0.5 m。

4.6.2 当采用自然排烟方式时，储烟仓的厚度不应小于空间净高的 20%，且不应小于

500 mm；当采用机械排烟方式时，不应小于空间净高的 10%，且不应小于 500 mm。同时储烟仓底部距地面的高度应大于安全疏散所需的最小清晰高度，最小清晰高度应按本标准第 4.6.9 条的规定计算确定。

3）专家释疑

对于净空高度小于等于 3 m 的房间、走道等防烟分区，其排烟口有效面积可以按照空间净高 1/2 以上部分的可开启部分计算。需要划分防烟分区时，挡烟垂壁高度应满足《建筑防烟排烟系统技术标准》（GB 51251—2017）第 4.6.2 条的规定，且挡烟垂壁底部距地不能小于 1.8 m，确保不影响人员的正常疏散。

问题 11：竖向排烟系统中同层防火分区的合用问题。

1）问题描述

《建筑防烟排烟系统技术标准》（GB 51251—2017）第 4.4.1 条规定，对于沿水平方向布置的排烟系统，不同防火分区不允许共用排烟系统，但允许排烟风管跨越相邻防火分区。

对于建筑内沿垂直排烟竖井方向布置的排烟系统，不同楼层防火分区可以合用排烟系统。若各楼层有 2 个或 2 个以上防火分区，同一层各防火分区能否利用该排烟竖井合用排烟系统？

2）规范要求

➤ 《建筑防烟排烟系统技术标准》（GB 51251—2017）规定：

4.4.1　当建筑的机械排烟系统沿水平方向布置时，每个防火分区的机械排烟系统应独立设置。

3）专家释疑

对于建筑内沿垂直方向布置的排烟系统，各楼层接至该系统垂直主风管的排烟支管只能承担一个防火分区的排烟。

问题 12：设置自动跟踪定位射流灭火系统的防烟分区，其排烟系统的设计计算问题。

1）问题描述

对于建筑物内采用自动跟踪定位射流灭火系统替代自动喷淋系统进行保护的高大空间场所，其消防排烟系统设计计算是否可以参照《建筑防烟排烟系统技术标准》（GB 51251—2017）表 4.6.3 中"有喷淋"场所的设计参数？

2）规范要求

➤ 《建筑防烟排烟系统技术标准》（GB 51251—2017）规定：

4.6.3　除中庭外下列场所一个防烟分区的排烟量计算应符合下列规定：

2　公共建筑、工业建筑中空间净高大于 6 m 的场所，其每个防烟分区排烟量应根据场所内的热释放速率以及本标准第 4.6.6 条～第 4.6.13 条的规定计算确定，且不应小于表 4.6.3 中的数值，或设置自然排烟窗（口），其所需有效排烟面积应根据表 4.6.3 及自然排烟窗（口）处风速计算。

表 4.6.3　公共建筑、工业建筑中空间净高大于 6 m 场所的计算排烟量及自然排烟侧窗(口)部风速

空间净高(m)	办公室、学校 (×10⁴ m³/h)		商店、展览厅 (×10⁴ m³/h)		厂房、其他公共建筑 (×10⁴ m³/h)		仓库 (×10⁴ m³/h)	
	无喷淋	有喷淋	无喷淋	有喷淋	无喷淋	有喷淋	无喷淋	有喷淋
6.0	12.2	5.2	17.6	7.8	15.0	7.0	30.1	9.3
7.0	13.9	6.3	19.6	9.1	16.8	8.2	32.8	10.8
8.0	15.8	7.4	21.8	10.6	18.9	9.6	35.4	12.4
9.0	17.8	8.7	24.2	12.2	21.1	11.1	38.5	14.2
自然排烟侧窗 (口)部风速(m/s)	0.94	0.64	1.06	0.78	1.01	0.74	1.26	0.84

3) 专家释疑

《建筑防烟排烟系统技术标准》(GB 51251—2017)表 4.6.3 对防烟分区内有无喷淋系统保护,提出了不同的排烟设计计算要求。针对空间净高大于 8 m 的场所,当采用普通湿式灭火(喷淋)系统时,喷淋灭火作用已不大,应按"无喷淋"考虑;当采用符合现行国家标准《自动喷水灭火系统设计规范》(GB 50084—2017)的高大空间场所的湿式灭火系统时,可以按"有喷淋"取值。两者的主要差别在于防烟分区内有没有设置喷淋灭火系统保护,或者喷淋灭火系统能不能有效发挥早期响应和灭火的作用。如果高大空间场所内采用其他类型的自动灭火系统,能够发挥不低于喷淋系统的灭火效率,该场所防烟分区的排烟设计计算,可以按"有喷淋"考虑。

依据《建筑设计防火规范》(GB 50016—2014〈2018 年版〉)第 8.3.5 条的条文说明,对于以可燃固体燃烧物为主的高大空间,根据本规范第 8.3.1 条~第 8.3.4 条的规定需要设置自动灭火系统,但采用自动喷水灭火系统、气体灭火系统、泡沫灭火系统等都不合适,此类场所可以采用固定消防炮或自动跟踪定位射流等类型的灭火系统进行保护。固定消防炮灭火系统可以远程控制并自动搜索火源、对准着火点、自动喷洒水或其他灭火剂进行灭火,可与火灾自动报警系统联动,既可手动控制,也可实现自动操作,适用于扑救大空间内的早期火灾。对于设置自动喷水灭火系统不能有效发挥早期响应和灭火作用的场所,采用与火灾探测器联动的固定消防炮或自动跟踪定位射流灭火系统比快速响应喷头更能及时扑救早期火灾。消防炮水量集中,流速快、冲量大,水流可以直接接触燃烧物而作用到火焰根部,将火焰剥离燃烧物使燃烧中止,能有效扑救高大空间内蔓延较快或火灾荷载大的火灾。

因此,高大空间设置自动跟踪定位射流灭火系统时,其灭火效率甚至优于自动喷淋灭火系统,该场所防烟分区的排烟设计计算,可以按"有喷淋"考虑。

问题 13:风管穿越楼梯间、前室、避难设施等部位时的防火措施问题。

1) 问题描述

除加压送风管道外,通风(空调)风管、排烟管道不应穿越建筑内楼梯间、前室(含建筑首层由走道和门厅等形成的扩大封闭楼梯间、防烟楼梯间扩大前室)、避难区(间)及避难走道等防烟部位。若受条件限制时,能否穿越,应该采取何种防火保护措施?

2）规范要求

➤ 《建筑设计防火规范》(GB 50016—2014〈2018 年版〉)有关规定：

5.5.23 建筑高度大于 **100 m** 的公共建筑,应设置避难层(间)。避难层(间)应符合下列规定：

4 避难层可兼作设备层。设备管道宜集中布置,其中的易燃、可燃液体或气体管道应集中布置,设备管道区应采用耐火极限不低于 **3.00 h** 的防火隔墙与避难区分隔。管道井和设备间应采用耐火极限不低于 **2.00 h** 的防火隔墙与避难区分隔,管道井和设备间的门不应直接开向避难区;确需直接开向避难区时,与避难层区出入口的距离不应小于 **5 m**,且应采用甲级防火门。

避难间内不应设置易燃、可燃液体或气体管道,不应开设除外窗、疏散门之外的其他开口。

6.4.2 封闭楼梯间除应符合本规范第 **6.4.1** 条的规定外,尚应符合下列规定：

2 除楼梯间的出入口和外窗外,楼梯间的墙上不应开设其他门、窗、洞口。

6.4.3 防烟楼梯间除应符合本规范第 **6.4.1** 条的规定外,尚应符合下列规定：

5 除住宅建筑的楼梯间前室外,防烟楼梯间和前室内的墙上不应开设除疏散门和送风口外的其他门、窗、洞口。

7.3.5 除设置在仓库连廊、冷库穿堂或谷物筒仓工作塔内的消防电梯外,消防电梯应设置前室,并应符合下列规定：

3 除前室的出入口、前室内设置的正压送风口和本规范第 **5.5.27** 条规定的户门外,前室内不应开设其他门、窗、洞口。

3）专家释疑

当受条件限制,风管必须穿越楼梯间、前室、避难设施等部位时,通风(空调)风管、排烟管道应采用耐火极限不低于 2.00 h 的隔墙和 1.50 h 的楼板进行防火分隔。

对于避难区(间)、避难走道部位,当采用楼板进行防火分隔确有困难时,穿越避难区(间)、避难走道的风管应采用耐火极限不低于 2.00 h 的防火风管,防火风管可通过将防火隔热材料采用机械固定、粘贴、柔性包覆等方式复合在风管表面,以满足其耐火极限的要求。

问题 14：关于前室正压送风口的手动驱动装置的安装位置问题。

1）问题描述

前室正压送风口已安装在距楼地面 300～500 mm 的位置,其手动驱动装置是否需要另外设在 1.3～1.5 m 处?

2）规范要求

➤ 《建筑防烟排烟技术标准》(GB 51251—2017)规定：

6.4.3 常闭送风口、排烟阀或排烟口的手动驱动装置应固定安装在明显可见、距楼地面 1.3～1.5 m 之间便于操作的位置,预埋套管不得有死弯及瘪陷,手动驱动装置操作应灵活。

6.4.3 条文说明：本条规定了常闭送风口、排烟阀（口）手动操作装置的安装质量及位置要求。在有些情况下，常闭送风口，特别是排烟阀（口）安装在建筑空间的上部，不便于日常维护、检修，火灾时的特殊情况下到阀体上应急手动操作更是不可能，因此应将常闭送风口、排烟阀（口）的手动操作装置安装在明显可见、距楼地面 1.3～1.5 m 间便于操作的位置，以提高系统的可靠性和方便日常维护检修。

3）专家释疑

《建筑防烟排烟技术标准》（GB 51251—2017）第 6.4.3 条的条文说明，针对的是安装在建筑空间的上部，不便于日常维护、检修、手动操作的常闭送风口、排烟阀（口）。距楼地面 300～500 mm 安装的前室正压送风口，其维护、检修、手动操作已比较方便，因此，建议其手动驱动装置可随常闭送风口、排烟阀（口）设置。

问题 15：关于独立前室加压送风的问题。

1）问题描述

（1）采用独立前室且其仅有一个门与走道或房间相通时，如何设置机械加压送风系统？

（2）采用独立前室且其仅有一个门与走道或房间相通时，在楼梯间设置的机械加压送风系统，其地上和地下楼梯间是否可以共用？

2）规范要求

➤ 应急管理部四川消防研究所 2019 年 4 月 2 日"关于咨询《建筑防烟排烟系统技术标准》的复函"：建筑高度小于或等于 50 m 的公共建筑、工业建筑和建筑高度小于或等于 100 m 的住宅建筑，对于拟设置机械加压送风系统的防烟楼梯间（含地下楼梯间）及其前室，当采用独立前室且其仅有一个门与走道或房间相通时，可仅在楼梯间设置机械加压送风系统。［见图 3.4.5］

3）专家释疑

（1）采用独立前室且其仅有一个门与走道或房间相通时，可仅在楼梯间设置机械加压送风系统。

（2）采用独立前室且其仅有一个门与走道或房间相通时，在楼梯间设置的机械加压送风系统，其地上和地下楼梯间可以共用。

4）图示说明

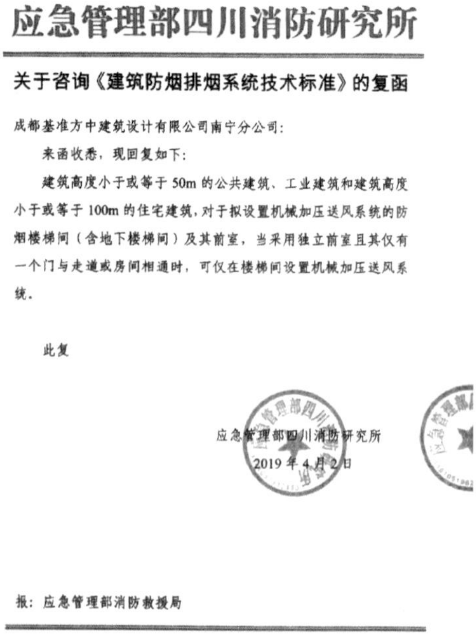

应急管理部四川消防研究所

关于咨询《建筑防烟排烟系统技术标准》的复函

成都基准方中建筑设计有限公司南宁分公司：

来函收悉，现回复如下：

建筑高度小于或等于 50m 的公共建筑、工业建筑和建筑高度小于或等于 100m 的住宅建筑，对于拟设置机械加压送风系统的防烟楼梯间（含地下楼梯间）及其前室，当采用独立前室且其仅有一个门与走道或房间相通时，可仅在楼梯间设置机械加压送风系统。

此复

应急管理部四川消防研究所
2019 年 4 月 2 日

报：应急管理部消防救援局

图 3.4.5 关于咨询《建筑防烟排烟系统技术标准》的复函

第五章　装饰装修专业

问题 1：室外敞开式走廊或连廊，其临空面装饰防火措施问题。

1）问题描述

有时为了建筑造型的需要，要在建筑的室外敞开式走廊或连廊的临空面做一些表皮化的立面装饰物。这个只起到装饰性作用的围护部分，需要控制在多少比例才能不影响室外敞开式走廊、连廊作为"室外安全区域"的功能？

2）规范要求

➤ 《建筑设计防火规范》(GB 50016—2014〈2018 年版〉)规定：

6.7.12　建筑外墙的装饰层应采用燃烧性能为 A 级的材料，但建筑高度不大于 50 m 时，可采用 B1 级材料。

➤ 《建筑内部装修设计防火规范》(GB 50222—2017)规定：

4.0.4　地上建筑的水平疏散走道和安全出口的门厅，其顶棚应采用 A 级装修材料，其他部位应采用不低于 B₁ 级的装修材料；地下民用建筑的疏散走道和安全出口的门厅，其顶棚、墙面和地面均应采用 A 级装修材料。

3）专家释疑

当室外走廊或连廊临空面一侧敞开部分面积大于该侧总面积的 25%，敞开区域均匀布置且其长度不小于走廊或连廊总长度的 50% 时，即可视为室外敞开式走廊或连廊。临空面装饰物应采用不低于 B₁ 级的装修材料。

专家意见参见《江苏省建设工程消防设计审查验收常见技术难点问题解答》(苏建函消防〔2021〕171 号)，江苏地区可参照执行，其他地区从其规定。

问题 2：建筑内的部分"无窗房间"的定性问题。

1）问题描述

(1) 电影院的观众厅，与走道贴临的四周墙体上没有设置窗户，观众厅是否属于无窗房间？

(2) 办公、商铺等房间或场所隔墙仅设置玻璃门而未设置窗户，该房间或场所是否可以不被认定为无窗房间？

(3) 当医院手术室、洁净区、科研实验室或工业洁净生产区等房间或场所，根据工艺要求只能采用属于 B₁ 级的 PVC 卷材地面、环氧树脂自流平等洁净室地面装饰材料，无法满足无窗房间室内装修要求时，能否采用洁净区(室)隔墙开设固定玻璃窗或洁净区(室)疏散门上开设固定观察窗的措施来解决？

(4) 同时装有火灾自动报警装置和自动灭火系统的无窗房间内，其装修材料的等级是否可以降级？

2）规范要求

➤ 《建筑内部装修设计防火规范》(GB50222—2017)规定：

4.0.8 无窗房间内部装修材料的燃烧性能等级除 A 级外，应在表 5.1.1、表 5.2.1、表 5.3.1、表 6.0.1、表 6.0.5 规定的基础上提高一级。

4.0.8 条文说明：本条为强制性条文。无窗房间发生火灾时有几个特点：火灾初起阶段不易被发觉，发现起火时，火势往往已经较大；室内的烟雾和毒气不能及时排出；消防人员进行火情侦察和施救比较困难。因此，将无窗房间室内装修的要求强制性提高一级。

3）专家释疑

（1）电影院的观众厅属于高大的室内空间场所，且一般设置有放映窗，不属于本规范规定的无窗房间范畴。

（2）房间内如果设置了大面积的玻璃门（窗），外部人员可以通过该门（窗）观察到房间内部情况时，该房间可不被认定为无窗房间。

（3）基于医疗、科研、工业生产等建筑内多种空间的功能要求，手术室、ICU、移植仓、实验室、洁净生产区等有较高洁净等级要求的区域，在功能及布局上不允许有对外可开启窗户，又因洁净要求必须使用 PVC、橡胶等弹性材质（无缝、可弯曲的地板材料）时，在其隔墙上或疏散门上设置观察窗，外部人员可以通过该观察窗看到房间内部的情况，可不被认定为无窗房间。

（4）同时装有火灾自动报警装置和自动灭火系统的无窗房间内，其装修材料的等级不允许降级。

专家意见参见中国建筑科学研究院有限公司 2018 年 8 月 7 日和 2018 年 11 月 9 日"关于《建筑内部装修设计防火规范》(GB50222—2017)有关条款解释的复函"。[见图 3.5.1]

4）图示说明

图 3.5.1 中国建筑科学研究院复函

问题 3：人员密集场所装修、装饰材料的燃烧性能问题。

1）问题描述

《建筑内部装修设计防火规范》(GB 50222—2017)中的有些条款规定，部分场所和部位设有火灾自动报警系统和自动灭火系统时，允许其装修材料可按原来的标准降低一级。而《中华人民共和国消防法》规定人员密集场所的装修、装饰应当按照消防技术标准的要求，使用不燃、难燃材料，应如何执行？

2）规范要求

➤　《中华人民共和国消防法》法条：

第二十六条　建筑构件、建筑材料和室内装修、装饰材料的防火性能必须符合国家标准；没有国家标准的，必须符合行业标准。

人员密集场所室内装修、装饰，应当按照消防技术标准的要求，使用不燃、难燃材料。

➤　《建筑内部装修设计防火规范》(GB 50222—2017)有关规定：

5.1.2　除本规范第 4 章规定的场所和本规范表 5.1.1 中序号为 11～13 规定的部位外，单层、多层民用建筑内面积小于 100 m² 的房间，当采用耐火极限不低于 2.00 h 的防火隔墙和甲级防火门、窗与其他部位分隔时，其装修材料的燃烧性能等级可在本规范表 5.1.1 的基础上降低一级。

5.1.3　除本规范第 4 章规定的场所和本规范表 5.1.1 中序号为 11～13 规定的部位外，当单层、多层民用建筑需做内部装修的空间内装有自动灭火系统时，除顶棚外，其内部装修材料的燃烧性能等级可在本规范表 5.1.1 规定的基础上降低一级；当同时装有火灾自动报警装置和自动灭火系统时，其装修材料的燃烧性能等级可在本规范表 5.1.1 规定的基础上降低一级。

5.2.2　除本规范第 4 章规定的场所和本规范表 5.2.1 中序号为 10～12 规定的部位外，高层民用建筑的裙房内面积小于 500 m² 的房间，当设有自动灭火系统，并且采用耐火极限不低于 2.00 h 的防火隔墙和甲级防火门、窗与其他部位分隔时，顶棚、墙面、地面装修材料的燃烧性能等级可在本规范表 5.2.1 规定的基础上降低一级。

5.2.3　除本规范第 4 章规定的场所和本规范表 5.2.1 中序号为 10～12 规定的部位外，以及大于 400 m² 的观众厅、会议厅和 100 m 以上的高层民用建筑外，当设有火灾自动报警装置和自动灭火系统时，除顶棚外，其内部装修材料的燃烧性能等级可在本规范表 5.2.1 规定的基础上降低一级。

5.3.2　除本规范第 4 章规定的场所和本规范表 5.3.1 中序号为 6～8 规定的部位外，单独建造的地下民用建筑的地上部分，其门厅、休息室、办公室等内部装修材料的燃烧性能等级可在本规范表 5.3.1 的基础上降低一级。

3）专家释疑

针对人员密集场所，应严格按照《中华人民共和国消防法》第二十六条规定，使用不燃、难燃的室内装修、装饰材料。不燃、难燃材料的具体使用部位，应依据《建筑内部装修设计防火规范》(GB 50222—2017)的有关规定执行。对于规范中可选用 B₂ 级或允许降低一级

后达到 B_2 级的室内装修、装饰材料,均应选用不低于 B_1 级的材料。

问题 4:防火卷帘两侧的防火安全距离问题。

1)问题描述

商业营业厅等场所室内装修时,考虑到商品、其他物品本身的燃烧性能问题,贴邻防火卷帘部位布置的展台、橱柜等设施,与卷帘是否有防火安全距离的要求?

2)规范要求

➢ 《建筑内部装修设计防火规范》(GB 50222—2017)规定:

4.0.16 照明灯具及电气设备、线路的高温部位,当靠近非 A 级装修材料或构件时,应采取隔热、散热等防火保护措施,与窗帘、帷幕、幕布、软包等装修材料的距离不应小于 500 mm;灯饰应采用不低于 B_1 级的材料。

3)专家释疑

考虑到火灾高温烘烤下防火卷帘可能出现局部快速升温,引燃相邻可燃、易燃物品的风险,可参照《建筑内部装修设计防火规范》(GB 50222—2017)第 4.0.16 条的规定,防火卷帘门两侧各 0.5 m 范围内不得放置物品,并应用黄色标识线划定范围。

问题 5:乳胶漆的燃烧性能等级问题。

1)问题描述

室内装修用的乳胶漆,其燃烧性能等级是否能认定为 A 级?

2)规范要求

➢ 《建筑内部装修设计防火规范》(GB 50222—2017)规定:

3.0.6 施涂于 A 级基材上的无机装修涂料,可作为 A 级装修材料使用;施涂于 A 级基材上,湿涂覆比小于 1.5 kg/m²,且涂层干膜厚度不大于 1.0 mm 的有机装修涂料,可作为 B_1 级装修材料使用。

3)专家释疑

根据《建筑内部装修设计防火规范》(GB 50222—2017)第 3.0.6 条的规定,只有无机涂料施涂于 A 级基材上时,才能作为 A 级装修材料使用。乳胶漆属于有机涂料,按本规范第 3.0.6 条规定施涂的乳胶漆,不能作为燃烧性能为 A 级的材料使用。

当乳胶漆施涂于 A 级基材上,湿涂覆比小于 0.5 kg/m²,且涂层干膜厚度不大于 0.2 mm 时,可作为 A 级装修材料使用。

问题 6:人员密集场所或老年人照料设施的建筑外墙保温问题。

1)问题描述

人员密集场所或老年人照料设施的建筑外墙,能否采用"结构-保温"一体化外墙保温系统?

2)规范要求

➢ 《建筑设计防火规范》(GB 50016—2014〈2018 年版〉)规定:

6.7.3　建筑外墙采用保温材料与两侧墙体构成无空腔复合保温结构体时,该结构体的耐火极限应符合本规范的有关规定;当保温材料的燃烧性能为 B_1、B_2 级时,保温材料两侧的墙体应采用不燃材料且厚度均不应小于 50 mm。

6.7.4　设置人员密集场所的建筑,其外墙外保温材料的燃烧性能应为 **A** 级。

6.7.4A　除本规范第 6.7.3 条规定的情况外,下列老年人照料设施的内、外墙体和屋面保温材料应采用燃烧性能为 **A** 级的保温材料:

1　独立建造的老年人照料设施;

2　与其他建筑组合建造且老年人照料设施部分的总建筑面积大于 **500 m²** 的老年人照料设施。

3）专家释疑

"结构-保温"一体化外墙保温系统的保温层处于结构构件内部,与保温层两侧的墙体和结构受力体系共同作为建筑外墙使用,但要求保温层与两侧的墙体及结构受力体系之间不存在空隙或空腔。该类保温体系的墙体同时兼有墙体保温和建筑外墙体的功能。

无论哪一类建筑,当其墙体采用符合《建筑设计防火规范》(GB 50016—2014〈2018 年版〉)第 6.7.3 条规定的无空腔复合保温结构体时,保温材料的燃烧性能均不受本规范其他规定的限制,即人员密集场所或老年人照料设施的建筑外墙均可以采用"结构-保温"一体化外墙保温系统。

问题 7：建筑外墙外保温系统防护层替代饰面层的问题。

1）问题描述

建筑外墙上无空腔的外保温层外的保护层是否能替代饰面层?

2）规范要求

➤　《建筑设计防火规范》(GB 50016—2014〈2018 年版〉)有关规定:

6.7.8　建筑的外墙外保温系统应采用不燃材料在其表面设置防护层,防护层应将保温材料完全包覆。除本规范第 6.7.3 条规定的情况外,当按本节规定采用 B_1、B_2 级保温材料时,防护层厚度首层不应小于 15 mm,其他层不应小于 5 mm。

6.7.12　建筑外墙的装饰层应采用燃烧性能为 A 级的材料,但建筑高度不大于 50 m 时,可采用 B_1 级材料。

3）专家释疑

建筑外墙上的饰面层是为满足建筑外立面的美观要求和体现建筑风格的装饰层,有刷外墙涂料、贴面砖、水刷石、干粘石、干挂石板、剁假石、金属板材料、复合板材、陶板、木板等。外保温系统中的保护层与饰面层的作用不同,前者为防火,后者为外观。因此,建筑外立面无特殊装饰要求时,保温系统的外防火保护层可以替代饰面层,但饰面层不能替代防护层。

问题 8：电动自行车库装修材料的燃烧性能等级问题。

1）问题描述

《建筑内部装修设计防火规范》(GB 50222—2017)第 5.3.1 条仅对地下民用建筑内汽

车库、修车库装修材料的燃烧性能等级作了规定,附设在建筑内的电动自行车库的装修,能否参照此条规定执行?

2)规范要求

➤ 《建筑内部装修设计防火规范》(GB 50222—2017)规定:

5.3.1 地下民用建筑内部各部位装修材料的燃烧性能等级,不应低于本规范表 **5.3.1** 的规定。

表 5.3.1 地下民用建筑内部各部位装修材料的燃烧性能等级

序号	建筑物及场所	装修材料燃烧性能等级						
		顶棚	墙面	地面	隔断	固定家具	装饰织物	其他装修装饰材料
1	观众厅、会议厅、多功能厅、等候厅等,商店的营业厅	A	A	A	B_1	B_1	B_1	B_2
2	宾馆、饭店的客房及公共活动用房等	A	B_1	B_1	B_1	B_1	B_1	B_2
3	医院的诊疗区、手术区	A	A	B_1	B_1	B_1	B_1	B_2
4	教学场所、教学实验场所	A	A	B_1	B_2	B_2	B_1	B_2
5	纪念馆、展览馆、博物馆、图书馆、档案馆、资料馆等的公众活动场所	A	A	B_1	B_1	B_1	B_1	B_1
6	存放文物、纪念展览物品、重要图书、档案、资料的场所	A	A	A	A	A	B_1	B_1
7	歌舞娱乐游艺场所	A	A	B_1	B_1	B_1	B_1	B_1
8	A、B 级电子信息系统机房及装有重要机器、仪器的房间	A	A	B_1	B_1	B_1	B_1	B_1
9	餐饮场所	A	A	A	B_1	B_1	B_1	B_2
10	办公场所	A	B_1	B_1	B_1	B_2	B_2	B_2
11	其他公共场所	A	B_1	B_1	B_2	B_2	B_2	B_2
12	汽车库、修车库	A	A	B_1	A	A	—	—

3)专家释疑

电动自行车库的内部装修材料的燃烧性能等级应为 A 级。当利用建筑架空层作敞开式电动自行车库时,建筑物的保温或装修材料的燃烧性能等级应为 A 级。